计算机地图制图：原理与算法基础

（第二版）

闫浩文　刘　涛　张黎明　编著

科学出版社

北京

内 容 简 介

计算机辅助地图制图（computer-aided cartography, CAC）是地图学与地理信息系统学科的基础之一，旨在解决地理空间数据在媒介上的可视化问题。该学科基础的奠定及其发展与地图学、地理信息系统技术、计算机科学、几何学、图形学及图像处理技术等的发展密不可分。因此，为了系统地阐述 CAC 的基本原理和算法，本书分为如下 8 章：第 1 章为绪论，讨论 CAC 的源起、基本过程和硬件系统；第 2 章为 CAC 的理论基础，论述学习 CAC 必备的初等几何、图论、计算几何、图像处理及数字地面模型方面的知识；第 3 章讨论 CAC 的数据模型，包括矢量数据模型、栅格数据模型及矢量栅格的相互转换；第 4 章论述矢量数据处理算法，涵盖内容比较广泛；第 5 章为栅格数据处理算法，介绍常见的区域填充算法、距离变换图和骨架图生成算法及褶积滤波算法等；第 6 章为网络地图制图，阐述 CAC 在网络时代的发展；第 7 章为地图数据数字水印算法，论述 CAC 数据安全问题及相关算法；第 8 章为计算机地图制图的软件及发展趋势。对所用资料，书中尽力给予标注，便于读者查阅原始资料，对问题探根求源、深入理解。各章后的思考题是为了方便读者自我测试章节知识掌握水平而设计的。

本书可作为测绘学科、地理学科及其他相关学科本科生、硕士研究生的教学用书，也可供地质、地震、探矿等相关学科的科技工作者参阅。

图书在版编目（CIP）数据

计算机地图制图：原理与算法基础/闫浩文，刘涛，张黎明编著. —2 版. —北京：科学出版社，2017.6

ISBN 978-7-03-053625-9

Ⅰ. ①计… Ⅱ. ①闫… ②刘… ③张… Ⅲ. ①地图制图自动化 Ⅳ. ①P283.7

中国版本图书馆 CIP 数据核字（2017）第 132598 号

责任编辑：杨 红 程雷星/责任校对：贾娜娜
责任印制：赵 博/封面设计：迷底书装

科学出版社出版
北京东黄城根北街 16 号
邮政编码：100717
http://www.sciencep.com
三河市骏杰印刷有限公司印刷
科学出版社发行 各地新华书店经销
*
2007 年 1 月第 一 版 开本：787×1092 1/16
2017 年 6 月第 二 版 印张：17
2024 年 1 月第八次印刷 字数：422 000
定价：49.00 元
（如有印质量问题，我社负责调换）

第二版前言

计算机地图制图（computer-aided cartography，CAC）是地图学与地理信息系统最重要的基础之一，作为一门课程在我国大陆高校的地图学专业开设，至今有 30 多年的历史。在多年科研和教学的过程中，作者比较系统地收集和整理了大量的参考文献，曾于 2007 年编写出版了《计算机地图制图原理与算法基础》一书，在高校相关专业教学中得到广泛使用，反响良好。

在近 10 年的使用过程中，也陆续发现一些疏漏之处。同时，随着近年来计算机科学、图形学、图像处理技术及地图学与地理信息系统学科的快速发展，本课程内容已有较大调整，因此急需编撰容纳最新研究进展和把握学科发展脉络的新教材。另外，教材作为教学的重要资料，在落实立德树人根本任务，全面提高人才自主培养质量，着力造就拔尖创新人才的过程中起到了关键作用。基于此，作者对第一版教材进行了修订。

与第一版教材相比，本书的体系结构变化不大，延续了第一版的编著要点。本次修订的主要内容为：①强调算法的重要性，认为算法是 CAC 更基础的内容，是实现 CAC 软件的"血肉"，因此本书用 3 章的篇幅专门论述算法；②加入了 CAC 的理论基础知识，包括初等几何、计算几何、图像处理、图论和数字地面模型等，这样使知识较为连贯和系统，授课过程易于展开；③近年来 CAC 研究的新成果被收录进来，如地图综合的新算法、CAC 数据安全的新算法，CAC 的新软件等。

本书编写分工如下：第 3 章、第 5 章、第 6 章和 8.1 节由刘涛撰写；第 1 章、第 2 章、第 7 章由张黎明撰写；第 4 章和 8.2 节由闫浩文撰写。全书由闫浩文负责统稿。

本书得到国家重点研发计划资助项目（2016YFC0803106）、国家自然科学基金（41671447，41201476）、地理空间信息工程国家测绘局重点实验室开放研究基金（201409）的联合资助。作者要感谢王文宁、邵达青、吕文清、张乾、马磊等研究生在本书资料收集和撰写过程中给予的无私帮助。书中引用、编录了陈军教授、郭仁忠教授、艾廷华教授、李志林教授、周培德教授、李成名研究员、闾国年教授、胡鹏教授、龚健雅教授、齐华博士、吴立新教授、胡友元教授、黄杏元教授、徐庆荣教授、Anne Ruas 博士、Robert Weibel 教授、Christophe Gold 教授等的著作和论文的研究成果，在此一并致谢。

作者录制了相关重点和难点视频，读者可通过扫描书中二维码观看。囿于作者的专业水平和学识，书中难免存在疏漏之处，恳请同行之先辈、同龄与后学不吝指教。

作　者

2023 年 7 月于兰州

第一版前言

计算机地图制图(computer-aided cartography，CAC)是地图学与地理信息系统最重要的基础之一。1990 年前后，许多高校采用测绘出版社出版的《计算机地图制图》(胡友元等，1987)作为相关课程的教材，稍后开始选择武汉测绘科技大学出版社出版的《计算机地图制图原理》(徐庆荣等，1993)或科学出版社出版的《GIS 和计算机制图》(梁启章，1995)作教材。这些教材在 2000 年前我国大学地图学与地理信息系统专业的教学中举足轻重。但是，由于计算机科学、图形学、图像处理技术及地图学与地理信息系统学科本身在近年来的快速发展，前述教材的部分章节已经不能适应教学的需要，编撰能够容纳最新研究进展和把握学科发展脉络的新教材已势在必行。为此，我们在近年科研和教学的过程中，比较系统地收集和整理了大量的参考文献，撰写了本书。与上述三本已出版的教材相比，本书的体系结构变化不大，不同之处体现在内容的更新上，要点可归纳为：①强调算法的重要性，认为算法是 CAC 更基础的内容，因此本书用两章的篇幅专门论述算法；②加入了 CAC 的理论基础知识，包括初等几何、计算几何、图像处理、图论和数字地面模型等，这样使知识较为连贯和系统，授课过程易于展开；③近年来 CAC 研究的新成果被收录进来，如 CAC 的新设备、新数据模型、地图综合的新算法、市场化的新软件等。

本书第 1 章、第 6 章和第 4 章的第 1、2 节由孙建国撰写；第 2 章由褚衍东撰写；第 3 章、第 5 章由杨树文撰写；第 4 章(第 1、2 节除外)由闫浩文撰写。全书由闫浩文和褚衍东负责统稿。

本书的出版得到国家自然科学基金(40301037)、地理空间信息工程国家测绘局重点实验室基金、兰州交通大学"青蓝"人才工程基金、兰州交通大学教材出版基金的联合资助。作者要感谢杨维芳女士、张彦丽女士、胡最先生、王润科先生在本书资料收集和撰写过程中给予的无私帮助。书中引用、编录了陈军教授、郭仁忠教授、艾廷华教授、李志林教授、周培德教授、李成名研究员、闾国年教授、胡鹏教授、龚健雅教授、齐华博士、吴立新教授、胡友元教授、黄杏元教授、徐庆荣教授、AnneRuas 博士、RobertWeibel 教授、ChristopheGold 教授等的著作和论文的研究成果，在此一并致谢。

囿于作者的水平、学识，书中论述难免挂一漏万。本书权为抛砖引玉，文存疏漏，责在作者。谨此就教于同行之先辈、同龄与后学，望不吝指教。

作 者

2006 年 10 月于兰州

目　　录

第1章 绪 论

地图学(cartography)自20世纪初成为一门独立的学科以来,学术界曾对其学科体系进行过争论。我国地图学家廖克等(1982)分析了国外学者的观点,根据地图学发展的特点和趋势,提出现代地图学包括理论地图学、地图制图学和应用地图学三个分支学科。计算机地图制图则属于地图制图学的范畴。

计算机地图制图又称为自动化制图或机助地图制图(CAC)。它是一门研究以传统的地图制图原理为基础,在计算机软、硬件的支持下,采用数据库技术和图形数字处理方法,实现地图信息的获取、变换、存储、处理、识别、分析、输出和应用的技术性学科(胡友元和黄杏元,1987;徐庆荣等,1993)。

计算机地图制图技术的应用,使传统的地图制图发生了变革。地图制图人员不再始终面对纸质地图,而主要面对电子数据,所有的制图资料必须变换为计算机可以接受的数据形式。制图过程实际上是对数据的获取、编辑处理、管理维护和可视化再现的过程,数据是各个制图环节之间的联结点。因此,从一定意义上来讲,计算机地图制图也可称为数字地图制图。

计算机地图制图的发展既依赖于常规制图理论,又在技术和理论上实现了新的飞跃。概括起来,支撑计算机地图制图的技术方法主要有计算机图形图像处理技术、数据库技术、制图综合技术、多媒体技术、虚拟现实技术等;指导计算机地图制图的基本理论除了图形学、离散数学等兄弟学科之外,还有地图信息论、地图感受论、地图符号论、地图模型论、地图认知理论和制图综合理论等。

1.1 计算机地图制图技术探源

1.1.1 计算机地图制图的历史

1. 国际发展

计算机地图制图技术的发展大致可划分为以下3个阶段。

(1)初期阶段。计算机地图制图技术酝酿于20世纪50年代,经历了10余年的实验与探索。当时的计算机大致处于第二代,制图的硬、软件研制成为这个阶段的主要课题。1950年,能显示简单图形的图形显示器作为美国麻省理工学院"旋风1号"计算机的附件而问世。1958年,美国Gerber公司和Calcomp公司分别研制了平台式绘图仪和滚筒式绘图仪,为初期的机助制图系统创造了基本条件。1964年,第一次在数控绘图仪上绘出了地图。随后英国牛津大学和和美国哈佛大学研制的自动地图制图系统开始运行,用模拟手工的方法绘制了一些地图。这两个系统的诞生为计算机地图制图技术的发展做出了开创性的贡献,并引起国际制图界的极大兴趣和广泛关注。

(2)发展阶段。20世纪60年代后期至80年代后期,计算机地图制图以空前的速度和规模发展。这一阶段,已出现第三、第四代计算机,性价比大幅度提高,计算机的应用日趋广泛。制图学家对地图图形的数字表示和数学描述、地图资料的数字化、地图数据处理、地图数据库、地图综合和图形输出等方面的问题进行了深入的研究，在制图硬件的速度、交互性和制图软件的算法上都有很大的突破。在此基础上，许多国家相继建立了软硬件相结合的交互式计算机地图制图系统，也推动了各种类型的地图数据库和地理信息系统的建设，为军事、规划、设计和管理等部门提供了方便的地理信息服务。例如，为处理加拿大土地调查获得的大量数据而研制的加拿大地理信息系统于1971年投入运行；美国1982年建成1∶200万国家地图数据库，1983年开始建设更大比例尺的国家地图数据库。

(3)飞跃阶段。从20世纪80年代末期至今，计算机制图技术有了新的飞跃。各种制图软件和硬件得到进一步完善，计算机地图制图技术基本代替了传统地图制图方法，地图制图自动化程度达到了一定高度，地图和地理信息的应用走向全面和深入。20多年来，随着数据库技术、面向对象技术、图形图像处理技术、动画技术、多媒体技术和网络技术的发展，出现了"网络地图""动态地图""立体地图""多媒体地图""影像地图""全息地图"等全新的地图表现和应用形式。遥感技术系统、全球定位系统和地理信息系统的进一步发展和集成，为计算机地图制图技术的发展和应用展现了更为广阔的前景，制图领域迅速扩大，呈现出多层次、多时态、多方位、多品种的态势。

2. 国内发展

我国计算机地图制图起步稍晚，但发展速度很快。从20世纪60年代末70年代初开始设备研制和软件设计。硬件方面，采用引进、消化、改造和研制的方法，先后生产了多种系列和型号的计算机、手扶跟踪数字化仪、自动扫描仪、滚筒式和平台式绘图仪、地图汉字数控自动注记系统等；软件方面，地图制图科技工作者本着自力更生、引进改造的原则，研制了大量的基本绘图程序和应用绘图程序。到20世纪80年代后期，我国开始建立完善的计算机地图制图系统和地理信息系统，赶上了国际步伐。普通地图的计算机制图已包括了地图投影的机助设计和自动展绘、地理要素的自动绘制、图廓及图外整饰、基本符号库的建立、数字地图的自动接边和合幅等功能；专题地图制图系统也开始应用于电子地图集的生产。具有自主知识产权的国产地理信息系统基础平台(如SuperMap、MapGIS等)被研制开发并渐趋成熟，在国内普及应用的基础上，开始走向国外市场。同时，有关专家对地图自动综合和专家系统的研究给予了高度重视，如原武汉测绘科技大学研制的"地图设计生产智能化系统"(MAPKEY)、原郑州测绘学院研制的"专题地图设计专家系统"(TMDES)等取得了良好的应用效果。20世纪90年代中期以来，全国的数字化测绘生产技术体系逐步建立，实用性地理信息系统和地理信息基础数据库的建设与发展非常活跃，它们有力地推动了计算机地图制图技术的进一步发展与成熟。

3. 计算机地图制图的特点

计算机地图制图之所以发展快、应用广，除了受相关学科发展、技术进步的推动和强烈的地图信息社会需求等影响之外，还在于计算机地图制图相对于传统手工地图制图具备如下几个方面的优越性。

(1)数字地图易于存储、复制和远程传输。

(2)计算机地图制图的成图周期短，地图数据的编辑、更新、改编方便，提高和改善了地图的适应性、现势性和用户的广泛性。

(3)计算机地图制图提高了地图制作与使用的精度，增大了地图信息容量。

(4)计算机地图制图技术使地图投影变换和比例尺变换等过程更容易实现。

(5)计算机地图制图技术减轻了制图人员的劳动强度，减少了主观随意性，这为地图制图的进一步标准化、规范化奠定了基础。

(6)计算机地图制图技术使地图品种增多,拓展了服务范围(如可以方便地制作三维立体图、地面切割密度图、坡度坡向图等)。

(7)计算机地图制图技术简化了地图生产的工艺流程,地图制作者与使用者之间的界限开始模糊。

需要指出:计算机地图制图系统的应用虽然实现了地图的数字化编辑和印刷出版,但仍有不少人工干预的成分。要真正解决地图生产的智能化问题,可能需要将人工智能、专家系统的概念和技术全面应用于地图设计、地图数据处理过程中,使计算机系统具有模拟地图制作者的思维和推理能力,并正确运用地图专家的知识和经验,实现真正意义上的地图制图与生产的自动化和智能化,最终建立地图制图专家系统。在用户给定了若干初始条件之后,系统能够完成包括确定地图的数学基础、地图内容及其表示方法、地图自动综合和地图内容的符号化、地图注记和图例配置等一系列工作。就目前的发展水平来看,已有地图制图专家系统尚不成熟,距离推广使用还有很长的路程。

1.1.2 计算机地图制图与 CAD、GIS

1. 计算机地图制图概述

计算机地图制图的核心问题是如何使用计算机处理地图信息以满足用户的需要,即解决地图信息如何以数字的形式表示、获取、存储、处理和输出,其实质是从图形(连续)转换为数字(离散),经过一定的处理,再由数字转换为图形的过程。

计算机技术之所以能够应用于地图制图,是因为地图本身是按照一定的数学法则,经过科学概括,应用特有的符号系统将地球表面上的景物显示在平面上的一种"图形-数学模型"。面对二维的地图,无论其内容多么千变万化,表示方法多么千差万变,图形结构多么复杂多样,总是可以按照几何特征将地图图形划分为三种基本类型图形元素,即点状图形、线状图形和面状图形(图 1-1)。

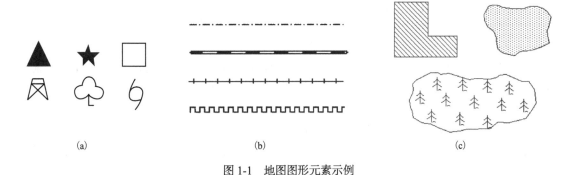

图 1-1 地图图形元素示例

其中,点状图形[图 1-1(a)]可以用平面上的一个点(x, y)表示它在图上的位置;线状图形[图 1-1(b)]则可以用中心定位轴线(有序点串)表示线状要素在图上的位置和延伸走向;面状图形[图 1-1(c)]则可以用外围轮廓(闭合的有序点串)表示面状要素在图上的位置和分布范围。点是最基本的图形元素,地图上的一切要素都可以看成点或点的集合——图形信息。图形元素的各种视觉变量(如形状、大小、色相等)和注记则反映事物和现象的数量与质量特征——属性信息。用上述图形和属性两类信息则可将地图上连续的图形(或图像)变换成离散的数字信息。这种把连续图形离散化的过程(模—数)在计算机地图制图中称为数字化。在将地图图形数据离散为数字地图时，地图数据通常有矢量数据和栅格数据两种基本形式(图 1-2)，矢量数据和栅格数据可相互转换，但转换时往往存在一定程度的数据精度损失。

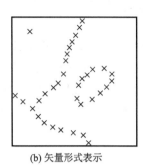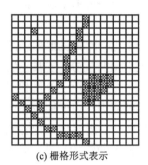

　　　(a) 图形元素　　　　　　　　(b) 矢量形式表示　　　　　　　(c) 栅格形式表示

图 1-2　地图图形的数据表示形式

矢量数据是代表地图图形的各离散点平面坐标(x,y)的有序集合,数据量取决于表达的区域范围、地图比例尺、采样点的密度、图形目标本身的分布特征等，一幅矢量地形图的数据量可多达 100 万~300 万个坐标对；栅格数据就是地图图形栅格单元(又称像元或像素)按矩阵形式的集合，一幅地形图的栅格数据量的大小取决于图幅及栅格的大小等。地图图形是用矢量数据表示还是用栅格数据表示，取决于使用的设备、制图目的、精度要求、处理方法等。

离散的目的是便于利用计算机进行数据的存储、管理和处理。地图数据处理就是在地图设计与编制的具体要求下，按照一定数学模式对图形和属性信息进行加工与处理，形成满足用户应用需求的数据产品。处理后的离散数据，又要在一定的图解显示转换设备(如显示器、绘图仪和激光胶片输出机等)支持下，恢复为视觉可以感受的连续图形，这个过程称为数—模转换。

由上可知，计算机地图制图的处理对象是图形(地图)，这无疑反映出它与计算机辅助设计/制造、地理信息系统等研究图形处理的学科有着紧密的联系。下面就此问题进行详细阐述。

2. 计算机地图制图与 CAD

计算机辅助设计(computer-aided design，CAD)系统是计算机技术用于机械、建筑、工程和产品设计的系统，它主要用于范围广泛的各种产品和工程的图形设计，大至飞机，小至微芯片等。CAD 主要用来代替或辅助工程师们进行各种设计工作，也可以与计算机辅助制造(computer-aided manufacture，CAM)系统共同用于产品加工中作实时控制。

CAD 与计算机地图制图都以计算机图形学为数据处理和算法设计的基础，均有空间坐标系统，能把目标和参考系统联系起来，也都能在一定程度上处理非图形属性数据。不同之处在于：CAD 一般采用几何坐标系，处理的多为规则几何图形及其组合，图形功能尤其是三维图形功能极强，属性数据处理功能相对较弱。而计算机地图制图一般采用大地坐标系，处理的多为地理空间的自然目标(如海岸线、地形等高线等)和人工目标(如城市、运河等)，图形关系更为复杂，因而图形处理的难度更大，且制图数据来源广、输入方式多样。特别是专题地图的自动绘制，需要丰富的地图符号库和属性数据库支持。因此，一个功能强大的 CAD 系统，并不完全适合于完成计算机地图制图的任务。

3. 计算机地图制图与 GIS

GIS 是地理信息系统(geographic information system)的简称。从学科角度讲，GIS 是一门介

于地球科学与信息科学之间的新兴交叉学科，研究地理空间信息的描述、存储、分析和输出的理论与方法。从技术系统角度讲，GIS 是以地理空间数据库为基础，采用基本空间分析和应用模型分析方法，为资源、环境、区域规划、管理决策、灾害防治等提供信息服务的计算机系统。

计算机地图制图与 GIS 的关系非常密切。GIS 是信息时代计算机地图制图的延伸和发展。计算机地图制图技术的发展对 GIS 的产生起了有力的促进作用，GIS 的出现进一步为地图制图提供了现代化的先进技术手段，它必将引起地图制图过程的深刻变化，成为现代地图制图的主要手段。

计算机地图制图是 GIS 的重要组成部分。计算机地图制图侧重于地物的显示和处理，讨论地形、地物和各种专题要素在地图上的表示，并且以数字形式对它们进行存储、管理，最后通过图形输出设备输出地图。GIS 既注重实体的空间分布，又强调它们的可视化效果；既注重实体的空间特征，又强调它们的非空间(属性)特征及其操作，具备强大的空间分析和决策支持能力。现代 GIS 都具有计算机地图制图的成分，具备良好的地图制图功能，但并非所有计算机地图制图系统都含有 GIS 的全部功能。

1.2　计算机地图制图的基本过程

地图图形的数字化表示，为地图数据的计算机处理提供了基本依据。为使这种处理更加有效，必须深入研究地图数据的存储和组织方法(地图数据结构和地图数据库)，研究地图数据的各种处理算法和可视化表达与分析，研究反映地图各要素的类别、等级、数量、质量特征的编码系统。相关内容参见后面章节，这里主要介绍计算机地图制图的一般过程。

传统的地图制图过程相当复杂，并取决于地图资料、地图类型、地图比例尺、地图用途和主题等诸多因素，大体上分为地图设计、原图编绘、制印准备和地图印刷四个阶段。虽然，计算机地图制图仍以传统的地图制图理论为基础，但它在数学要素表达、制图要素编辑处理和地图制印等方面都发生了质的变化。目前，无论是制作普通地图还是类型繁多的专题地图，计算机地图制图一般来说都必须包含以下 3 个阶段：数据获取、数据处理和数据输出(图 1-3)。

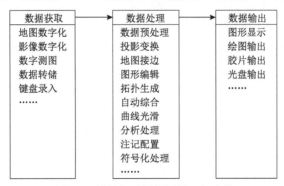

图 1-3　计算机地图制图的一般过程

1.2.1　数据获取

地图数据获取是按照地图设计要求采集、输入各种所需的地图制图信息，将其转换成数字信息，以便计算机存储、识别和处理。它是硬件、软件和工艺方法相结合的一种技术手段，是计算机地图制图的基础环节。

　　计算机地图制图的信息源多种多样。从类型上可分为地图、航天航空遥感影像、统计资料、各种测量数据和地理调查资料等；从表现形式上可分为非数字数据和数字数据。数字数据可以直接使用或经一定的计算机处理之后使用，但要特别注意数据格式的转换和数据精度、可信度等问题。非数字数据的数字化输入是计算机地图制图过程中数据获取的常见任务，其中统计文字类资料可用键盘输入；图形和图像资料要通过模—数转换设备转换成计算机能够识别和处理的数据。

　　图像资料多采用扫描仪将其离散成数字栅格数据，并进行几何纠正、辐射校正等处理使其符合制图要求。一般情况下还需要进一步得到矢量数据，可在遥感影像处理类软件的支持下，通过屏幕跟踪、监督和非监督分类、矢栅转换等方法实现。

　　这里针对地图的数字化，叙述图形数据和属性数据的获取。

1. 图形数据获取

地图图形的数字化有手扶跟踪数字化和扫描数字化两种手段。

　　(1) 手扶跟踪数字化。通过手扶跟踪数字化仪及相应软件的支持，分层采集地图要素形成矢量地图数据。一般采用联机方式工作。这种方法实用、方便、可靠，可按照制图要求有选择地数字化底图要素，获取的矢量数据容易被计算机所处理，便于实时编辑、修改数字化过程中产生的错误，但是该方法存在速度慢、作业员工作量大（数字化一幅地图几乎和手工绘制一幅地图的时间相当）等缺点。

　　(2) 扫描数字化。扫描仪一般都是栅格数字化设备。地图资料采用扫描仪进行扫描获取栅格数据存入计算机，经几何纠正和地理配准等处理后还可以进行矢量化。可以采用计算机屏幕手工采集，这与在手扶跟踪数字化仪上数字化类似，只是工作方式轻松一些；也可以在计算机屏幕半自动化采集（模式识别技术），显然这种半自动化方式的速度相对快一些。目前，地图全要素的自动模式识别仍有一定的困难，单版要素的自动识别（如等高线要素）技术已广泛应用。这种方法采集数据速度快，不足之处在于扫描底图数据量较大，相应软件的自动化程度不高、可靠性和稳定性较差（王家耀，2001）。

2. 属性数据获取

地图数据无论是采用手扶跟踪数字化仪数字化还是扫描数字化，除了获取图形（几何）数据外，还需要获取反映地图要素质量和数量特征的相应属性数据。目标的属性数据同图形（几何）数据可以一起存储，也可分开存储，分开存储时使用图形标识码（OID）建立两者的联系。属性数据中用来描述要素类别、级别等分类特征和其他质量特征的数据一般要进行编码，这种编码称为特征码。采用手扶跟踪数字化仪数字化时，特征码的输入方式有多种，其中以人机交互式的键码法和清单法为代表。键码法是使用设在数字化仪上的数字、字母键盘或标示器上的数字按钮编码；清单法是用设在数字化平台上的一个专门清单编码区上的清单进行编码。采用屏幕跟踪数字化方式时，可以在矢量数字化的同时或之后，从键盘手工输入目标对应的特征码。

　　特征码表的编制应根据原图内容和新编图的要求设计并遵循国家和行业已颁布的有关规范和标准。目前，较为常用的编码方法有层次分类编码法与多源分类编码法两种基本类型。

　　需要指出的是：近年来，全站型速测仪、GPS接收机、全数字摄影测量工作站等设备获取和处理的数据越来越成为计算机地图制图直接而重要的数据源。

　　地图制图数据获取之后，要按一定的数据结构进行组织存储，建立标准的数据文件，便于计算机处理应用或经处理后建成地图数据库统一存储管理。

1.2.2 数据处理

实际上，计算机地图制图的全过程都是在进行数据处理，但这里所讲的地图数据处理是指在数据获取以后到图形输出之前对地图数据进行的各种处理。地图数据处理阶段是对地图数据进行加工的全过程，它是计算机地图制图的中心环节。地图数据因制图的要求、种类、数据组织形式、设备特性等不同而有不同的处理内容。在相应软硬件的支持下，可采用人机交互、批处理和实时处理等多种方式进行。

1. 地图数据的预处理

直接数字化获取的数据通常存在格式非标准化、误差，甚至错误等许多问题，一般不能直接应用于实际生产。因此，在进行各种应用之前，首先要进行预处理而得到"净化"的数据。预处理的内容随系统硬件设备、资料来源、数字化具体方法及数据结构与格式等的不同而有所差别。预处理的内容大致包括：图形编辑、误差纠正、坐标系变换、投影变换、编码系统转换、数据格式转换、拓扑关系生成、数据的裁剪与拼接、数据压缩等。

2. 地图数据处理

地图数据处理主要包括数据的选取和概括（地图综合）、空间插值与曲线光滑、空间分析与模型处理、地图数据符号化、地图数学要素的建立、注记及图例配置处理等。

就目前的研究水平看，计算机地图制图环境下的地图综合（自动综合）是根据编图要求，采用地图综合软件并结合人机交互编辑软件，完成地图数据的选取、图形概括和移位关系等处理的。

地图数据的空间插值是根据一组已知的离散数据或分区数据，按照某种数学关系推求出其他未知点或未知区域数据的数学过程。计算机地图制图在很多情况下都需要进行空间插值，如采样密度不够或采样点分布不合理、等值线的自动绘制、数字高程模型的建立、曲线光滑处理等。

空间分析是 GIS 的灵魂（郭仁忠，1997）。GIS 环境下的地图制图可以利用其灵活强大的基本空间分析（如缓冲区分析、叠置分析）与空间模型二次开发功能，发掘与输出丰富多样的地图信息。

矢量地图数据是以定位数据（结合与其关联的属性数据）来描述各种地图要素的。要将这些地图数据恢复成图形形式，必须根据地图要素的表示方法和图式符号对地图数据进行加工处理，将地图数据处理成相应的符号图形数据（此过程即为符号化），并转换为绘图仪等图形输出设备可以接受的数据格式。

地图数学基础的建立、注记及图例配置等处理也是计算机地图制图数据输出前必不可少的步骤。普通地图，尤其是国家基本比例尺地形图的数学要素、注记、图名、图例等辅助要素的处理要严格按照国家有关图式标准进行。

1.2.3 数据输出

数据输出阶段的任务是将计算机处理后的数据转换成图形或图像的过程，即将地图数据转变为图形输出装置可识别的指令，以驱动图形输出装置产生模拟的地图图形。它是计算机地图制图的最后环节。

图形的输出方式，可以根据数据的不同格式、不同的图形特点和使用要求，分别采用矢量绘图仪、栅格绘图仪、激光胶片输出机、高分辨率的图形显示器等绘制或显示地图图形；如果以产生出版原图为目的，可用带有光学绘图头或刻针（刀）的平台式矢量绘图仪或高分辨率的栅格绘图仪，它们可以产生线划、符号、文字等高质量的地图图形。图形的屏幕显示既可以是地图的一种表现形式(电子地图)，也可以用于数据获取、数据处理和数据输出前图形检查的交互界面。

以上介绍的是把计算机地图制图分为 3 个主要阶段，也有人将其分为编辑准备、数据获取、存储和组织、数据处理和图形输出等 5 个阶段。另外，随着计算机软硬件技术的进步，计算机地图制图的过程还在不断演化。

1.3 计算机地图制图的硬件系统

一个计算机地图制图系统应具备地图数据输入、处理和输出功能，能根据不同的要求生产相应的数字地图或模拟地图产品。这样的系统由硬件系统和软件系统两大部分组成。硬件系统主要包括计算机及其网络、图形输入设备、图形输出设备等(图 1-4)，软件系统包括系统软件、通用软件和地图制图专用软件三部分。系统硬件在一定程度上决定着整个系统的性能和功效，对地图产品的质量起着决定性的作用。软件的使用贯穿于计算机地图制图的全过程，影响系统的实用性和生产效率。本节介绍计算机地图制图的硬件设备，软件及其应用将在第 6 章详细讨论。

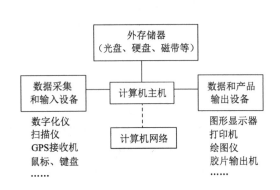

图 1-4 计算机地图制图硬件设备

1.3.1 计算机及其网络设备

1. 计算机

电子计算机的出现，使人类社会进入了信息时代。计算机的广泛应用从各个方面改变着社会的面貌，有力地推动了各门学科的发展和进步。计算机地图制图的概念及有关内容的形成和发展都是随着计算机技术在地图学中的应用而逐步成熟和完善起来的。计算机不但是计算机地图制图系统的核心，而且带动其发展，决定其水平。

计算机硬件包括中央处理器、存储器、输入输出设备和总线等几部分。中央处理器(central processing unit，CPU)由运算器和控制器组成，是计算机的核心部件，负责解释、存储、调度和执行计算机操作指令，使计算机完成相应的工作。存储器是计算机存放数据和各种程序的部件，可分为高速缓冲存储器、内存储器和辅助存储器三级。输入输出设备是计算机的外部设备，包括键盘、鼠标、显示器、扫描仪、数字化仪、绘图仪、磁带机等外围设备，负责信息的输入和输出。总线是计算机多个部件之间共用的信息通道，负责把计算机的各个部分连接在一起，有地址总线、数据总线和控制总线。衡量计算机性能高低的主要技术指标有系统结构、运算速度、存储空间、图形显示速度和外设配置情况等。目前对计算机的分类主要是从它的性能、规模和档次上来考虑，一般分为大中型计算机、小型计算机、图形工作站和微型计算机四类。

在计算机地图制图系统和地理信息系统中，计算机担负着设备控制、数据处理及数据库管理等方面繁重的工作。大中型计算机具有速度快、容量大、综合处理能力强等特点，但价格昂贵、维护和管理复杂，所以只有国家重点部门或科研、生产基地才会选用它作为系统的主机。小型计算机因具有分时操作系统和通用的数据库管理系统，以及多种高级语言编译系统等优势，一度是建立计算机地图制图系统和地理信息系统的主要设备。目前，它已被图形工作站和高档微机逐步取代。图形工作站是一种图形处理功能很强，并且大多供个人使用的一种小型计算机系统，内外存储空间大，具有专用的图形加速处理单元和高档次的图形显示器，带有多个输入/输出端口，目前越来越多地被用作计算机制图系统的主机。微型计算机近年来发展飞速，不但具有速度快、精度高、容量大、价格低廉等特点，而且其图形、图像、音频、视频等多媒体数据集成与处理能力逐渐增强，具有很好的兼容性和可扩展性，这些从硬件上为计算机地图制图提供了强有力的保证，因而在计算机地图制图和地理信息系统中有着广泛的应用。

2. 网络设备

从地图学发展的角度来看，21 世纪是网络地图时代，网络地图将成为地图产品的主流。网络环境为用户提供了一种新型的制图平台，使用者将可以借助计算机网络，查询自己需要的空间信息和相关信息，并制作地图以解决自己的实际问题(张安定和仲少云，2004)。计算机网络品种繁多、性能各异，而且发展很快，这里仅介绍一些基本概念和设备，详细内容请参阅计算机网络相关书籍。

计算机网络的功能在于信息交换、资源共享和分布式处理。网络的拓扑结构有星形、总线形、环形、树形、网形等。按地理覆盖范围可将网络分为局域网(local area network，LAN)、城域网(metropolitan area network，MAN)、广域网(wide area network，WAN)。Internet 是当今世界上规模最大、用户最多、影响最广泛的计算机互联网络，连接着大大小小成千上万个不同拓扑结构的局域网、城域网和广域网。正在发展中的下一代互联网(Internet2)将更大、更快、更安全。

计算机网络由硬件、软件和规程三部分组成。规程涉及网络中的各种协议，而这些协议也以软件形式表现出来。计算机网络的硬件包括主体设备、连接设备和传输介质。主体设备指中心站(服务器，提供共享资源)和工作站(客户机，用户入网操作的节点)；连接设备包括网络适配器(网卡)、集线器(HUB)、网络互联设备(中继器、网桥、路由器、交换机、网关等)；传输介质有双绞线、同轴电缆、光缆和无线介质(无线电波、微波、卫星等)。计算机网络的软件包括网络操作系统(如 NetWare、WindowsNT、UNIX)和应用软件。目前，流行的数据传输协议有 NetBEUI、IPX/SPX、TCP/IP。其中，TCP/IP 协议被称为互联网上的"交通规则"，实际上包括了 100 多个不同功能的协议，与网络的物理特性无关，任何网络软件或设备都能在该协议下运行。现在的网络操作系统都已包含了该协议，成为标准配置。

当计算机连接 Internet 时，它并不直接连接到 Internet，而是采用某种方式与 Internet 服务提供商(Internet service provider，ISP)提供的某一台服务器连接起来，通过它再接入 Internet。从通信介质角度看，有专线接入和拨号接入；从组网架构角度看，有单机直接连接和局域网连接。国内现有 6 大骨干网(中国电信、中国联通、中国移动、中国教育和科研计算机网、中国科技网、中国国际经济贸易互联网)从事高速长距离回路的接入服务。

1.3.2 图形输入设备

在计算机地图制图中，数据输入设备主要指图形输入设备，是一些将地图图形、影像和文字转换成计算机能够识别和处理的地图数据的外部设备。这些设备随着计算机技术和地图制图技术的发展而变化，主要包括数字化仪、扫描仪、鼠标、键盘，广义地讲，还包括解析测图仪、全站型速测仪、GPS 接收机、全数字摄影测量工作站等。

1. 数字化仪

1)数字化仪的结构组成

数字化仪是一种图形定位设备，通常见到的是手扶跟踪数字化仪。它一般由电磁感应板、标示器两大部分及其支架、接口装置组成(图1-5)。

电磁感应板(又称操作平台)是一个坚固的绝缘平面图板，厚约2cm，平板之中嵌入了一组规则的"格网状"导线，构成一个高分辨率的矩阵，也就是一个精细的坐标系。作业时，在它上面的有效区域内放置数字化底图，由标示器按操作规程读取所需要的点位坐标。

标示器(又称游标)用来获取图形的位置和属性等信息。常用的有2、4或16键，每个键都可以赋予特定的功能。标示器内部有一个中心嵌着十字丝的线圈，称为十字定准线(图1-6)。

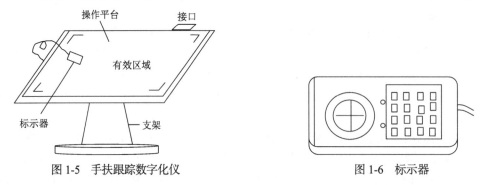

图1-5 手扶跟踪数字化仪   图1-6 标示器

衡量数字化仪的技术指标有幅面、分辨率、精度、标示器键数及通信速度等。幅面按电磁感应板的有效范围计算，有以下几种规格：A00[44in(1in=2.54cm)×60in，112cm×152.4cm]；A0(36in×48in，91.4cm×122cm)；A1(24in×36in，61cm×91.4cm)；A2(18in×24in，45.7cm×61cm)。分辨率有以下几种：40线/mm、80线/mm、100线/mm、200线/mm和400线/mm，它们分别相当于1016线/in、2032线/in、2540线/in、5080线/in和10160线/in。数字化仪同计算机的连接一般采用RS-232C接口方式，实行串行异步通信。

2)数字化仪的工作原理

当标示器在电磁感应板上移动时，它能向计算机发送标示器十字丝中心的坐标数据。它的工作原理如图1-7所示。

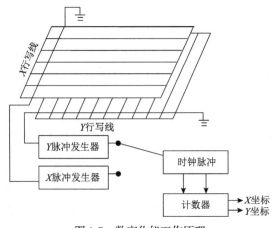

图1-7 数字化仪工作原理

在电磁感应板式的数字化仪中，沿 X、Y 方向布满的许多平行导线，相互距离一定间隔，当有电流从这些平行导线上通过时，在数字化板面上产生相应的磁场。由于标示器十字丝周围装有一感应线圈，它切割磁力线，产生感应信号。当标示器上的某一按钮被按下时，感应信号就发送出来。利用磁场电流产生时刻与感应信号接收时刻的时间间隔就能够确定十字丝中心的坐标位置，这种坐标有时用分辨率单位来表示，有时用毫米来表示，可以互相转化。

3）数字化仪的使用

数字化仪使用之前，必须完成相应的硬件设置和软件设置，并将待数字化图件平整、结实地固定在数字化仪台面上。首先要用标示器输入图幅范围和至少 4 个控制点的坐标，随即可以分层进行各类要素的数字化。数字化时可采用以下记录方式。

(1) 点方式。由操作员按动释放键记录要素的特征点（如线划要素的起止点、极值点、拐点、交点等），该方式操作员工作量大，数字化速度慢。

(2) 时间方式。每隔一定时间间隔自动记录跟踪头瞬时位置。该数字化方式的效果与作业员的操作速度、线划要素的弯曲特征等有直接关系。

(3) 增量方式。当跟踪头在 X 方向或 Y 方向上走过一定的距离间隔，就自动记录当前点位置。增量方式与时间方式可以结合使用，即在时间方式中规定一个最小间隔距离，从而避免在操作暂停或缓慢时重复和冗余记录。

手扶跟踪数字化仪一直是地图数据采集输入的主要设备，其优点是：通过它采集数据，数据量小，相应的数据处理软件也比较完备。缺点是：数字化的速度比较慢，工作量大，自动化程度低，数字化的精度与作业员的操作有很大关系。为了克服这些缺点，国际上曾经研制出半自动和全自动数字化仪，但由于构造复杂、价格昂贵等未能广泛应用。随着采用电荷耦合器件（charge coupled device，CCD）技术的扫描仪的成本不断降低，性能越来越好，人机交互屏幕矢量化和自动或半自动栅格数据矢量化软件的成熟，扫描数字化越来越普遍，而数字化仪应用的越来越少，有逐渐被淘汰的趋势。

2. 扫描仪

使用数字化仪进行数字化，数字化的结果是矢量数据。而扫描仪是直接把地图图形或图像扫描到计算机中去，以像素信息进行存储，因而属于栅格数字化设备，获取的是地图的栅格数据。如果需要在矢量制图环境下工作，还需要进行栅格—矢量格式的转换或采用屏幕跟踪方式进一步获得矢量数据。

1）扫描仪的类型与技术指标

目前扫描仪种类很多，按不同的标准可分成不同的类型。最普遍的是由线性 CCD（图 1-8）阵列构成的电子式扫描仪。这种扫描仪称为 CCD 扫描仪。

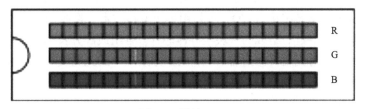

图 1-8 线性 CCD

扫描仪按外部结构可分为 3 种类型：平台式扫描仪、滚筒式扫描仪和手持扫描仪（图 1-9）。平台式扫描仪体积小、价格低、使用方便，应用较为广泛，但平台式扫描仪的幅面一般都比较小。若应用平台式扫描仪工作，在计算机地图制图中，可将地图分块扫描，再对获取的栅格数据进行拼接处理。滚筒式扫描仪幅面较大，可一次完成整幅地图的扫描，常用来进行大幅面工程图扫描。因此，滚筒式扫描仪在测绘、地质、地理信息系统与计算机地图制图等领域使用比较普遍。手持式扫描仪以手动方式进行扫描，其外形与鼠标相像，体积小、携带方便、价格低廉，但无论原稿尺寸还是扫描质量均受限制。

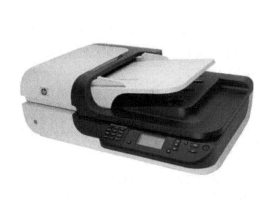

(a)平台式扫描仪　　　　　　　　　　　　(b)滚筒式扫描仪

图1-9　扫描仪结构示意图

衡量扫描仪的技术指标主要有幅面、分辨率、色彩位数和扫描速度等。

扫描仪幅面有A4、A3、A2、A1、A0等规格。

扫描分辨率表示扫描仪的扫描精度，通常用每英寸单位长度上对图像的采样点数来表示，如dpi(dot per inch)或ppi(pixel per inch)。从物理意义上讲，分辨率是扫描仪CCD的排列密度，如300dpi就表示该扫描仪的CCD排列密度为每英寸300个CCD器件。由于目前的扫描仪还可以采用内插算法来进一步提高其分辨率，为了便于区别，人们把CCD的密度称为光学分辨率或物理分辨率，而将用内插方法得到的分辨率统称为分辨率。目前，扫描仪的光学分辨率多在300～1000dpi。

色彩位数表示扫描仪对色彩和灰度等级的分辨能力，实际上也就是存储每一个像素时所需的二进制位数。常见的有黑白(1位)、多灰度级(8位)、24位彩色(红、绿、蓝三原色各8位)及36位彩色(三原色各12位)等。对于彩色图像，一次扫描即可获得图像的三原色数据。

扫描仪与计算机的连接有并行接口、SCSI接口和USB接口3种方式，近年流行USB接口。

2)扫描仪工作原理

扫描仪是光机电一体化的产品，主要由光学成像部分、机械传动部分和转换电路等组成。扫描仪的核心是完成光电转换的CCD，这是用集成电路技术，将成千上万个微小的充电传感器(简称感光元)集成在一起，组成的一块半导体芯片。各组成部分及其主要作用为：①照明系统，保证被扫描目标的透光度；②扫描系统，获取像素矩阵的光亮度(数据抽样)；③光电变换系统，将光亮的能量转化为电信号；④模—数转换系统，将电信号输出为数字量；⑤同步信号发生器，协调各系统之间的动作。

当扫描仪工作时，扫描仪自身携带的光源将光线照在图稿上产生反射光(反射稿)或透射光(透射稿)，光学系统收集这些光线将其聚焦到CCD上，由CCD将光信号转换为电信号，再进行模—数转换生成按一定格式组织的数字图像数据，送给计算机。目前，扫描仪广泛采用线阵

CCD 技术，一次成像生成一行图像数据，当线阵 CCD 经过相对运动将图稿全部扫描一遍后，一幅完整的数字图像就输入计算机中(图 1-10)。

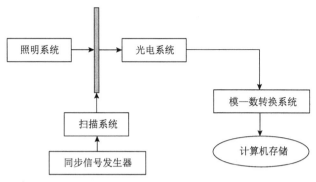

图 1-10 扫描仪工作原理

扫描后的图像数据存储格式很多，常见的有 BMP、GIF、JPG、PCX、TIF 等。

3. 鼠标和键盘

鼠标是计算机的必备外部设备，也是一种小型的图形输入和编辑处理设备，具有定位的功能。鼠标有机械式和光电式两种。机械鼠标的底部装配滚球，滚球运动被转换成数字信号，然后用来识别移动方向和移动的偏移量。光电鼠标需要一个特殊的垫板，垫板上有格网状的明暗条纹，鼠标器底端的发光二极管向垫板发射的光束反射回来可以被鼠标器底部的感应部件所接收，靠这种方法测出相对移动的偏移量。鼠标的作用是向计算机输入坐标点位、捕捉相应图形元素及激活软件菜单。

键盘是计算机的一部分，通过接口电缆与主机相连。键盘中间是标准的英文打字键盘，除通常的 ASCII 码键外，还附有一些命令控制键和功能键，以完成软件操作时的某些特定功能。通过键盘可以向计算机输入准确的图形坐标数据和要素属性编码，操纵计算机完成相应的工作。

4. 其他输入设备

(1)全站仪。全站型电子速测仪简称为全站仪，它集电子经纬仪、光电测距仪和微处理器于一体，能自动完成测距、水平方向和天顶距读数、观测数据的显示、存储等。

(2)GPS 接收机。GPS 的用户设备部分，能够接收 GPS 卫星发射的信号，以获得导航和定位信息及观测量，并进行初步的数据处理。

(3)全数字摄影测量系统。基于数字影像与摄影测量的基本原理，应用计算机技术、数字影像处理、影像匹配、模式识别等多学科的理论与方法，能够提取所摄对象的几何与属性信息。目前主要有两种形式：一种是硬件、软件一体化系统，如美国 Intergraph 公司的 ImageStation；另一种是独立的软件系统，可以安装在多种计算机硬件平台上，如武汉大学研制的 Virtuozo。

1.3.3 图形输出设备

图形输出设备是将地图图形或图像显示到计算机屏幕上或输出到介质上(纸张、薄膜、感光胶片)的设备，主要包括图形显示器、打印机、绘图仪、激光胶片输出机等。

1. 图形显示器

显示器是计算机必备的外部输出设备。按结构分为阴极射线管(cathode ray tube，CRT)显示器和液晶显示器(liquid crystal display，LCD)；按显示内容分为字符显示器(以显示字符为主，也可显示一般质量的图形、图像)和图形显示器(以显示高质量的图形为主)；还可按屏幕大小和分辨率等分类。早期的显示器主要是 CRT 字符显示器，屏幕小，分辨率低。目前流行的普通显示器以发光二极管(light emitting diode，LED)显示器为主流，基本上都配备功能较强的显示卡(图形控制卡)，具有图形图像显示功能。

图形显示器是图形系统中不可缺少的一种图形输出设备，它能将计算机中有关的信息和数据变成可见的图形图像显示出来。图形显示器的扫描控制逻辑有光栅扫描和随机扫描两种。光栅扫描又有逐行扫描和隔行扫描之分；随机扫描只扫描在屏幕上有显示内容的位置，而不是整个屏幕。计算机地图制图和遥感图像处理中主要用光栅扫描式图形显示器。

图形显示器一般由图形监视器和显示控制卡两部分组成。

1) 图形监视器

图形监视器的发展经历了黑白到彩色，从闪烁到不闪烁，从 CRT 到 LCD(液晶)再到 BSV(boshi video)液晶技术的发展过程。作为一种重要的应用产品，各种型号的监视器层出不穷，液晶、等离子(plasma display panel，PDP)、发光二极管等先进技术的监视器产品得到了广泛应用。目前，图形监视器大多采用发光二极管。

2) 显示控制卡(图形控制器、显示卡)

对于一个彩色图形显示器，仅有彩色监视器远远不够，还需要一个图形显示、处理和控制的逻辑单元，这就是显示控制卡。微机上的显示卡可以集成在主板上，也可以作为插卡插在主板的某一个槽内，如 VGA 卡、TVGA 卡和 SVGA 卡等。工作站上一般都有专用的图形加速板或显示控制卡。

其中，显示存储器(简称显存)是整个显示卡的核心，是介于计算机和监视器之间起缓冲数据传递作用的存储器，它存放着需要在屏幕上显示的图形的映像——屏幕上像素对应的灰度值或色彩值或所对应的颜色索引号矩阵，这个矩阵称为"位图"。

显示控制卡工作过程如下。

(1)接口根据主机发送来的绘图命令，在显存中生成所需显示画面的位图。接口也可以直接把图像输入设备(摄像机、扫描仪等)输入的数字图像直接或间接(经由主存)放入显存中。

(2)显示控制器一方面产生水平和垂直同步信号送到监视器，使电子束不断地自上而下、自左而右进行扫描，形成光栅；另一方面根据电子束在屏幕上的行、列位置自动计算并生成显示存储器的对应地址，不断地读出显存中的位图数据。

(3)显存中读出的位图数据(即像素值)，经过查找色彩表后，转换为红、绿、蓝三原色的亮度值。在不使用色彩查找表的显示器中，像素值本身就是三原色的亮度值。

(4)颜色亮度信号也叫图像信号或视频信号，它控制着电子束的通、断、强、弱，从而在屏幕上形成一帧与显存中所存映像相对应的可视显示画面。

为了使屏幕上显示的画面不产生闪烁，上述(2)~(4)反复进行。每秒重复的帧数就是它的刷新频率。

显存中存放着被显示图形的位图，它的大小依分辨率和同屏可显示的色彩数而定，显示分辨率越高，同屏可显示的色彩数越多，所需要的显存存储容量就越大。另外，显示控制器需不断地访问显存，读出其中的内容，使屏幕上的画面以一定的频率进行刷新，所以显存的工作速度比较快，且随着屏幕分辨率和频率而变化。由于在屏幕刷新的同时，显示卡接口(图像生成器)随时可能向显存中写入(或读出)新的显示内容。因此，显示存储器是一个大容量、高速度的双端口随机存取存储器。

2. 打印机

打印机是常见的输出设备，用来输出文本、数据、图形和图像。打印机的种类很多，按工作原理的不同可分为点阵式打印机和激光打印机两类。点阵式打印机又分为针式点阵打印机、静电点阵打印机和喷墨点阵打印机等。

1）针式点阵打印机

早期的计算机地图制图曾采用针式打印机作为最终的图形输出设备。例如，瑞士有一本地图集中的全部地图都是用这种方式输出的。

针式打印机由打印头、色带、走纸装置和打印控制线路等组成。打印头是打印机的关键部件，它内部装有排列有序的钢针和同样数目的电磁铁，每个电磁铁都可以驱动相应的钢针向前撞击。打印针越多，密度越大，打印质量越好。针式打印机由于打印速度慢、效果差、噪声大，现在已经很少使用。

2）喷墨打印机

喷墨打印机也是基于点阵原理，由许多喷嘴组成打印头。根据点阵数据的控制，使墨水通过极细的喷嘴射出，并用电场控制喷墨飞行方向，在图纸上生成图像和图形。也有一些喷墨打印机其墨水的喷射和墨粒的形成是靠充电和加压的方式来实现的。

采用黄、品、青、黑四色墨水组合，可以打印出彩色图像。喷墨打印机打印速度高于针式打印机，噪声也比较小，但打印成本高于针式打印机。

3）激光打印机

激光打印机是一种高速、高分辨率的打印设备。它利用电子扫描技术对图形图像进行拷贝，从而获得高质量的图形图像输出效果。

激光打印机是在整页纸上成像的。首先把数据转换为电信号，让整个硒鼓表面带上电荷，然后利用激光的定向、单色和能量密集的特性，用激光束在硒鼓上扫描，根据图像数据控制激光束的开与关，扫描到的点失去电荷，从而在硒鼓表面形成一幅肉眼看不到的磁化图像。硒鼓通过墨盒，磁化的点吸附碳粉，从而形成要打印的碳粉图像。硒鼓在纸上滚动，图像的碳粉转移到带有更强磁场的纸张上，高温溶凝，即在纸上输出永久图形和文本。

激光打印机的分辨率高达300～600dpi点甚至更高，能输出清晰的图形和文字。由于激光打印机幅面限制，输出大幅面的图形还有一定困难。

3. 绘图仪

绘图仪是一类常见的图形输出设备，能把计算机所生成的图形输出到纸张或其他介质上。绘图仪按工作方式可分为笔式绘图仪（矢量绘图仪）和非笔式绘图仪（光栅绘图仪）两种。

1）笔式绘图仪

笔式绘图仪从结构上可分为平台绘图仪和滚筒绘图仪。

笔式平台绘图仪利用静电或真空吸附方法将图纸吸附在平台上，然后由平面电机从 X、Y 两个方向带动绘图笔在图纸上做相对运动，形成所要输出的图形。笔式平台绘图仪的结构如图 1-11(a)所示。笔式平台绘图仪的主要组成包括绘图台、动力传动装置和绘图头三部分。

笔式滚筒绘图仪的笔和纸都是运动的，绘图纸卷在滚筒上，筒的两边装有链轮，传动机构带动链轮作正向和反向滚动，从而使图纸作 X 方向来回滚动。滚筒上方的笔架安装在一根水平轨道上，笔架由传动机构带动，使它上面的绘图笔作 Y 方向运动。两种运动的组合使绘图笔画出各种图形。笔式滚筒绘图仪的结构如图 1-11(b)所示。笔式滚筒绘图仪具有结构紧凑，占地面积小，X 长度方向不受限制的特点，但它的绘图精度不如笔式平台绘图仪。

笔式绘图仪的幅面一般为 A1～A3，滚筒绘图仪的幅面可到 A0。该类绘图仪大多为 8 笔，分辨率为 0.0125～0.025mm，重复精度为 ±0.25mm，绘图速度为 0.6～1m/s。个别型号的高精度笔式平台绘图仪还可使用刻刀和光学曝光头。

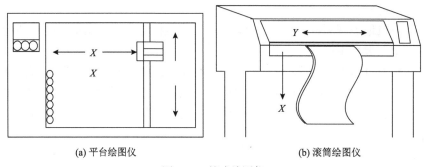

(a) 平台绘图仪　　　　　　　　　　(b) 滚筒绘图仪

图 1-11　笔式绘图仪

2）非笔式绘图仪

该类绘图仪包括静电、热敏、喷墨 3 种。其工作原理与相应的打印机基本相同，特点是基于光栅化的思想，将图形完全光栅化再绘制出来。除了在绘制面状图形、区域填充方面有明显优势外，实现绘图彩色化也最为理想，笔式绘图仪绘制彩色图形只能通过更换彩色笔来获得，色彩数受到笔的种类和数量的限制。而非笔式绘图仪（如喷墨绘图仪）仅用黄、品、青、黑四色墨水，根据印刷的减色原理可生成各种色彩，这是笔式绘图仪望尘莫及的。

4. 激光胶片输出机

激光胶片输出机是光、机、电高精度一体化的设备。它能够产生高质量的线划图形、分色挂网图形及半色调影像，直接供制版印刷使用。

1.4　计算机地图制图的相关学科

计算机地图制图属于地图学的范畴，与地理信息系统原理、地图数据库原理、地图综合等有天然的联系，所以读者如果对它们有所了解，则有助于掌握计算机地图制图的原理与方法。除此之外，计算机地图制图与美学、计算机图形学、离散数学、程序设计、数据结构等也有着密切的关系。

美学（aesthetics）：地图是科学与艺术的集合体，其中的科学性体现在数学、图形学、测量学等在地图数据采集、处理等环节的应用而由此对地图表达内容的精度和正确性的保障，而其艺术性则体现在色彩学、平面构成与设计、艺术欣赏的原则与方法等在地图制作、设计、印刷和出版环节的应用而由此产生的地图之美。诚然，良好的美学修养和美学知识储备有助于计算机地图制图的学习。

计算机图形学（computer graphics）：计算机图形学主要研究如何在计算机中表示图形及利用计算机进行图形的计算、处理和显示的相关原理与算法。计算机地图制图也是研究图形数据计算、处理和显示的，不过其研究对象是一种特殊形式的图形，即地图。所以，计算机图形学的许多原理、方法和算法能够直接应用或者经改造后应用于计算机地图制图中。

离散数学（discrete mathematics）：离散数学是研究离散量的结构及其相互关系的数学学科，此处离散的含义是指不同的连接在一起的元素。另外，地图上的要素无论多么复杂，它们均是在计算机中以一个个离散的点或点的组合来表达的。因此，对地图数据的存储、处理和显示等就是对离散点的操作。这刚好与离散数学的思想相一致，可以使离散数学中的逻辑运算、图形运算、图像运算方法在地图数据处理中发挥作用。

程序设计(programming)：计算机地图制图的"血肉"是各种各样的数据处理算法，其实现和实验依赖于计算机程序设计。所以，掌握计算机程序设计语言和程序设计方法尤为重要。由于计算机制图的主要处理对象是图形，因此建议优先考虑选择以图形处理见长的、具有可视化编译环境的程序设计语言，如 Visual C++、C#、Python 等。除非特殊需要，不建议借助于大型地理信息平台所提供的控件包进行计算机地图制图原理与算法的学习。

数据结构(data structure)：自动化的计算机地图制图实现依赖于优良的软件系统，即借助于计算机语言，把计算机地图数据存储、处理和显示的各种算法组织起来，形成系统平台来完成地图的制作任务。要构造在运行时间和存储空间上高效的软件系统，就必须在地图数据库设计、算法设计和软件系统设计中精心选用合适的数据结构。数据结构理论与方法在计算机地图制图算法设计中的应用非常广泛，本书后续章节将会给出许多实例。

思 考 题

1. 什么叫计算机地图制图？计算机地图制图与计算机辅助设计(CAD)、地理信息系统(GIS)有什么联系和区别？

2. 计算机地图制图的一般过程可分为哪几个阶段？试述每个阶段的主要任务。

3. 地图图形可分为哪几种元素？

4. 计算机地图制图系统的图形输入和输出设备主要有哪些？

5. 手扶跟踪数字化仪获取地图数据有哪几种记录方式？各有什么优缺点？

6. 地图数字化方式中，扫描数字化正在逐渐代替手扶跟踪数字化仪数字化，试分析其原因。

7. 什么是属性数据？属性数据如何编码？属性数据如何获取？

第2章　计算机地图制图的理论基础

2.1　初等几何学及其算法

二维地图空间上所表达的几何元素可以划分为点、线、面3类。因此，在计算机地图制图学的范畴，就几何元素的关系而言，需要讨论以下6类，即点点关系、点线关系、点面关系、线线关系、线面关系和面面关系。在这6类关系中，点点关系比较简单，此节不做专门论述。下面就其余5类关系及其相关算法进行详细阐述。

2.1.1　点线关系

点线之间的拓扑关系有点在线上和点线相离两种。下面论述点线侧位关系判断，点、线拓扑关系的判别方法及点到线的距离计算。

1. 点线侧位关系判断

设有一条直线，其方程为 $Ax+By+C=0$ ，则对于函数 $f(x,y)=Ax+By+C$ ，任取空间一点 $m(x_0,y_0)$ ，有

$$f(x_0,y_0)=Ax_0+By_0+C\begin{cases} >0 & \text{点}m\text{位于直线一侧} \\ =0 & \text{点}m\text{位于直线上} \\ <0 & \text{点}m\text{位于直线另一侧} \end{cases} \tag{2-1}$$

2. 点、线关系的判别方法

点线关系判别的目的之一是确定点是否在线上。设点为 $A(x_A,y_A)$ ，折线 $P=P_1P_2\cdots P_m$ （图2-1）。判别算法分三步。

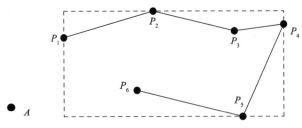

图 2-1　点线关系的判断(虚线为投影矩形)

第一步，计算折线的最小投影矩形。该投影矩形是由折线上的拐点的最大、最小坐标组成的：

$$x_{\min}=\min\left(x_{P_1},x_{P_2},\cdots,x_{P_m}\right)$$

$$y_{\min}=\min\left(y_{P_1},y_{P_2},\cdots,y_{P_m}\right)$$

$$x_{\max}=\max\left(x_{P_1},x_{P_2},\cdots,x_{P_m}\right)$$

$$y_{\max}=\max\left(y_{P_1},y_{P_2},\cdots,y_{P_m}\right)$$

投影矩形的左下角为点$(x_{\min}, y_{\min})$，右上角为点$(x_{\max}, y_{\max})$。

第二步，判断点 A 是否在投影矩形内。若 A 不在投影矩形内，结论为点 A 与折线 P 相离，算法结束；否则，转第三步。

第三步，判断 A 是否在线段 P_iP_{i+1} 上（$0 \leqslant i \leqslant m-1$），方法是：先比较 A 点与 P_i、P_{i+1} 的坐标，若

$$x_{P_i} \leqslant x_A \leqslant x_{P_{i+1}} \text{ 或 } x_{P_{i+1}} \leqslant x_A \leqslant x_{P_i}, \text{ 且 } y_{P_i} \leqslant y_A \leqslant y_{P_{i+1}} \text{ 或 } y_{P_{i+1}} \leqslant y_A \leqslant y_{P_i}$$

即表明点 A 位于点 P_i 和点 P_{i+1} 的投影矩形中，则可以进一步计算点 A 是否在线段 P_iP_{i+1} 上，否则继续进行点 A 和下一条线段的关系判断。

计算点 A 是否在线段 P_iP_{i+1} 上的方法是把点 A 的坐标代入直线 P_iP_{i+1} 的方程。若点 A 的坐标满足直线方程，则 A 在线段上。

当计算出 A 在一条线段上时，算法结束。

3. 点到线的距离计算

先来看一点与一条线段的距离计算方法。显然，点到线段的距离可能是该点与线段某一端点的距离[图 2-2(a)]，也可能是点到线段的垂距[图 2-2(b)]，其计算比较简单，具体公式此处略去。

点到线的距离一般包括最远距离和最近距离（图 2-3）。最远距离是一点到折线拐点距离的最远者，比较容易得到。最近距离是指一点到折线上各个线段中距离的最近者。因此，计算最近距离时，需要分别计算点与折线各拐点距离中的最小者和点到各线段距离的最小者，然后求出二者中的小者。

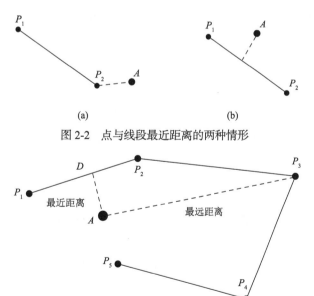

图 2-2　点与线段最近距离的两种情形

图 2-3　点与线的最远距离和最近距离

2.1.2　线线关系

线线之间的拓扑关系包括相离、共位、相交等。在这些关系的计算中，基础是判断两线段相交的算法。本节主要论述该算法，进而论述判断两折线相交的算法。

1. 两线段相交与否的判断方法

欲判断两条线段 $S_1(P_1, P_2)$、$S_2(P_3, P_4)$ 是否相交，可先设

$$x_{1max} = \max(P_1.x, P_2.x),$$

$$y_{1max} = \max(P_1.y, P_2.y),$$

$$x_{1min} = \min(P_1.x, P_2.x),$$

$$y_{1min} = \min(P_1.y, P_2.y),$$

$$x_{2max} = \max(P_3.x, P_4.x),$$

$$y_{2max} = \max(P_3.y, P_4.y),$$

$$x_{2min} = \min(P_3.x, P_4.x),$$

$$y_{2min} = \min(P_3.y, P_4.y)。$$

这里，$P_i.x$ 和 $P_i.y$ 是点 P_i 的横、纵坐标。

若 $x_{1max} < x_{2min}$ 或 $y_{1max} < y_{2min}$ 或 $x_{1min} > x_{2max}$ 或 $y_{1min} > y_{2max}$，则 S_1、S_2 不相交。否则，需要进一步判断。为此设

$$dx = P_1.x - P_2.x$$

$$dy = P_1.y - P_2.y$$

P_1P_2 的直线方程为 $f(x,y) = dx(y - P_1.y) - dy(x - P_1.x)$。凡在 P_1P_2 上的点必须满足：

$$dx(y - P_1.y) - dy(x - P_1.x) = 0$$

而其他点使

$$dx(y - P_1.y) - dy(x - P_1.x) \neq 0$$

且在直线 P_1P_2 两侧的半平面内的点使上式异号。因此，判断 P_3、P_4 在 S_1 不同侧的充分必要条件是

$$f(P_3.x, P_3.y) \times f(P_4.x, P_4.y) \leqslant 0$$

同理，可写出 P_3P_4（即 S_2 所在的直线）的直线方程，进而可得判断 P_1、P_2 在 S_2 不同侧的充分必要条件。

显然，若两个线段的端点都在对方的不同侧，则此两线段必然相交。

2. 两折线相交与否的判断方法

容易想到的判断折线自相交的方法是：对于折线上的线段，顺次利用上述判断线段相交与否的方法，对每个线段建立直线方程并两两判断有无交点。该方法的优点是直观；缺点是计算烦琐，编程工作量大，且在时间上不是最优。下面介绍一种运算时间占优的基于单调链的算法。

先介绍单调链的概念。

对于某一折线段 $L = \{l_1, l_2, \cdots, l_n\}$，$l_i. x_i$ 是点 l_i 的横坐标，如果总有 $l_i.x_i \leqslant l_{i+1}.x_{i+1}$（或 $l_i.x_i \geqslant l_{i+1}.x_{i+1}$），

称折线为关于 X 轴的单调(增/减)链。同样,可定义关于 Y 轴的单调(增/减)链。由定义可知,单调链是简单折线,不自相交。

假设两折线为 $L=\{l_1, l_2, \cdots, l_n\}$,$K=\{k_1, k_2, \cdots, k_n\}$,判断两折线是否相交的算法如下。

第一步,把折线 L、K 都划分成单调链。

具体方法是:首先,求出每条折线的最小外接矩形(不妨设为 R),令 $D_X=\mathrm{abs}(R.\mathrm{left}-R.\mathrm{right})$,$D_Y=\mathrm{abs}(R.\mathrm{top}-R.\mathrm{bottom})$。

这里,$R.\mathrm{left}$ 是 VC++的写法,其余雷同。

然后,对于 L 或 K,若 $D_X>D_Y$,则整个折线划分成关于 X 轴的单调链,否则折线划分成关于 Y 轴的单调链。设被划分为 n_l、n_k 个单调链。

如图 2-4 所示,折线 L 按照横坐标变化被划分为 3 个单调链,折线 K 按照纵坐标变化被划分为 1 个单调链。

第二步,计算出 L、K 的每个单调链的最小投影矩形(如图 2-4 虚线所示的矩形)。

第三步,顺次比较 L 的单调链的一个投影矩形与 K 的单调链的一个投影矩形是否相交。若相交,再运用上述判断两线段是否相交的算法确定线段是否有交点。

在图 2-4 中,L 的最后一个单调链的投影矩形和 K 单调链的投影矩形相交,所以计算只限于线段 l_5l_6 与线段 k_1k_2、k_2k_3 之间。

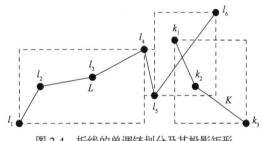

图 2-4　折线的单调链划分及其投影矩形

2.1.3　点面关系

点面关系研究的重点之一是点是否在面(或曰多边形)内的判别。本小节主要讨论该类问题。

1. 点与三角形位置关系的计算

三角形作为最简单的多边形,其与点的位置关系的判断较其他多边形特殊。因此,在这里单独论述。

如图 2-5 所示,设有 $\triangle ABC$ 及点 $P(x_P, y_P)$,有:

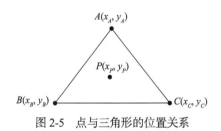

图 2-5　点与三角形的位置关系

直线 AB 对应的函数为 $f_1(x,y)=a_1x+b_1y+c_1$;

直线 BC 对应的函数为 $f_2(x,y)=a_2x+b_2y+c_2$;

直线 CA 对应的函数为 $f_3(x,y)=a_3x+b_3y+c_3$。

对于点 $P(x_P, y_P)$,若满足:

$$\begin{cases} f_1(x_C, y_C) \cdot f_1(x_P, y_P) > 0 \\ f_2(x_A, y_A) \cdot f_2(x_P, y_P) > 0 \\ f_3(x_B, y_B) \cdot f_3(x_P, y_P) > 0 \end{cases} \tag{2-2}$$

则点 P 位于三角形的内部,否则点 P 位于三角形的外部。

2. 点与多边形位置关系的计算

下文的论述用到向量的基本知识，因此在此处先进行简介。

1) 矢量及其性质

既有大小又有方向的量叫做向量（或矢量）。

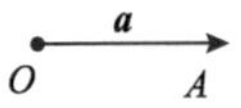

向量可以用有向线段来表示。如图 2-6 所示，从 O 点到 A 点的有向线段 OA，其长度表示矢量的大小，而它的指向表示矢量的方向。矢量具有如下性质。

图 2-6　矢量的概念

(1) 零向量：是指长度为零而方向不确定的向量。

(2) 相等：长度和方向相同的两个矢量相等。

(3) 矢量的长度：在二维欧氏空间中，建立直角坐标系 $\{O; i, j\}$，其中，O 表示坐标原点，i、j 表示两个坐标轴正向的单位向量。这样，一个二维空间向量可表达为

$$r = xi + yj = (x, y) \tag{2-3}$$

x, y 分别表示矢量 r 沿 x 轴、y 轴的分量。矢量的长度为

$$|r| = \sqrt{x^2 + y^2} \tag{2-4}$$

(4) 矢量的数量积（点积）和矢量积（叉积）。已知三点 $A(x_1, y_1)$、$B(x_2, y_2)$、$P(x_0, y_0)$，如图 2-7 所示，用 a 表示 PA，b 表示 PB，则

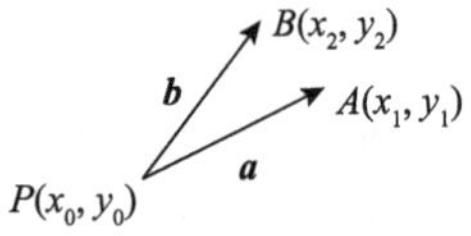

$$a = (x_2 - x_0, y_2 - y_0) = (x_2 - x_0)i + (y_2 - y_0)j \tag{2-5}$$

$$b = (x_2 - x_0, y_2 - y_0) = (x_2 - x_0)i + (y_2 - y_0)j \tag{2-6}$$

图 2-7　矢量求积

则 a、b 的数量积为

$$a \cdot b = (x_1 - x_0)(x_2 - x_0) + (y_1 - y_0)(y_2 - y_0) \tag{2-7}$$

或者表达为

$$a \cdot b = |a| \cdot |b| \cos\theta \tag{2-8}$$

其中，$|a|$、$|b|$ 分别为矢量 a、b 的模，θ 为矢量 a、b 的夹角。

a, b 的矢量积为

$$a \cdot b = [(x_1 - x_0)(y_2 - y_0) + (y_1 - y_0)(x_2 - x_0)]k \tag{2-9}$$

或者表达为

$$a \cdot b = |a| \cdot |b| \sin\theta k \tag{2-10}$$

2) 判断点与多边形位置关系的夹角求和算法

如果组成多边形的各边互不相交（相邻边除外），且该多边形连续、中间无岛屿，则称该多边形为简单多边形。夹角求和算法是适用于判断简单多边形与点的包含关系的一个算法；对于

有孔(或曰岛屿)的多边形需要改进的算法或其他算法。

设有一简单 n 边形，其顶点可以表示为 $P_i(x_i,y_i)$ $(i=1,2,\cdots,n)$，另有待判别的独立点 $A(x_A,y_A)$。连接点 A 与多边形的各个顶点，计算其夹角和，且规定顺时针方向旋转的角度为正，逆时针方向旋转的角度为负(图 2-8 和图 2-9)。若有

$$\sum_{i=1}^{n-1}\angle P_iAP_{i+1} + \angle P_nAP_1 = \begin{cases} \pm 2\pi & \text{点} A\text{在多边形内} \\ 0 & \text{点} A\text{在多边形外} \end{cases} \tag{2-11}$$

对于 $\angle P_iAP_{i+1}$ 的求法有很多种，以下介绍两种求夹角的方法，即矢量法和方位角法。

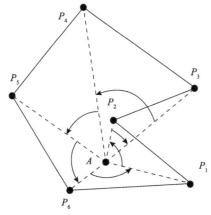

图 2-8　点在多边形内

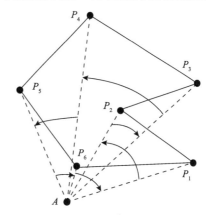

图 2-9　点在多边形外

首先介绍矢量法。

对于 n 边形 P 的顶点序列，让其第 $n+1$ 个顶点为 $P_{n+1}(x_{n+1},y_{n+1})=P_1(x_1,y_1)$，待判别的点仍设为 $A(x_A,y_A)$，则点 $P(x_P,y_P)$ 和 $P_i(x_i,y_i)$ 构成向量 $\boldsymbol{v}_i$：

$$\boldsymbol{v}_i = \boldsymbol{P}_i - \boldsymbol{A} \tag{2-12}$$

设 $\angle P_iAP_{i+1}=\alpha_i$，则由点积公式：

$$\boldsymbol{v}_i \cdot \boldsymbol{v}_{i+1} = |\boldsymbol{v}_i| \cdot |\boldsymbol{v}_{i+1}|\cos\alpha_i \tag{2-13}$$

容易得到

$$\alpha_i = \arccos\left(\frac{\boldsymbol{v}_i \cdot \boldsymbol{v}_{i+1}}{|\boldsymbol{v}_i| \cdot |\boldsymbol{v}_{i+1}|}\right) \tag{2-14}$$

由 α_i 进而可得角度和。这种方法需要计算一个点积，两个开平方和一个反余弦，另外必须以叉积计算角度的方向。所以从算法的时间复杂性来说，并不是最好的。因此，下面介绍较常用的方位角求和法。

在笛卡儿坐标系中，从 x 轴正向起逆时针旋转某一射线得到一个角度 β，可定义 β 为该方向的方位角。如图 2-10 所示，射线 OP 的方位角为 β。方位角的取值范围是 $0° \leqslant \beta < 360°$。

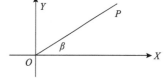

图 2-10　方位角示例

设有射线 AB，$A(x_A, y_A)$，$B(x_B, y_B)$，则 AB 的方位角 β_{AB} 可由下式计算：

令 $D_x = x_B - x_A$，$D_y = y_B - y_A$：

(1) 若 $D_x = 0$，$D_y > 0$，则 $\beta_{AB} = 90°$；

(2) 若 $D_x = 0$，$D_y < 0$，则 $\beta_{AB} = 270°$；

(3) 若 $D_x > 0$，$D_y \geqslant 0$，则 $\beta_{AB} = \arctan \dfrac{D_y}{D_x}$；

(4) 若 $D_x > 0$，$D_y < 0$，则 $\beta_{AB} = \arctan \dfrac{D_y}{D_x} + 360°$；

(5) 若 $D_x < 0$，则 $\beta_{AB} = \arctan \dfrac{D_y}{D_x} + 180°$。

注意：若 $D_x = 0$，$D_y = 0$，则两点重合不存在方位角。

得到了方位角后，进一步可以计算任意两射线的夹角 $\alpha(0° \leqslant \alpha \leqslant 360°)$。对于上述的 n 边形和点 $A(x_A, y_A)$，方位角为 $\alpha_i = P_i A P_{i+1}$，则有

$$\alpha_i = \begin{cases} \beta_{i+1} - \beta_i & 0° \leqslant \beta_{i+1} - \beta_i \leqslant 360° \\ \beta_{i+1} - \beta_i + 360° & \beta_{i+1} - \beta_i < 0° \\ \beta_{i+1} - \beta_i - 360° & \beta_{i+1} - \beta_i > 360° \end{cases} \tag{2-15}$$

进而可得

$$\begin{cases} \sum_i \alpha_i = 360° & \text{点}P\text{在多边形内} \\ \sum_i \alpha_i = 0° & \text{点}P\text{在多边形外} \end{cases} \tag{2-16}$$

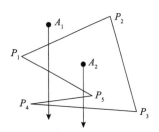

图 2-11　由交点数奇偶性判断点面包含关系

该方法较矢量算法来说，有直观、计算量小的优点，在计算两矢量夹角时被经常使用。

3) 判断点与多边形位置关系的铅垂线内点算法

铅垂线内点法的基本思想是从待判别点引铅垂线，由该铅垂线 (注意：是一条射线) 与多边形交点个数的奇偶性来判断点是否在多边形内。若交点个数为奇数，点在多边形内；若交点个数为偶数，则该点在多边形外 (图 2-11)。下面详细阐述铅垂线内点算法。

第一步，计算多边形最小投影矩形，若点在最小投影矩形外，则点一定在多边形外，算法结束；否则执行第二步。

第二步，设置记录交点个数的计数器 Num= 0。

第三步，从待判断的点作铅垂线，顺次判断该铅垂线与多边形各边是否相交，若相交，求出交点并记录下来。每有一次相交，把 Num 数值增加 1。

第四步，若 Num 为偶数，则该点在多边形外；否则，该点在多边形内。算法结束。

运用铅垂线内点法求交点时，需要注意交点位于多边形顶点 (图 2-12) 或铅垂线与多边形的一条边重合的特殊情况 (图 2-13)。

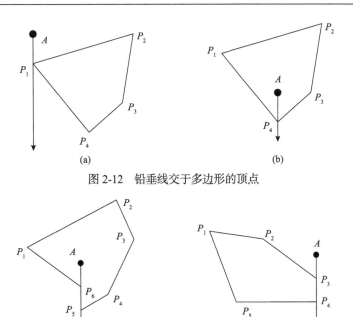

图 2-12　铅垂线交于多边形的顶点

图 2-13　铅垂线与多边形的一边相重合

当求出铅垂线交于多边形的一个顶点时，需要综合考虑图 2-12 和图 2-13 的四种情形，来决定交点计数器是否增加。基本思路是：当求得一个交点是顶点时，记录下该交点，Num 不变，继续判断多边形的下一条边是否和铅垂线相交。此时可能是：①相交且仍交于该顶点（图 2-12 的两种情形）；②该边与铅垂线部分重合。

对于前一种情形，可建立铅垂线的直线方程，判断该顶点前、后相邻的两顶点是否在铅垂线的同侧，若在同侧，Num 不变，否则 Num 加 1。图 2-12(a) 中，P_1 为交点，P_2、P_4 在过 A 的铅垂线的同侧，所以 Num 不变，最后交点总数为 0（偶数）；图 2-12(b) 中，P_4 为交点，P_1、P_3 在过 A 的铅垂线的异侧，所以 Num 加 1，显然最后交点总数为 1（奇数）。

对于后一种情形，同样建立铅垂线的直线方程，判断与该边两端点相邻的前、后两顶点是否在铅垂线的同侧，若在同侧，Num 不变，否则 Num 加 1。图 2-13(a) 中，P_5P_6 与铅垂线部分重合，P_1、P_4 在过 A 的铅垂线的异侧，所以 Num 加 1，最后交点总数为 1（奇数）；图 2-13(b) 中，P_3P_4 与铅垂线部分重合，P_2、P_5 在过 A 的铅垂线的同侧，所以 Num 不变，显然最后交点总数为 0（偶数）。

铅垂线内点法是目前比较成熟的判断点面包含关系的算法。它不但适用任意凸、凹多边形，而且适合于有孔（或曰岛屿）的多边形，对于多层岛屿的情形，它仍然可以正确判断。

2.1.4　线面关系

线面关系的重点之一是求线与面的相交部分，这在地图符号生成（如居民地符号内的晕线填充）、图形开窗等算法有重要用途。下面介绍求线段与多边形交线的算法。求折线与多边形交线的算法是该算法的扩展，本节不做讨论。

第一步，求多边形的最小投影矩形。

第二步，判断线段是否有端点在该最小投影矩形中。若不在，结论为"线段与多边形相离"，算法结束；否则，执行第三步。

第三步，顺次判断线段与多边形各边是否有交点，若有交点，则求出并保存交点坐标。

第四步，对交点坐标排序：计算各交点与线段一端点的距离，然后按照距离由小到大对交点编号排序。

图 2-14 中，对于线段 QH 与多边形的交点，依照与 Q 的距离升序排列为 $q_1q_2\cdots q_9q_{10}$；对于线段 KM 与多边形的交点，依照与 K 的距离升序排列为 $k_1k_2k_3$。

第五步，连接各个交点，得到位于多边形内部的交线。连接交点的规律是：在交点排序中，作为距离起算点的线段端点若位于多边形外，则连接交点 1～2、3～4、5～6……否则，连接交点 0～1、2～3、4～5……这里第 0 点即指作为距离起算点的线段端点。

如图 2-14 所示，QH 与多边形的交线为 q_1q_2、q_3q_4、q_5q_6、q_7q_8、q_9q_{10}；KM 与多边形的交线为 Kk_1、k_2k_3。

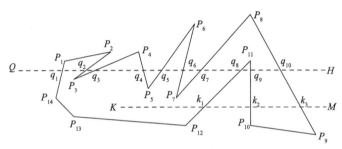

图 2-14　线段与多边形相交时的交点连接规律

2.1.5　面面关系

此处只对面面关系中任意两多边形(在这里面与多边形是一个概念，即多边形包括了其边界和内部)求交进行论述，其余如两多边形求和、求差等，由于方法类似，此处从略。

任意两多边形求交问题解决的基础是两个简单多边形求交、求差和求并的算法。由于这三类算法大体相似，下面只给出求交的详细解法。

1. 计算简单多边形交集的算法

设有两个简单多边形 $P=\{P_1,P_2,\cdots,P_m\}$，$Q=\{q_1,q_2,\cdots,q_n\}$，各多边形顶点 P_i、q_j 逆时针排列，确定它们的交 $F=P\cap Q=\{k|k\in P \wedge k\in Q\}$。

第一步，求出多边形 P、Q 顶点的最大、最小 x、y 坐标 $X_{P_{\min}}$、$Y_{P_{\min}}$、$X_{P_{\max}}$、$Y_{P_{\max}}$、$X_{Q_{\min}}$、$Y_{Q_{\min}}$、$X_{Q_{\max}}$、$Y_{Q_{\max}}$。

第二步，若 $X_{P_{\max}} \leqslant X_{Q_{\min}}$ 或 $Y_{P_{\max}} \leqslant Y_{Q_{\min}}$ 或 $X_{P_{\min}} \geqslant X_{Q_{\max}}$ 或 $Y_{P_{\min}} \geqslant Y_{Q_{\max}}$，则两个多边形的交 $F=P\cap Q=\varnothing$，结束运算。否则，执行第三步。

第三步，定义 $m\times n$ 的二维数组 A 用于记录两多边形的各边相交与否，P 的第 i 条边与 Q 的第 j 条边相交则记录 $A_{ij}=1$，否则 $A_{ij}=0$。又定义 $m\times n$ 的二维数组 B 用于记录两多边形各边交点坐标。

从 P 的第一条边出发，依次与 Q 的第 1～n 条边比较，修改数组 A、B，直到所有线段全部遍历为止。

第四步，完成交集多边形的搜索。搜索数组 A，若 A 中元素全部为 0，则两多边形交集为空，转第五步。否则，当 $A_{ij}=1$ 时，则 $P_{i-1}P_i$ 与 $q_{j-1}q_j$ 有交点，该交点必是交集多边形上的一点。可以从该点起，探测搜索交集多边形的下一点，方法是(以图 2-15 为例，以 k_4 为起点)：从该

交点所在的 P 或 Q 的边出发(不失一般性，设从 P 的边出发)，向该边的一端探测(规定该方向为探测的前进方向)，若该端点在另一多边形 Q 内或该探测方向的线段上出现另外一个交点，则连接该交点和该端点(或交点)的线段必然是交集多边形的边(如图 2-14 中的 k_4P_5)，否则向另外一端探测，并规定面向该端的方向为探测的前进方向。若探测前进方向上的 P 的端点位于多边形 Q 外(即探测到了另外一个交点)，则沿新交点所在的多边形 Q 的边继续向前搜索，直至回到搜索的起点形成一个封闭多边形。

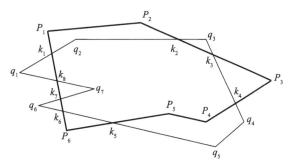

图 2-15　简单多边形求交

继续搜索数组 A，并把已经连接的交点的对应 A 中元素置为 0，跟踪多边形，直到 A 中元素全部为 0，跟踪得到的多边形集合(非空)就是 $F = P \cap Q$ 的解。若解集为空，转向第五步。

图 2-15 中，从 k_5 出发，搜索到的交集多边形为 $k_5P_5P_4k_4k_3k_2q_2k_1k_8q_7k_7k_6k_5$。

第五步，取 P 上(或 Q)一端点，判断该端点是否在 Q(或 P)中。若在，则交集为 P(或 Q)；否则，交集为空(图 2-16)。

需要注意的是：两多边形的交集可能为一到多个简单多边形。

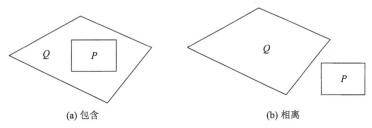

(a) 包含　　　　　　　　　　　　　　　(b) 相离

图 2-16　求交时多边形包含和相离的情形

2. 计算任意多边形交集的算法

对任意两个多边形求交问题叙述如下：平面上给定两个多边形 P、Q(它们可以是简单多边形，也可以是复杂多边形)，P 的外围多边形为 P_0，内嵌 $m(m \geqslant 0)$ 个岛屿多边形为 P_1，P_2，…，P_m，Q 的外围多边形为 Q_0，内嵌 $n(n \geqslant 0)$ 个岛屿多边形为 Q_1，Q_2，…，Q_n，各多边形顶点逆时针排列，确定它们的交 $F = P \cap Q = \{q | q \in P \wedge q \in Q\}$。

复杂多边形求交的解法比较复杂，是简单多边形交、并、差等基本运算的混合运算，另外对数据结构的设计也有较高的要求。下面给出该算法的描述。

第一步，求出 P、Q 的外围多边形的交，若 $F = P_0 \cap Q_0 = \varnothing$，结束运算。

第二步，若非空，分别计算各个岛屿多边形(P_1，P_2，…，P_m 及 Q_1，Q_2，…，Q_n)与 F 的交集(运用上述两简单多边形求交的算法)F_{P_1}，F_{P_2}，…，F_{P_m}，F_{Q_1}，F_{Q_2}，…，F_{Q_n}。

第三步，最终结果集合为 $P \cap Q = F_{P_1} \cup F_{P_2} \cdots F_{Pm} \cup F_{Q_1} \cup F_{Q_2} \cdots \cup F_{Q_n}$。

如图 2-17 所示，两复杂多边形 P、Q 求交后的结果是虚线阴影部分的多边形，它由 $P_0 \cap Q_0$ 去除 P_1 的部分组成。

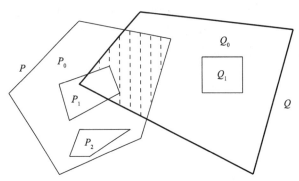

图 2-17　两复杂多边形求交

2.2　图　　论

2.2.1　图论的起源与发展

图论是离散数学的重要分支，孕育和诞生于民间游戏。哥尼斯堡七桥问题的提出，是图论创立的标志：欧洲普瑞格尔河流过古城哥尼斯堡，河中有岛屿 2 个，筑桥 7 座(图 2-18)，因而成为人们游玩的胜地。某日，某游人提出如下问题："你能经过每桥仅一次再返回出发点吗？"人们反复实验，终不成功。1736 年，年方 29 岁的瑞士著名数学家欧拉发表论文，证明了哥尼斯堡七桥问题无解。该年遂被后世公认为图论元年。

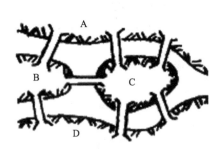

图 2-18　哥尼斯堡七桥问题图示

此后又出现了哈密尔顿(Hamilton)回路问题、货郎担问题(Traveling Salesman Problem)、地图印刷的四色问题(Four Color Theories)、拉姆塞(Ramsey)问题等，逐步推动着图论理论和应用的发展。1930 年波兰数学家库拉托夫斯基证明了平面图(即可以画在平面上，任两条连线不交叉的图)的充分必要条件之后，图论犹如拨亮了的一盏明灯，在半个多世纪里，得到了长足的发展。图论因其在现代数学、计算机科学、工程技术、优化管理等领域和人类生产与社交活动中的独特作用而独树一帜，在数学营垒中异军突起，快速发展。事实上，当今科学技术正面临着新的突破，特别是计算机科学技术与网络化的崛起，要求其他领域的许多科学家必须接受足够深入的图论教育，以便有能力去解决大量的网络优化和信息化社会当中离散事物的结构与关系问题——这正是图论日益受宠的背景。

2.2.2　图的概念

定义 2-1　有序三重组 $G = (V(G)，E(G)，\psi G)$ 称为一个有向图(digraph)。其中，$V(G) \neq \varnothing$ 称为顶集，其中的元素叫做图 G 的顶点(vertex)。$E(G)$ 称为边集，其中的元素叫做图 G 的边(edge)。$\psi G : E(G) \longrightarrow V(G) \times V(G)$ 叫做关联函数(incidence function)。本书记 $|V(G)| = v$，$E(G)| = e$，且假设所有图均为有限图(顶点和边个数有限)。

例如，图 2-19 中的图 G 是一个有向图，也是一个有限图，其中，

$V(G)=\{v_1, v_2, v_3\}$；$E(G)=\{e_1,e_2,e_3\}$；

$\psi G(e_1)=v_2v_1$，$\psi G(e_2)=v_2v_3$，$\psi G(e_3)=v_1v_3$。

e_1 称为从 v_2 到 v_1 的有向边（directed edge），v_1 和 v_2 称为端点（end-vertices），v_2 称为起点（origin），v_1 称为终点（terminus）。

如果把图 2-19 中的箭头去掉，即顶点对 $uv \in V(G) \times V(G)$ 看成 $uv=vu$ 时，则把图 G 称为无向图（undirected graph），简称为图（graph）。

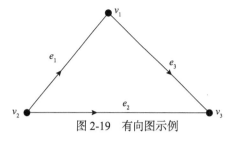

图 2-19 有向图示例

定义 2-2 当 $\psi G(e)=uv$ 时，称顶 u、v 与边 e 相关联（incident）；与同一条边相关联的两个顶点，或者与同一个顶点相关联的两条边称为相邻接（adjacent）。

定义 2-3 有公共起点并有公共终点的两条边称为平行边（parallel edges）或者称为重边（multi-edges）；两端点相同但方向互为相反的两条有向边称为对称边（symmetric edges）。

定义 2-4 当 $\psi G(e)=vv$ 时，e 称为环（loop）。$d(v)=d_1(v)+2l(v)$ 称为顶 v 的度数（degree）或次数，其中，$d_1(v)$ 是与顶 v 关联的非环边的条数，$l(v)$ 是与 v 关联的环数。度数为 n 的顶点称为 n 度顶点（n-degree vertex）；当 n 为 0 时，该顶点称为孤立顶点（isolated vertex）。

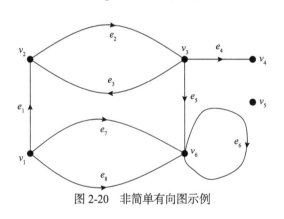

图 2-20 非简单有向图示例

定义 2-5 无环而且无平行边的图称为简单图。

图 2-19 是简单图，图 2-20 是非简单图。在图 2-20 中，e_6 是环，e_7、e_8 是平行边，e_2、e_3 是对称边，v_5 是孤立顶点。

定理 2-1 $\sum\limits_{v \in V(G)} d(v)=2e$。

推论 2-1 奇次顶的总数是偶数。

定义 2-6 设图 $G=(V(G)$，$E(G)$，$\psi G)$，则 $V(G)$ 中元素个数和 $E(G)$ 中元素个数分别称为图的顶点数或阶（order）和边数（size）。

定义 2-7 设 $W=v_0e_1v_1e_2v_2 \cdots e_kv_k$，其中 $v_i \in V(G)$（$i=0, 1, \cdots, k$）；$e_j \in E(G)$（$j=0, 1, \cdots, k$）；$e_i=v_{i-1}v_i$，则称 W 为图 G 中的一条路。v_0 称为路的起点，v_k 称为路的终点，k 为路长，v_i 为 W 的内点（$0<i<k$）。

各边相异的路称为行迹（trail）；各顶相异的路称为轨道（path），记成 $P(v_0, v_k)$；起点与终点重合的路称为回路；起点与终点重合的轨道称为圈（cycle）；长 l 的圈称为 l 阶围，3 阶圈也叫做三角形；最长圈之长称为图的周长；最短圈之长称为图的围长。

当 $u,v \in V(G)$ 时，u、v 分别为起点与终点的最短轨道之长称为 u、v 的距离，记成 $d(u,v)$。

当 $u,v \in V(G)$ 时，存在分别以 u、v 为起点与终点的轨道，则称 u、v 是连通的。每对顶点皆连通的图称为连通图。

图 G 的直径定义为 $d(G)=\max\{d(u,v), u,v \in V(G)\}$。

定义 2-8 G、H 是两个图，$V(H) \subseteq V(G)$，且 $E(H) \subseteq E(G)$，则称 H 是 G 的子图。

定义 2-9 不含圈的图称为林（forest）；不含圈的连通图称为树（tree）。

2.2.3 图的矩阵表示

设 (V, E, ψ) 是一个有向图 D 或者一个无向图 G，其中，$V = \{v_1, v_2, \cdots, v_k\}$，$E = \{e_1, e_2, \cdots, e_k\}$，则 V 中元素与 E 中元素之间的关联关系、邻接关系能够体现在该图的邻接矩阵与关联矩阵中。

图的邻接矩阵（adjacent matrix），是指一个 $v \times v$ 阶矩阵 $A (v = |V|)$：

$$A = (a_{ij})$$

其中，$a_{ij} = \mu(e_i, e_j)$。

这里，$\mu(e_i, e_j)$ 表示有向图 D 中从 e_i 到 e_j 的边的数目或无向图 G 中连接 e_i 和 e_j 的边的数目。有向图 D 的邻接矩阵用 $A(D)$ 表示；无向图 G 的邻接矩阵用 $A(G)$ 表示。邻接矩阵是图的一种有效表示方法，图在计算机中经常用其对应邻接矩阵来保存。显然，$A(G)$ 是对称的，而一般来说 $A(D)$ 是非对称的。

图的关联矩阵（incident matrix），是指一个 $v \times e$ 阶矩阵 $M (v = |V|, e = |E|)$：

$$M = (m_x(e))$$

其中，$x \in V$，$e \in E$，并且对无环有向图 D 有

$$m_x(e) = \begin{cases} 1 & \text{当} e \text{以} x \text{为起点} \\ -1 & \text{当} e \text{以} x \text{为终点} \\ 0 & \text{其他情况} \end{cases}$$

而对于无向图 G 有

$$m_x(e) = \begin{cases} 1 & \text{当} e \text{以} x \text{为端点} \\ 0 & \text{其他情况} \end{cases}$$

有向图 D 和无向图 G 的关联矩阵分别记为 $M(D)$ 和 $M(G)$。

下面举例说明图的矩阵表示方法，见图 2-21 和图 2-22。

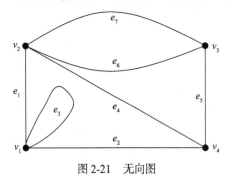

图 2-21 无向图

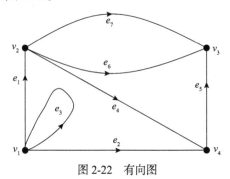

图 2-22 有向图

对于图 2-21 所示无向图 G，其邻接矩阵 $A(G)$ 和关联矩阵 $M(G)$ 如下。

	v_1	v_2	v_3	v_4
v_1	1	1	0	1
v_2	1	0	2	1
v_3	0	2	0	1
v_4	1	1	1	0

邻接矩阵 $A(G)$

	e_1	e_2	e_3	e_4	e_5	e_6	e_7
v_1	1	1	2	0	0	0	0
v_2	1	0	0	1	0	1	1
v_3	0	0	0	0	1	1	1
v_4	0	1	0	1	1	0	0

关联矩阵 $M(G)$

对于图 2-22 所示有向图 D，其邻接矩阵 $A(D)$ 和关联矩阵 $M(D)$ 如下。

	v_1	v_2	v_3	v_4
v_1	1	1	0	1
v_2	0	0	2	1
v_3	0	0	0	0
v_4	0	0	1	0

邻接矩阵 $A(D)$

	e_1	e_2	e_3	e_4	e_5	e_6	e_7
v_1	1	1	1	0	0	0	0
v_2	-1	0	0	1	0	1	1
v_3	0	0	0	0	-1	-1	-1
v_4	0	-1	0	-1	1	0	0

关联矩阵 $M(D)$

图的邻接矩阵和关联矩阵在分析图的某些性质时是非常有用的。图的矩阵表示在矩阵论与图论之间架起了一座桥梁。利用这种表示，可以借助于矩阵的理论来分析、研究图论中的问题。

在实际应用中，加权图（weighted graph）的分析中常常要用到邻接矩阵和关联矩阵。加权图是指边值带权的图（图 2-23）。权通常以矩阵的形式给出，这样的矩阵称为加权矩阵。根据实际问题，权可以是距离、收入、费用或其他，权值可以为正，也可以为负。加权图可以是有向的[图 2-23(a)]，也可以是无向的[图 2-23(b)]。

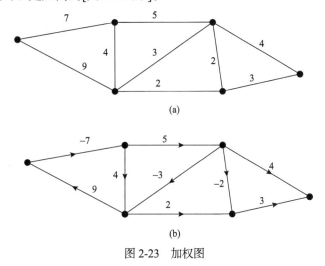

图 2-23　加权图

2.2.4　最短路径问题和 Dijkstra 算法

最短路径问题可以描述为：给定了连接城市之间的铁路网，找出指定的两城市之间的最短路径。此问题被称为最短路问题（shortest path problem）。

用图论的语言，该问题可以描述为：$wE(G) \rightarrow R$，称 $w(e)$ 是边 e 的权，此时 G 称为加权图。求满足条件的子图 $H \subseteq G$，且使

$$W(H) = \sum_{e \in E(H)} w(e) = \min \tag{2-17}$$

H 是连接两城市的最短轨迹，记为 $H=P_0(u,v)$。

1959 年，荷兰计算机科学家狄克斯特拉（Dijkstra）给出解决最短轨问题的一个良好算法，被学者们大量引用，并命名为 Dijkstra 算法。下面介绍该算法的基本过程。

(1) u,v 不相邻时，$w(u,v)=\infty$。

(2) 令 $l(u_0)=0$，$l(v)=\infty$，$v \neq u_0$；$S_0=\{u_0\}$，$i=0$。

(3) 对于每个 $v \notin S_i$，用 $\min\{l(v), l(u_i)+w(u_iv)\}$ 代替 $l(v)$。设 u_{i+1} 是使 $l(v)$ 取最小值的 $V(G)-S_i$ 中的顶，令 $S_{i+1}=S_i \cup \{u_{i+1}\}$。

(4) 若 $i=v-1$，停止运算；若 $i<v-1$，用 $i+1$ 代替 i，转第 (3) 步。

2.3　计　算　几　何

计算几何（computational geometry）是由函数逼近论、微分几何、代数几何、计算数学等形成的一门边缘学科，研究几何信息的计算机表示、分析和综合等。计算几何在计算机辅助设计（CAD）、计算机辅助制造（CAM）、计算机辅助地图制图（CAC）、图形学、机器人技术、超大规模集成电路设计等诸多领域有着十分重要的应用。目前的计算几何研究，早已经跳出原始的窠臼。当前，几何算法设计及其应用研究成为一个相当活跃的领域。

下面就计算几何中的曲线拟合、凸壳（包）、Voronoi 图和 Delaunay 三角网等基本概念和基本算法进行阐述。

2.3.1　曲线拟合

对于计算机所处理的某些问题，将一条曲线表示成为一个像素序列可能是非常合适的，但对于另一些问题，则希望曲线能够有一个数学表达式。找出一条通过一组给定点的曲线是一个插值问题，而找出一条近似地通过一组给定点的曲线则是逼近问题，曲线拟合则是以上两类问题的一个统称术语。

下面介绍几种曲线拟合的常用方法。

1. 分段多项式插值法

先介绍分段线性插值。从数学的角度，分段线性插值的提法如下。

设函数 $f(x)$ 在 $n+1$ 个节点 $x_0,x_1,\cdots,x_n$ 处的函数值分别为 $y_0,y_1,\cdots,y_n$，要求分段（共 n 段）线性函数 $q(x)$ 满足：$q(x_i)=y_i(i=0,1,\cdots,n)$。

根据直线的点斜式方程变形得到 $q(x)$ 在第 i 段（从 x_{i-1} 到 x_i）上的表达式为

$$q(x) = \frac{x-x_i}{x_{i-1}-x_i}y_{i-1} + \frac{x-x_{i-1}}{x_i-x_{i-1}}y_i \qquad (x_{i-1} \leqslant x \leqslant x_i, i=1,2,\ldots,n) \tag{2-18}$$

可以证明，分段线性插值具有良好的收敛性，即 $\lim\limits_{n \to \infty} q(x) = f(x)$，$f(x)$ 为被插值函数。分

段线性插值的优点是，在计算插值时，只用到前后两个相邻节点的函数值，计算量小。

在以上插值问题中，除了要求在插值节点的函数值给定外，还要求在节点处的导数值为给定值，则插值问题变为：设函数 $f(x)$ 在节点 $x_0, x_1, \cdots, x_n$ 处的函数值为 $y_0, y_1, \cdots, y_n$，导数值为 $y_0', y_1', \cdots, y_n'$；求一个分段（共 n 段）多项式函数 $q(x)$，使其满足：

$$q(x_i) = y_i$$

$$q'(x_i) = y_i' \qquad (i=0,1,\cdots,n) \tag{2-19}$$

相当于在每一小段上应满足 4 个条件（方程），由此可以确定 4 个待定参数。三次多项式正好有 4 个系数，所以可以考虑用三次多项式函数作为插值函数，这与分段线性插值一起称为分段多项式插值。

上面介绍的分段线性插值，其总体光滑程度不够。在数学上，函数（曲线）的 k 阶导数存在且连续，则称该曲线具有 k 阶光滑性。函数的阶数越高，曲线的光滑程度就越好。分段线性插值具有零阶光滑性，也就是不光滑。分段插值曲线的光滑性关键在于段与段之间的衔接点（节点）处的光滑性。

2. 样条曲线插值法

对于样条这一概念，可以通过绘图员所使用的一种工具加以理解。绘图员经常使用一把可以弯曲的木尺，通过适当控制，弯出一条通过指定数据点的曲线。从这一示例中可以看到，样条曲线可以描述设计对象的曲线特征。在工业领域，样条曲线很早就被应用到船体放样的工作之中。对于样条曲线的研究主要关注两个问题：间断点的数量和位置，以及曲线所采用的数学形式。

B 样条是一种广为使用的样条曲线，其突出优点是对局部的修改不会引起样条形状变化的远距离传播，也就是说，修改样条的某些部分时，不会过多地影响曲线的其他部分。

设 m 为样条的次数，B 样条在 $(m+1)$ 个子区间以外的其他子区间上其值都为 0。图 2-24 显示了一次、二次和三次 B 样条基函数的曲线形态。

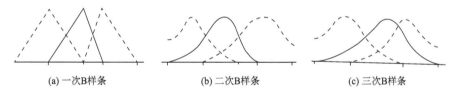

(a) 一次B样条　　　　(b) 二次B样条　　　　(c) 三次B样条

图 2-24　一次、二次、三次 B 样条基函数的曲线形态

对于 B 样条函数可以采用递归的方式加以定义。

定义 2-10　第 i 个子区间上的常数（0 次）B 样条函数为

$$N_{i,0}(x) = \begin{cases} 1 & x_i \leqslant x \leqslant x_{i+1} \\ 0 & \text{其他} \end{cases} \tag{2-20}$$

定义 2-11　在区间 $[x_i, x_{i+m+1}]$ 上的第 m 次 B 样条函数定义为

$$N_{i,m}(x) = \frac{(x - x_i)}{(x_{i+m} - x_i)} N_{i,m-1}(x) + \frac{(x_{i+m+1} - x)}{(x_{i+m+1} - x_{i+1})} N_{i+1,m-1}(x) \tag{2-21}$$

根据式（2-20）和式（2-21），可以得到：

一次 B 样条函数为

$$N_{i,1}(x) = \begin{cases} \dfrac{x - x_i}{x_{i+m} - x_i} & x_i \leqslant x < x_{i+1} \\ \dfrac{x_{i+2} - x}{x_{i+2} - x_{i+1}} & x_{i+1} \leqslant x \leqslant x_{i+2} \end{cases} \tag{2-22}$$

二次样条函数为

$$N_{i,2}(x) = \begin{cases} \dfrac{(x - x_i)^2}{(x_{i+2} - x_i)(x_{i+1} - x_i)} & x_i \leqslant x < x_{i+1} \\ \dfrac{(x - x_i)(x_{i+2} - x)}{(x_{i+2} - x_i)(x_{i+2} - x_{i+1})} + \dfrac{(x_{i+1} - x)(x - x_{i+1})}{(x_{i+3} - x_{i+1})(x_{i+2} - x_{i+1})} & x_{i+1} \leqslant x < x_{i+2} \\ \dfrac{(x - x_{i+3})^2}{(x_{i+3} - x_{i+1})(x_{i+3} - x_{i+2})} & x_{i+2} \leqslant x \leqslant x_{i+3} \end{cases} \tag{2-23}$$

采用 B 样条基函数作为基底，能够将任何样条表示为式(2-24)：

$$f(x) = \sum_{i=-m}^{k-1} a_i N_{i,m}(x) \tag{2-24}$$

式(2-24)包含了 $k+m$ 个参数：$a_{-m}, a_{-m+1}, \cdots, a_{k-1}$。在每一个子区间上，由最多 $m+1$ 个 B 样条基函数的加权和所确定。在进行曲线插值或拟合时，需要通过某种方法确定这 $k+m$ 个参数。

由式(2-21)可以确定计算给定 x 点 B 样条函数值的基本步骤。可以看出，在任何给定区间 $[x_i, x_{i+1}]$ 上，仅有 $m+1$ 个 m 次 B 样条是非零的。在那个区间上，由于 $N_{i+1,m-1}(x)$ 为 0，因此，$N_{i,m}(x)$ 仅取决于 $N_{i,m-1}(x)$，而 $N_{i-k,m}(x)$ $(0<k\leqslant m)$ 取决于 $N_{i-k-1,m-1}(x)$ 和 $N_{i-k,m-1}(x)$ 两者，从而在 B 样条函数之间形成了如图 2-25 所示的关系。

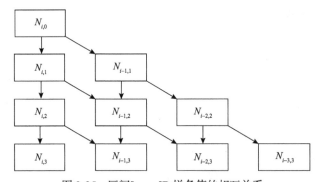

图 2-25　区间 $[x_i, x_{i+1}]$ B 样条值的相互关系

为了求得 m 次的 B 样条，必须求得图 2-24 中所示图解中前面的 $m-1$ 级的值。在每一级上，x 需要求得从 $N_{i,j}(x)$ 至 $N_{i-k,j}(x)$ B 样条的值。这里，i 是在那一级上的样条次数，而 k 的范围是 $0\sim j$。

2.3.2　凸壳

1. 凸壳的定义

定义 2-12　平面点集 S 的凸壳(convex hull)或凸包或曰凸多边形是指包含 S 的最小凸集，通常用 CH(S) 来表示。从几何的直观上判断，S 的凸壳表现为 S 中任意两点所连的线段全部位于 S 中。平面点集 S 的凸壳边界 BCH(S) 是一个凸多边形，多边形的顶点必定为 S 中的点。凸壳是计算几何中最普遍、最基本的一种结构。在应用中，许多实际问题可以归结为凸壳问题，如运动路线规划中的货郎担问题(周培德，1993，1995；周培德和周忠平，2000)、制图综合中的群点化简问题(毋河海，2000)等，都可以用凸壳解决。

定义 2-13　凸多边形直径又称为平面点集的直径或平面点集凸壳的直径，定义为凸多边形顶点序列中距离最大的点对的连线。

2. 求解平面点集凸壳的算法

求解平面点集凸壳的算法有卷包裹法(Chand and KaPur，1970)、格雷厄姆算法(Graham，1972)、分治算法(Preparata and Hong，1977)、增量算法(Edelsbrunner，1987)及实时凸壳算法(Preparata，1979)等。

下文介绍格雷厄姆算法，该算法是求解群点凸壳的时间最优算法。

第一步，对于有 N 个点的点集 S，若 $N \leq 3$，输出 S，结束运算，否则转入第二步。

第二步，找出 S 中 y 值最小的点(设为点 1)，计算该点与其他点的连线和水平线的夹角[图 2-26(a)]。该夹角的起算边是 x 轴的正半轴，顺时针旋转为负，逆时针旋转为正。然后，按照夹角大小和各点与点 1 的距离进行词典排序，得到序列 1,2,…,N，依次连接这些点，得到一个多边形[图 2-26(b)]。1、2、N 必然是凸壳上的点[图 2-26(c)]。

第三步，删除 2 到 N–1 中的凹点，方法是：从第 3 点开始，设它为当前点 i，判断当前点 i 的后一点 i+1 与第 i–2 点是否在当前点 i 与它前面一点 i–1 连线的同侧位，若在同侧，保留当前点，否则删除当前点。

图 2-26(c)中，点 3 为当前点时，由于点 1、点 4 位于点 2、点 3 连线的两侧，所以删除点 3，得到图 2-26(d)的结果。同样可以判断，点 4、点 6、点 7 为当前点时，被保留，而点 5 为当前点被删除，得到图 2-26(e)的结果。

第四步，顺序输出凸壳顶点[图 2-26(f)]。

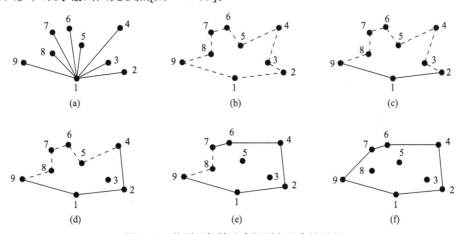

图 2-26　格雷厄姆算法求解群点凸壳的过程

3. 求凸多边形直径的算法

多边形的直径是指连接多边形两顶点的线段的最长者。求凸 N 边形直径最简单、直观的方法是计算 $N(N-1)/2$ 个点对的距离，选取其中的最大者。这种算法显然需要 $O(N^2)$ 的时间复杂度。Preparata 和 Shamos(1988)设计了一种对趾点对算法，在预处理后时间复杂度为 $O(N)$。周培德(2000)提出的夹角序列算法与上面两种方法相比不需要预处理，只需要 N 次求距离运

算和 $N-1$ 次比较便可以得到凸 N 边形直径。

　　夹角序列算法(周培德，2000)是目前效率最高的算法。下面的 3 个引理包容了算法的主要思想，由于其证明很简单，所以只附图给出引理，不作证明。

　　引理 2-1　图 2-27(a)中，D 是任意 $\triangle ABC$ 的底边 BC 的中点，如果 $\angle ADC < \pi/2$，则 $AC < AB$。

　　引理 2-2　设两个三角形 ABC、ACE 的位置如图 2-27(b)所示，D_1、D_2 分别是 BC、CE 的中点，如果 $\angle AD_1B < \pi/2$，$\angle AD_2C < \pi/2$，则 $AB < AC < AE$。

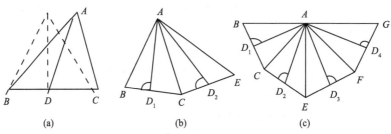

图 2-27　夹角序列算法

　　引理 2-3　设 4 个三角形 ABC、ACE、AEF、AFG 的位置如图 2-27(c)所示，D_1、D_2、D_3、D_4 分别是所在三角形底边的中点，如果 $\angle AD_1B < \pi/2$，$\angle AD_2C < \pi/2$，$\angle AD_3E > \pi/2$，$\angle AD_4F > \pi/2$，则有 $AB < AC < AE$，$AG < AF < AE$。

　　根据上面的引理，夹角序列算法如下。

　　第一步，计算凸壳各边中点的坐标。

　　第二步，从第 1 点起计算该点与各边中点连线和底边的夹角，并根据引理 3 判断循环中的一个距离最大值。

　　第三步，变换开始点，重复第二步，直到各点都被遍历。最后得到的距离最大值 $D = \max(d_1, d_2, \cdots, d_n)$ 就是凸壳的直径。

2.3.3　Voronoi 图

1. Voronoi 图的定义

　　如图 2-28 所示，设 P_1、P_2 是平面上两点，L 是 P_1P_2 的垂直平分线，L 将平面分成两部分 L_r 和 L_1。位于 L_1 内的点具有特性：$d(P_i, P_1) < d(P_i, P_2)$，其中，$d(P_i, P_1)$ 表示 P_i、P_1 间的欧几里得距离。这就意味着，位于 L_1 内的点比平面上的其他点更接近点 P_1。换句话说，L_1 内的点是比平面上其他点更接近 P_1 的点的轨迹，记为 $V(P_1)$。同理，L_r 内的点是比平面上其他点更接近 P_2 的点的轨迹，记为 $V(P_2)$。

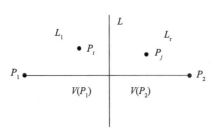

图 2-28　平面两点的 Voronoi 图

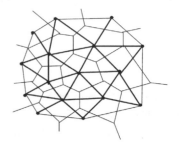

图 2-29　平面点集的 Voronoi 和 Delaunay 三角网

给定平面上 n 个点的点集 $S=\{P_1, P_2, \cdots, P_n\}$。把上面的定义推广，定义 $V(P_i)$ 为比其他点更接近 P_i 的点的轨迹，是 $n-1$ 个半平面的交，它是一个不多于 $n-1$ 条边的凸多边形域，称为关联于 P_i 的 Voronoi 多边形或关联于 P_i 的 Voronoi 域（如图 2-29 所示，细实线组成的多边形就是 Voronoi 多边形）。

对于 S 中的每一个点都可以作一个 Voronoi 多边形，这样的 n 个 Voronoi 多边形组成的图称为 Voronoi 图，记为 Vor(S)。Vor(S) 的顶点和边分别称为 Voronoi 顶点和 Voronoi 边。显然，$|S|=n$ 时，Vor(S) 划分平面成 n 个多边形域，每个多边形域包含且仅包含 S 的一个点。Vor(S) 的边是 S 中某点对的垂直平分线上的一条线段或者射线，为该点对所在的两个多边形域所共有。Vor(S) 中有的多边形域是无界的。

Voronoi 图可以理解为对空间的一种分割方式（一个 Voronoi 多边形内的任意一点到本 Voronoi 多边形中心点的距离都小于其到其他 Voronoi 多边形中心点的距离），也可以理解为对空间的一种内插方式（空间中任何一个未知点的值都可以由距离它最近的已知点，即采样点的值来替代）。

2. 有关平面点集 Voronoi 图的几个定理

定理 2-2　$V(P_i)$ 是无界的，如果 $P_i \in$ BCH(S)，即点集凸壳顶点的 Voronoi 域，在某些方向上是无界的。

定理 2-3　n 个点的点集 S 的 Voronoi 图至多有 $2n-5$ 个顶点和 $3n-6$ 条边。

定理 2-4　每个 Voronoi 点恰好是 3 条 Voronoi 边的交点。

定理 2-5　设 v 是 vor(S) 的顶点，则圆 $C(v)$ 内不含 S 的其他点。

定理 2-6　如果 P_i，$P_j \in S$，并且通过 P_iP_j 有一个不包含 S 中其他点的圆，那么 P_iP_j 是点集三角剖分的一条边。反之亦成立。

定理 2-7　S 中点 P_i 的每一个最邻近点确定 $V(P_i)$ 的一条边。

定理 2-8　Voronoi 图的直线对偶图是 S 的一个三角剖分。

定理 2-9　如果 P_i，$P_j \in S$，并且通过 P_i，P_j 有一个不包含 S 中其他点的圆，那么线段 P_iP_j 是点集 S 三角剖分的一条边。

上述定理是检验生成 Voronoi 图算法正确性的必要条件。

3. 平面点集 Voronoi 图生成算法

Voronoi 图的生成算法很多，常见的有基于半平面交的算法、增量构造算法、减量算法和平面扫描算法等。有的算法，如增量构造算法，又分联机算法和脱机算法。根据数据模型的不同，Voronoi 图的生成算法分为基于矢量数据的算法、基于栅格数据的算法和矢量栅格数据混合模型算法。

由于 Voronoi 图和下文的 Delaunay 三角网是一个对偶，生成一个就很容易得到另外一个。所以，本书对 Voronoi 图生成算法不做专门介绍，而与 Delaunay 三角网生成算法合并在一起论述。

2.3.4　Delaunay 三角网

1. Delaunay 三角网的定义

有公共边的 Voronoi 多边形称为相邻的 Voronoi 多边形，连接所有相邻 Voronoi 多边形的生长中心所形成的三角网称为 Delaunay 三角网（如图 2-29 所示，粗实线组成的三角形网就是 Delaunay 三角网）。

从 Delaunay 三角网和 Voronoi 图的历史来考察它们的定义会发现一个有趣的事实：Voronoi

图是从纯几何的观点来定义的，而 Delaunay 三角网则直接用 Voronoi 图来定义，这是由它们诞生的先后次序决定的。实际上，完全可以抛开它们的渊源，而从其他角度来定义 Delaunay 三角网。

2. Delaunay 三角网的性质

Delaunay 三角网是一种特殊的三角网，与其他三角网相比，Delaunay 三角网具有如下性质：①它是唯一的；②三角形的外围边界构成群点的凸壳；③任意三角形的外接圆中没有其他点——外接圆规则；④三角形最大限度地保持均衡，避免狭长三角形出现——最大最小角规则；⑤Delaunay 三角网是平面图，遵守平面图形的欧拉定理，Nregions+Nvertices−Nedges=2；⑥Delaunay 三角网最多有 $3n-6$ 条边和 $2n-5$ 个三角形，这里 n 是点数；⑦Delaunay 三角网和 Voronoi 图是对偶，得到一个就很容易得到另一个。

Delaunay 三角网的以上性质表明：Delaunay 三角网是二维平面中三角网里唯一的、最好的；在一个有限点集中，只有一个局部等角的三角网，就是 Delaunay 三角网；在不多于 3 个相邻点共圆的欧几里得平面上，Delaunay 三角网是唯一的。

3. Delaunay 三角网常见算法

Delaunay 三角网的生成算法，根据建网步骤的不同有分治算法、渐次插入算法、生长算法、由 Voronoi 图生成算法等。Delaunay 三角网的生成算法经过长期的研究，近来已经没有什么大的突破，只是为不同用途而在时间效率和占用空间之间寻求最佳的结合。表 2-1 关于 Delaunay 三角网的生成算法是从 http://www.iko.unit.no/tmp/term/整理而来的，它把生成算法分为两类：动态的和静态的。

表 2-1　Delaunay 三角网的生成算法

静态算法	动态算法
射线扫描算法（Radial sweep）	生长算法（Incremental）
递归分割算法（Recursive split）	生长式删除−重建算法（Incremental delete-and-build）
分治算法（Divided-and-conquer）	
渐次插入算法（Step-by-step）	
层次式修改算法（Modified hierarchical）	

下面基于 VC++语言，介绍生成 Delaunay 三角网的渐次插入算法（闫浩文，2002）。

1) 问题描述

给定平面上 n 个点的点集 $S=\{P_1, P_2, \cdots, P_n\}$，生成并保存 S 的 Delaunay 三角网。

2) 数据结构定义

对特征点描述的数据结构定义为

Class TObjPoint

{

UINT ID;　　　　　　　　　　//点在点集 S_1、S_2 中的顺序号

CPoint P;　　　　　　　　　　//点的坐标

}

对 Delaunay 三角形进行描述的数据结构定义为

Class TDelaunay:

```
{
  int ID;                              //三角形标识号
  TObjPoint*    P₁,P₂,P₃;              //3 个顶点的描述
  int ID₁,ID₂,ID₃;                     //邻近三角形标识号
  float A₁,A₂,A₃;                      //三角形的 3 个内角
  float L₁,L₂,L₃;                      //三角形的 3 条边长
}
```

3）渐次插入算法

第一步，定义包含所有数据点的超三角形，定义 TDelaunay 类的数组对象 TD_s，数组大小为 $2N-5$，初始三角形集合中只有超三角形。

第二步，插入一点 P 到三角网中，找出 P 所在的三角形 t。

第三步，连接 P 与 t 的 3 个顶点，形成 3 个三角形。

第四步，利用局部最优法则（Lawson LOP 法则）更新生成的三角形，修改或增加 TD_s 数组，把新的三角形属性数据记录下来。

第五步，重复第二步～第四步，直到所有的点插入结束。

第六步，删除包含超三角形顶点的三角形。

在构建点集 S 的 Delaunay 三角网的过程中，数组 TD_s 记录每个三角形的 ID、顶点的描述、邻近三角形编号信息。图 2-30 清楚地演示了渐次插入算法生成 Delaunay 三角网的过程。

Lawson LOP 法则是指一点插入后，构成的三角网要满足 Delaunay 三角网的最大化最小角原则。图 2-31（a）是原 $\triangle ABC$，当插入 D 重新构网时，若按照图 2-31（b）的方式三角网不满足 Delaunay 三角网的最大化最小角原则，所以运用局部最优法则进行优化改正得到图 2-31（c）。

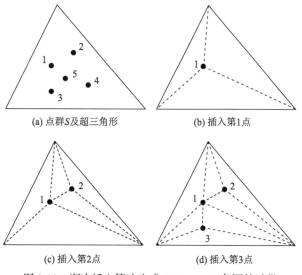

(a) 点群 S 及超三角形   (b) 插入第1点

(c) 插入第2点   (d) 插入第3点

图 2-30 渐次插入算法生成 Delaunay 三角网的过程

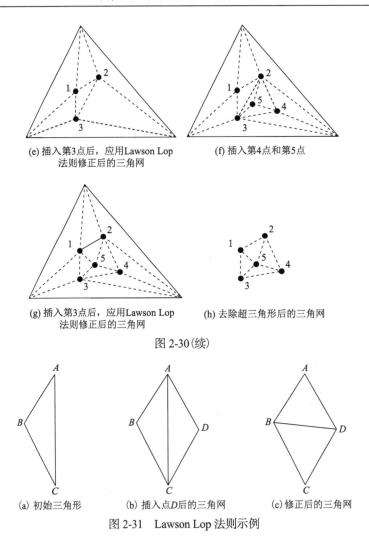

(e) 插入第3点后，应用Lawson Lop
法则修正后的三角网

(f) 插入第4点和第5点

(g) 插入第3点后，应用Lawson Lop
法则修正后的三角网

(h) 去除超三角形后的三角网

图 2-30（续）

(a) 初始三角形

(b) 插入点D后的三角网

(c) 修正后的三角网

图 2-31　Lawson Lop 法则示例

2.4　图像处理的基本方法

　　栅格数据处理方法来源于图像处理理论。为了便于后续章节对栅格数据处理算法的论述，本节讨论图像处理的基本方法。关于栅格数据模型，第 3 章会进行详细的论述。对栅格图像进行处理时，常用的基本运算有灰度值变换、栅格图像的算术组合运算、扩张及侵蚀等。

2.4.1　灰度值变换

　　为了利用栅格数据，得到尽可能好的图像、图形质量或分析效果，往往需要将原始数据中像元的原始灰度值按各种特定方式变换。各种变换方式可以用"传递函数"来描述。其中，原始灰度值与新灰度值之间的关系就是函数中自变量与因变量之间的对应关系。因此，各种传递函数都可以在一个直角坐标系中用图解曲线来表示。图 2-32 表示了几种典型传递函数的图解曲线。

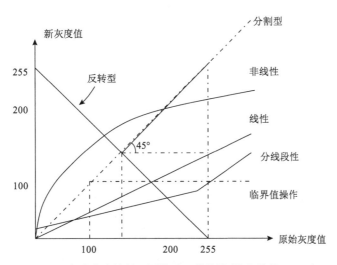

图 2-32　灰度值变换的不同传递函数曲线(徐庆荣等，1993)

其中，线性、分段线性和非线性变换关系可直接用数学上的线性、分段线性和非线性函数(图 2-32)来描述。"临界值操作"是指凡低于(或高于)某一临界值的灰度值都被置成一种新灰度值(如 0)，其余的灰度值可均置为另一种不同的灰度值常量(如 1)。图 2-33 表示原来带有各种灰度值的一幅栅格图像，经过在灰度值 1/0 上作临界值操作，变换为只带有两种灰度值(0 和 1)的二值栅格图像(为了简化，"0"在图上一般用空白表示)。"分割型传递函数"的目的是把确定范围(如灰度值在 125～222)内的原始灰度值原封不动地予以接受，而把其余所有的原始灰度值均置为 0。这一带有选择性接受的过程被形象地称为"切片"。正像和负像的互换，可以采用图 2-32 中的"反转型"传递函数来描述，还可以设计出许多传递函数。例如，为了把若干原始的制图物体(如公路)的等级在制图综合时合并成一个新的等级，可以设计出相应的"归类函数"。

10	11	9	7	5	5	6	7	8	3
11	13	13	9	8	6	6	7	4	4
9	12	13	12	8	6	7	12	13	10
7	8	14	15	15	7	13	14	12	9
5	4	9	18	18	16	15	13	9	6
3	4	4	12	19	18	19	8	6	2
3	3	3	15	19	18	16	8	8	6
3	2	13	16	17	16	15	6	6	4
2	12	13	15	4	14	12	10	4	3
2	12	14	13	4	13	12	11	5	2

1	1	0	0	0	0	0	0	0	0
1	1	1	0	0	0	0	0	0	0
0	1	1	1	0	0	0	1	1	1
0	0	1	1	1	0	1	1	1	0
0	0	0	1	1	1	1	1	0	0
0	0	0	1	1	1	1	0	0	0
0	0	0	1	1	1	1	0	0	0
0	0	1	1	1	1	1	0	0	0
0	1	1	1	0	1	1	1	0	0
0	1	1	1	0	1	1	1	0	0

图 2-33　在灰度值 10 上作临界值操作

2.4.2　两个栅格图像的算术组合运算

将两个栅格图像互相叠置，使它们对应像元的灰度值相加、相减、相乘等。如图 2-34 所示，(a)、(b)为原始图像，对两个图像相加，结果如图 2-34(c)所示。

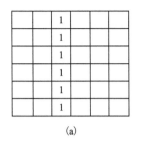
(a)

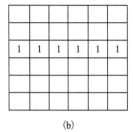
(b)

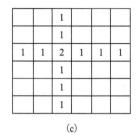
(c)

图 2-34　两个栅格图像的算术组合

2.4.3　扩张

这种算法中，同一种属性的所有物体将按事先给定的像元数目和指定的方向进行扩张。图 2-35 表明原图向右扩张 2 个像元的原理、过程及结果。其他方向扩张的方法类似，这里不再一一阐述。

上例在编程中的具体做法可以是：①开辟一个数组 IA 存放原始图像（每一位、每一字节或每一个整型量单元存放一个像元）；②为存放中间结果及最后结果，另外开辟一个数组 IB；③将 IA 中的原图拷贝到 IB 中；④对于 IA 中的每一个灰度值为"1"的像元，在 IB 相应位置右侧一列及两列处分别置"1"。

假定 IA 及 IB 均为 M 行、N 列的整型数组，实现上述③、④两步任务的程序如图 2-36 所示。

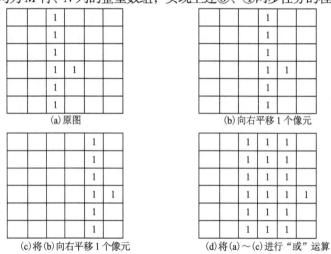
(a)原图　　　　　　　　　　(b)向右平移 1 个像元

(c)将(b)向右平移 1 个像元　　　　　(d)将(a)~(c)进行"或"运算

图 2-35　将原图向右扩张 2 个像元

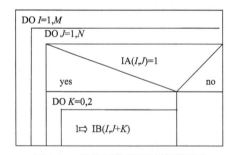

图 2-36　栅格图像扩展计算流程图

2.4.4　侵蚀

在这种算法中，同一种属性的所有物体，将在指定的方向上按事先给定的像元数目受到（背景像元的)侵蚀，也可以理解为背景像元在这个方向上的扩张。图 2-37 表示原图及在原图右侧被蚀去一列后的结果。不难按扩张背景像元的思路编写出实现侵蚀算法的程序。

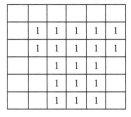 

(a) 原图 (b) 原图右侧被侵蚀了一列

图 2-37　原图及右侧被侵蚀了一列的效应

另外，常用的基本运算还有平移、逻辑运算、加粗、减细等。其中，加粗和减细及扩张、侵蚀属于宏运算。加粗算法是指同一种属性的所有物体按事先给定的像元数目加粗。加粗运算的过程要多次应用到基本运算"平移"和两个栅格图像的逻辑组合。

减细的原理和过程与加粗几乎一样，因为加粗"0"像元就是减细"1"像元。要注意的是，这种减细的批处理过程若不加一些必要的限制，可能会导致线划的断裂或要素的消失。

显然，加粗是扩张的发展；减细是侵蚀的发展。

综合运用扩张、侵蚀，加粗、减细的宏运算，就有可能使制图物体的形态，按要求向好的方向转化。例如，原图的两个线要素间有粘连现象，则可以先从一侧进行侵蚀(具体侵蚀多少应视粘连程度而定)，再向一侧扩张同样的像元数。结果消除了粘连，而其他要素不变，这一过程也叫断开。相反，如果一个连续的制图物体由于材料、工艺及老化等使图形(如等高线)出现断缺、裂口等缺陷，此时将原图先扩张再侵蚀或先加粗再减细，就可获得连续、光滑的图形，从而改善线划符号的质量，这一过程也叫合上。

再如，原图为两条相交公路符号的中轴线栅格图形，利用加粗、减细宏运算，可制作多重线划的公路符号。为此，公路轴线先作两次加粗，第一次加粗至公路符号的内宽，第二次加粗至外宽；两种加粗图像通过逻辑算子"异或"。最后，把原始公路轴线用逻辑算子"或"与上述中间结果作逻辑组合，从而完成了三线公路符号。读者不妨设想一下，如果用矢量数据处理方法绘制三线公路符号，其算法复杂性又将如何？

2.5　数字地面模型

许多地理现象具有空间连续分布的特征，如地形、气温、降水量和环境检测数据等。对它们可以采用三维空间的表示方法，绘制三维地图。例如，可以绘制等高线地图、透视立体地图、晕渲地图、等温线地图、等降水线地图等。因此，在专题制图中，从连续曲面上采集离散数据，用合适的方法恢复和表达三维空间曲面的技术，早已成为计算机地图制图的一个重要研究课题。

也有许多地理现象，虽然不具有三维空间的连续分布特征(如人口密度、疾病的发病率等)，但是从宏观上看，也可以采用三维空间的表示方法。这样既便于采用一些数学方法进行定量计算和分析，又便于输出直观的图形，使人们能更好地对制图对象进行观察和分析。

数字地面模型就是表达上述现象的一个基础性工具。

2.5.1　数字地面模型概述

1. DTM 与 DEM 的概念

数字地面模型(digital terrain model，DTM)通用的定义是描述地球表面形态多种信息空间分布的有序数值阵列。从数学的角度，可以用下述二维函数系列取值的有序集合来概括地表示数字地面模型的丰富内容和多样形式：

$$K_p = f_k(u_p, v_p) \qquad (k=1,2,3,\cdots,m; p=1,2,3,\cdots,n)$$

式中，K_p 为第 p 号地面点(可以是单一的点，但一般是某点及其微小邻域所划定的一个地表面元)上的第 k 类地面特性信息的取值；u_p、v_p 为第 p 号地面点的二维坐标，可以采用任一地图投影的平面坐标，或者是经纬度和矩阵的行列号等；m(m 大于等于 1)为地面特性信息类型的数目；n 为地面点的个数。

地理空间实质是三维的，但为了计算和表达的便利，人们往往在二维地理空间上描述并分析地面特性的空间分布。数字地面模型就是对某一种或多种地面特性空间分布的数字描述，是叠加在二维地理空间上的一维或多维地面特性向量空间。

例如，假定将土壤类型编作第 i 类地面特性信息，则数字地面模型的第 i 个组成部分为

$$I_p = f_i(u_p, v_p) \qquad (p=1,2,3,\cdots,n)$$

当 f_i 为对地面高程的映射时，上式表达的数字地面模型即数字高程模型(digital elevation model，DEM)。显然，DEM 是 DTM 的一个子集，是 DTM 中最基本的部分，它是对地球表面地形地貌的一种离散的数字表达。其另一种表示形式为区域 D 上的三维向量有限序列：

$$V_i = (x_i, y_i, z_i) \qquad (i=1,2,3,\cdots,n)$$

式中，x_i、y_i 为平面坐标；z_i 为 (x_i, y_i) 对应的高程。当该序列中各平面向量的平面位置呈规则格网排列时，其平面坐标可省略，此时 V_i 就简化为一维向量序列 $z_i(i=1,2,\cdots,n)$。

以下以 DEM 为主，阐述 DTM 的表示方法与构建过程。

2. DTM 的表示方法

1)拟合法

拟合法是指用数学方法对表面进行拟合，主要利用连续的三维函数(如傅里叶级数、高次多项式等)。对于复杂的表面，进行整体的拟合是不可行的，通常采用局部拟合法，即把地面分成若干个小块分别拟合，并使用加权函数来保证分块接边处的连续性。这种方法表示的 DTM 不太适合于制图，但广泛用于复杂表面模拟的机助设计系统。

2)等值线法

等值线是地图上表示 DEM 的最常用方法，但并不适用于坡度计算等地形分析工作中，也不适用于制作晕渲图、立体图等。等值线的生成将在第 4 章详细论述。

3)规则格网法

规则格网(GRID)可以是正方形、矩形、正六边形、正三角形等。常见的是正方形格网，把 DTM 表示成高程矩阵：

$$DTM = \{H_{ij}\} \qquad (i=1,2,\cdots,m; j=1,2,\cdots,n)$$

此时，DTM 来源于直接规则矩形格网采样点或由规则或不规则离散数据点内插产生。由于计算机对矩阵的处理比较方便，规则格网已成为 DTM 最常用的形式。但规则格网系统仍有下列缺点：①地形简单的地区存在大量冗余数据；②如果不改变格网大小，则无法适用于起伏程度不同的地区；③对于某些特殊计算如视线计算时，格网的轴线方向被夸大；④不能精确表示地形的关键特征，如山峰、洼坑、山脊、山谷等。

为了压缩格网 DTM 的冗余数据，可采用游程编码或四叉树编码等编码方法。

4）不规则三角网法

不规则三角网（triangulated irregular network，TIN）是专为产生 DTM 数据而设计的一种采样表示系统。它克服了规则格网中冗余数据的问题，而且能更加有效地用于各类以 DTM 为基础的计算。因为 TIN 可根据地形的复杂程度来确定采样点的密度和位置，能充分表示地形特征点和线，从而减少地形较平坦地区的数据冗余。TIN 表示法利用所有采样点取得的离散数据，按照优化组合的原则，把这些离散点连接成相互连续的三角面，如图 2-38 所示。

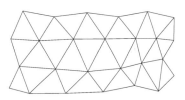

图 2-38　TIN 示意图

构建 TIN 的优化原则有多种，常用的有最大-最小距离原则、圆原则、最大-最小角原则、最大-最小高原则、Tiessen 原则等（吴立新等，2003），这些原则归纳起来，无非是要求经剖分形成的三角网要满足 3 点基本要求：①唯一性，TIN 是唯一的；②最大最小角特性，三角形的最小内角尽量最大，即三角形尽量接近等边；③空圆特性，保证最临近的点构成三角形，即三角形的边长之和尽量最小，且三角形的外接圆中不包含其他三角形的顶点。研究表明，在所有可能的 TIN 中，Delaunay 三角网在满足上述要求时表现最为出色，是给定区域点集的最佳三角剖分。因此，Delaunay 三角剖分成为离散点集转化为 TIN 的最常见方法，其算法参见 2.2 节内容。

2.5.2　数字地面模型的生成

这里主要介绍针对离散数据的 GRID DEM 的几种生成方法。实际上 TIN、GRID、等值线等数字地面模型之间可以互相转换，有些生成算法本身就包含了这种转换的过程，如下面介绍的基于不规则采样点数据的双线性插值法，实际上就是 TIN 向 GRID 转换的一种算法。

1. 按距离加权平均法

已知随机分布的空间点集 $\{x_i, y_i, z_i\}$ $(i=1,2,\cdots,n)$，将它们投影到 xoy 平面上，得到一系列的点 $D_i(x_i, y_i)$，各自带有高程 z_i。该区域内任一点 P 的高程，可以认为是受已知点 D_i 上高程值 z_i 影响的结果。每个 z_i 对 z 的影响是不同的，其影响的大小与 D_i 到 P 的距离 d_i 大小正好相反。因此，基于这种思想，P 点的高程值 z 可以认为是搜索圆内各点 D_i 的高程值 z_i 的加权平均值，而所加的权与各点到 P 点的距离 d_i 有关，即

$$z_p = \begin{cases} \sum_{i=1}^{n} w_i z_i \Big/ \sum_{i=1}^{n} w_i & \text{当对搜索圆内所有} D_i, d_i \neq 0 \\ z_i & \text{当对搜索圆内的某个} D_i, d_i = 0 \end{cases} \tag{2-25}$$

权函数 $w_i = (d_i)^{-u}$。经验表明，$u=2$ 比较合适，且计算方便：

$$(d_i)^{-2}=[(x-x_i)^2+(y-y_i)^2]^{-1}$$

如果考虑点子由于分布不均，而应带上不同的权，则应对权函数 w_i 作修正。具体方法可以是

$$w_i = (d_i)^{-2}(1+t_{i,p})$$

其中，

$$t_{i,p} = \sum_{k=1}^{n}\frac{1}{d_{k,p}}[1-\cos A] / \sum_{k=1}^{n}\frac{1}{d_{k,p}} \qquad (k\neq i)$$

式中，$t_{i,p}$ 为方向改正数；$d_{k,p}$ 为除 D_i 点外，其他数据点 D_k ($k\neq i$) 到 P 点的距离；$\cos A$ 为矢量 PD_i 和 PD_k 夹角的余弦，即

$$\cos A = \frac{(x_p-x_i)(x_p-x_k)+(y_p-y_i)(y_p-y_k)}{d_{i,p}\cdot d_{k,p}}$$

n 为选择来参与式(2-25)计算的数据点个数。一般规定用 4～10 个点，点太多显著增加计算量，而对计算结果的改进帮助不大。因此，在程序设计中以 P 点为圆心，在以初始半径 r 的圆形区域内搜索数据点。如果搜索到的数据点数目正好介于 4～10，则直接进行 P 点高程值的计算；如果找到的点数<4，则扩大搜索圆半径；如果找到的点数>10，则缩小搜索圆半径，直至找到距离 P 点最近的 4～10 个点为止。

搜索圆的初始半径如何确定为好呢？其经验公式为

$$r=\sqrt{\frac{7A}{n\pi}}$$

式中，A 为包含所有已知点的制图区域的面积；n 为数据点的总点数。

2. 最小二乘曲面拟合法

其基本思想是根据一系列离散的已知数据点 $\{x_i,y_i,z_i\}$，采用按距离加权的最小二乘法，为局部内插拟合一个曲面。这个曲面一般不通过已知数据点，因为它顾及的是整体局势，而不是个别点。

设已知大量数据点 $\{x_i,y_i,z_i\}$ ($i=1,2,\cdots,n$)，希望在待求 z 值的网格交点 P 周围的某一邻域内建立起一个用多项式表达的曲面。这个曲面多项式的次数并非越高越好，超过 3 次往往会导致奇异解，因此一般采用二次多项式，形式为

$$f(x,y)=C_1+C_2x+C_3y+C_4xy+C_5x^2+C_6y^2 \qquad (2-26)$$

z 值的误差方程为

$$v_i=f(x_i,y_i)-z_i \quad (i=1,2,\cdots,n)$$

在最小二乘的意义下，为了尽可能好地为局部内插拟合数据点 $\{x,y,z\}$ ($i=1,2,\cdots,n$)，要求靠近 P 的数据点比远离 P 的数据点拥有更大的权值。

这样选取六个系数 C_j ($j=1,2,\cdots,6$)，使

$$Q=\sum_{i=1}^{N}w_i[f(x_i,y_i)-z_i]^2=\sum_{i=1}^{N}w_iv_i^2=[wvv]=\min$$

即使 Q 值达到最小。

这里，w_i 是权函数。例如，可取 $w_i = \dfrac{1}{d_i^2}$，d_i^2 为 P 与数据点 (x_i, y_i) 之间距离的平方。欲使 Q 最小，必须使 $\dfrac{\partial Q}{\partial C_j} = 0$ $(j=1,2,\cdots,6)$。

对 C_j 求偏导数，可得到六阶线性方程组：

$$AC = L$$

其中，

$$A = \begin{bmatrix} \sum w_i & \sum x_i w_i & \sum y_i w_i & \sum x_i y_i w_i & \sum x_i^2 w_i & \sum y_i^2 w_i \\ \sum x_i w_i & \sum x_i^2 w_i & \sum x_i y_i w_i & \sum x_i^2 y_i w_i & \sum x_i^3 w_i & \sum x_i y_i^2 w_i \\ \sum y_i w_i & \sum x_i y_i w_i & \sum y_i^2 w_i & \sum x_i y_i^2 w_i & \sum x_i^2 y_i w_i & \sum y_i^3 w_i \\ \sum x_i y_i w_i & \sum x_i^2 y_i w_i & \sum x_i y_i^2 w_i & \sum x_i^2 y_i^2 w_i & \sum x_i^3 y_i w_i & \sum x_i y_i^3 w_i \\ \sum x_i^2 w_i & \sum x_i^3 w_i & \sum x_i^2 y_i w_i & \sum x_i^3 y_i w_i & \sum x_i^4 w_i & \sum x_i^2 y_i^2 w_i \\ \sum y_i^2 w_i & \sum x_i y_i^2 w_i & \sum y_i^3 w_i & \sum x_i y_i^3 w_i & \sum x_i^2 y_i^2 w_i & \sum y_i^4 w_i \end{bmatrix}$$

$$C = \begin{bmatrix} C_1 \\ C_2 \\ C_3 \\ C_4 \\ C_5 \\ C_6 \end{bmatrix} \qquad L = \begin{bmatrix} \sum z_i \omega_i \\ \sum x_i z_i \omega_i \\ \sum y_i z_i \omega_i \\ \sum x_i y_i z_i \omega_i \\ \sum x_i^2 z_i \omega_i \\ \sum y_i^2 z_i \omega_i \end{bmatrix}$$

解此方程组，可求得 C_j $(j=1,2,\cdots,6)$。将本网格交点 P 的 x,y 代入式 (2-26)，便可求得其相应的 z 值。

采用最小二乘曲面拟合的注意事项：

(1) 数据点的数目 N 要不小于系数 C_j 的个数。例如，对二次曲面而言，原始数据点至少要有 6 个，且分布要求相对合理。离散点分布范围应适当大于需建规则网格式 DTM 的范围。

(2) 上述方法对于每个网格交点 z 值的计算，都需要利用所有数据点，分别拟合一个最小二乘曲面(每个数据点的权不一样)，因而计算量很大。当 N 值相当大时，可将制图区域划分为许多小区域，那些远离 P 点的数据点不予考虑，因其权很小，不会显著影响曲面的形状，而计算量却可大减。

(3) 如果在 P 点周围数据点分布很不均匀，那么聚集在一起的各点所有的权数相应比同样距离下孤立的点所拥有的权要小。

(4) 当 N 大时，可以将区域划分成较大的矩形网格。用本方法先计算出这些粗网格交点上的高程值，然后，转用下面要介绍的双三次曲面拟合法或其他计算量小的方法来计算更细的各网格交点的高程。

(5) 若某个数据点的 $d_i=0$，则 P 点的高程等于 z_i。

3. 双线性插值法

1) 不规则采样点的双线性插值

先将不规则采样点集连接成 TIN，然后求落在各个三角形内的网格点高程值(包括落在三角形边上的点）。如图 2-39 所示，待求点落在三角形 ABC 内，先用线性插值的方法，求 D、E 两点的值。设 A、B、C、D、E、P 处的值分别为 V_A、V_B、V_C、V_D、V_E、V_P，其中，V_A、V_B、V_C 为已知，在 DEM 中实质上为高程值，则 D、E 两点处的插值为

$$V_D = u \cdot V_A + (1-u) \cdot V_B, \quad u = \frac{|AD|}{|AB|}$$

$$V_E = v \cdot V_A + (1-v) \cdot V_C, \quad u = \frac{|AE|}{|AC|}$$

则 P 点的插值为

$$V_P = t \cdot V_D + (1-t) \cdot V_E, \quad t = \frac{|DP|}{|DE|}$$

2）规则采样点的双线性插值

方法与 1）完全相同，也是先用 A、B 两点求出 E 点值，用 C、D 两点求出 F 点值再由 E 点和 F 点求出 P 点的值（图 2-40）。

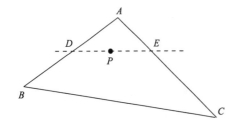

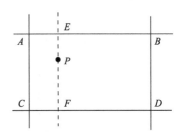

图 2-39　不规则采样点的双线性插值　　　　图 2-40　规则采样点的双线性插值

需要指出的是，线性插值和双线性插值都是假定待插点的高程在直线上呈比例变化。另外，不管是不规则采样点还是规则采样点，都可用双线性方式内插函数来求出。此时常取最靠近 P 点的 4 个点来插值。

$$Z_P = (a \cdot x + b)(c \cdot x + d)$$

式中，a、b、c、d 为待定系数；Z_P 为要求的待插点的值。

4. 双三次曲面插值法

双三次曲面插值法的前提是给出的数据点在 xoy 平面上按矩形网格分布。在按距离加权平均法、最小二乘曲面拟合法等中，如果原始数据点很多，导致运算量太大时，可以采用先粗后细的方法，先求出相对稀疏格网点的高程，再利用双三次曲面插值法加密，从而获得符合密度和精度要求的 DTM。

双三次多项式曲面插值模型如下：

$$z = f(x,y) = \sum_{j=0}^{3}\sum_{i=0}^{3} a_{ij} x^i y^j \quad (0 \leqslant x \leqslant 1, 0 \leqslant y \leqslant 1) \tag{2-27}$$

该模型有 $4 \times 4 = 16$ 个未知系数，需要 16 个已知条件列成 16 个方程组成的线性方程组，通过解线性方程组来确定诸系数 $[a_{ij}]$。这 16 个已知条件通常用下列方程组给定：

$$z_n = f(x_n, y_n)$$

$$R_n = \left.\frac{\partial z}{\partial x}\right|_n$$

$$S_n = \left.\frac{\partial z}{\partial y}\right|_n$$

$$T_n = \left.\frac{\partial z \partial z}{\partial x \partial y}\right|_n$$

$$n=1,2,3,4$$

其中，z_n 保证了曲面通过格网的 4 个数据点；R_n 为 4 个格网点上的曲面在 X 方向上的一阶导数；S_n 为 y 方向上的一阶导数；T_n 为 z 对 x、y 的混合导数。由数学分析可知，曲面在某点上光滑连续的充要条件是 R、S、T 连续，为了达到这一点，对各个格网点上的 R、S、T 的确定应一致，即对某格网点 R_n 而言，S_n、z_n 在其有关的 4 个方格上保持一致。4 个格网点的 R、S、T 可由下式计算：

$$R_1 = (z_6 - z_4)/2, R_2 = (z_7 - z_3)/2$$
$$R_3 = (z_2 - z_{12})/2, R_4 = (z_1 - z_{13})/2$$
$$S_1 = (z_2 - z_{16})/2, S_2 = (z_9 - z_1)/2$$
$$S_3 = (z_{10} - z_4)/2, S_4 = (z_3 - z_{15})/2$$
$$T_1 = [(z_7 + z_{15}) - (z_3 + z_5)]/4, T_2 = [(z_4 + z_8) - (z_6 + z_{10})]/4$$
$$T_3 = [(z_9 + z_{13}) - (z_1 + z_{11})]/4, T_4 = [(z_2 + z_{14}) - (z_{12} + z_{16})]/4$$

将 4 个格网点的坐标值 (x,y)，函数值 $z=f(x,y)$，x、y 方向的斜率 R，S 及曲面扭曲的混合斜率 T 代入式 (2-27) 中，可得到下列线性方程组：

$$
\begin{bmatrix} z_4 \\ z_1 \\ z_3 \\ z_2 \\ R_4 \\ R_1 \\ R_3 \\ R_2 \\ S_4 \\ S_1 \\ S_3 \\ S_2 \\ T_4 \\ T_1 \\ T_3 \\ T_2 \end{bmatrix} =
\begin{bmatrix}
0000 & 0000 & 0000 & 0001 \\
0000 & 0000 & 0000 & 1111 \\
0001 & 0001 & 0001 & 0001 \\
1111 & 1111 & 1111 & 1111 \\
0000 & 0000 & 0000 & 0010 \\
0000 & 0000 & 0000 & 3210 \\
0010 & 0010 & 0010 & 0010 \\
3210 & 3210 & 3210 & 3210 \\
0000 & 0000 & 0001 & 0000 \\
0000 & 0000 & 1111 & 0000 \\
0003 & 0002 & 0001 & 0000 \\
3333 & 2222 & 1111 & 0000 \\
0000 & 0000 & 0010 & 0000 \\
0000 & 0000 & 3210 & 0000 \\
0030 & 0020 & 0010 & 0000 \\
9630 & 6420 & 3210 & 0000
\end{bmatrix}
\begin{bmatrix} a_{33} \\ a_{23} \\ a_{13} \\ a_{03} \\ a_{32} \\ a_{22} \\ a_{12} \\ a_{02} \\ a_{31} \\ a_{21} \\ a_{11} \\ a_{01} \\ a_{30} \\ a_{20} \\ a_{10} \\ a_{00} \end{bmatrix}
$$

这样就有了 16 个已知(确定)条件，从而确定出 16 个待定系数[a_{ij}]。双三次模型比起双线性模型，计算要复杂些，但能够生成光滑连续曲面，比较适合于具有光滑连续分布特性的地理现象的描述。然而对于地形数据而言，绝大部分情况使用双线性模型，除了因为计算容易外，也是地形表面的集合特征使然。

5. 克里金(Kriging)插值法

Kringing 的思想与上述方法都不同，它首先考虑的是空间属性在空间位置上的变异分布，确定对一个待插值点有影响的距离范围，然后用此范围内的采样点来估计待插点属性值。它是一种求最优线性无偏内插估计量的方法，是在考虑了信息样品的形状、大小及其与待估块段相互间的空间分布位置等几何特征及品位的空间结构之后，为了达到线性、无偏和最小估计方差的估计，而对每一样品值赋予一定的系数，最后进行加权平均来估计块段品位的方法。从这个意义上说，只有克里金方法才是一种真正的插值方法(陈述彭等，1999)。其计算步骤简介如下。

(1)输入原始数据(采样点)。

(2)数据检验与分析：不同的领域有不同的检查方法，原则是看采样值是否合乎实际情况，删去明显相差点。

(3)直方图的计算：直方图有助于人们掌握区域化变量的分布规律，以便决定是否对原始数据进行预处理。

(4)计算变异函数了解变量的空间结构。常用的理论模型有

$$\gamma(h)=\begin{cases} 0 & h=0 \\ C_0 + C(\frac{3}{2} \cdot \frac{h}{a} - \frac{1}{2} \cdot \frac{h^3}{a^3}) & 0 < h < a \\ C_0 + C & h > a \end{cases}$$

式中，$\gamma(h)$ 为半变异函数；h 为两样本间的距离；C 为基台值；C_0 为纯块金效应；a 为变程(即影响距离的范围)。计算此模型时，先作出以两个任意采样点对之间的距离为横轴，以它们的样本值差的平方为纵轴的散点图，然后用最小二乘加权拟合的方法求出拟合变异函数。

(5) 克里金插值估计。求出各权系数 γ_i ($i=1,2,\cdots,n$)代入估计式 $Z_k = \sum_{i=1}^{n} \lambda_i \cdot Z_i$ 中即可求得评估领域内 n 个采样值的 Z_β 线性组合。

$$\begin{cases} \sum_{\beta=1}^{n} \lambda_\beta \cdot \overline{\gamma}(V_\alpha, V_\beta) + u = \overline{\gamma}(V_\alpha, V) & (\alpha = 1, 2, \cdots, n) \\ \sum_{\beta=1}^{n} \lambda_\beta = 1 \end{cases}$$

在各种插值方法的具体实现过程中，参数的选择或调整要随地形的不同而变化。每一种插值方法都有自己比较适合的地形，目前还没有找到在任何情况下运用效果都非常好的方法，实际上这也是不可能的。

思 考 题

1. 写一个判断点与多边形位置关系的算法，画出算法流程图，并用高级语言实现该算法。

2. 写一个求平面点群凸壳的算法并用程序实现。

3. 写一个求平面点群 Delaunay 三角网的算法并用程序实现。

4. 写一个求平面点群 Voronoi 图的算法并用程序实现。参考有关文献，试述 Voronoi 图目前在你的学科中目前有什么用途，并想想它可用来解决本专业的其他哪些问题？

5. 一个投递员，每次投递邮件都要走遍他所负责投递区域内的每条街道，完成投递任务后回到邮局。应怎样选择路线，使得他所走的总路程最短？该问题是由我国管梅谷教授(1960)首先提出并进行研究的，所以国际上称这个问题为中国投递员问题(Chinese postman problem)。现实生活中的许多问题，如城市里的洒水车、扫雪车、垃圾清扫车和参观展览馆等最佳行走路线问题都可以归结为中国投递员问题。用图论的语言，对该问题进行描述，并参考有关文献，想想看，该问题有什么好的解法。

6. 工业设计上的曲线光滑和地图制图中的曲线光滑有什么异同？

7. DTM 和 DEM 的概念有何区别？

8. 常用的插值法有哪些？各自有何特点？请列表说明。

第3章 计算机地图制图数据模型

计算机处理制图的效率，在很大程度上取决于地图数据组织方式的优劣。一种高效率的数据模型，必须使组织的数据能够表达要素之间的层次关系和非层次关系，能够便于不同数据的连接和覆盖，能够反映各种地理实体及其之间的拓扑关系。这样，才便于系统对数据进行存取、插入、修改、删除及检索等各种操作。本章将对计算机地图制图中常用的数据模型及数据的获取进行阐述。

3.1 计算机地图制图的数据

3.1.1 计算机地图制图的数据类型

计算机地图制图主要是实现对地图信息进行获取、处理和输出。随着地理信息科学(geographic information science)的发展，地图信息和数据的内涵也随之扩大，一般称为空间数据，也叫地理空间数据，是指以地球表面空间位置为参照的自然、社会和人文经济景观数据。空间物体是地图数据的首要组成部分，此外，地图数据还包括发生在不同时间与地点的地理事物与现象。因此，地图数据包括三个主要信息范畴：空间数据、非空间数据和时间因素。

1. 空间数据

根据空间数据的几何特点，地图数据可分为点数据、线数据、面数据和混合性数据四种类型。其中，混合性数据是由点状、线状与面状物体组成的更为复杂的地理构体或地理单元。

空间数据的一个重要特点是它含有拓扑关系，即网结构元素中结点、弧段和面域之间的邻接、关联与包含等关系。这是地理实体之间的重要空间关系，它从质的方面或从总体方面反映了地理实体之间的结构关系。

综上所述，空间数据的主要内容包括：

(1)空间定位——能确定在什么地方有什么事物或发生什么事情。

(2)空间量度——能计算诸如物体的长度、面积、物体之间的距离和相对方位等。

(3)空间结构——能获得物体之间的相互关系，对于空间数据处理来说，物体本身的信息固然重要，而物体之间的关系信息(如分布关系、拓扑关系等)都是空间数据处理中所特别关心的事情，因为它涉及全面问题的解决。

(4)空间聚合——空间数据与各种专题信息相结合，实现多介质的图、数和文字信息的集成处理，为应用部门、区域规划和决策部门提供综合性的依据。

2. 非空间数据

非空间数据又叫非图形数据，主要包括专题属性数据和质量描述数据等，它表示地理物体的本质特性，是地理实体相互区别的质量准绳，如土地利用、土壤类型等专题数据和地物要素分类信息等。

地图数据中的空间数据表示地理物体位于何处和与其他物体之间的空间关系；而地图数据中的非空间数据，则对地理物体进行语义定义，表明该物体"是什么"。除了这两方面的主要信息外，地图数据中还可包含一些补充性的质量/数量等描述信息，有些物体还有地理名称信息。这些信息的总和，能从本质上对地理物体作相当全面的描述，可看作是地理物体多元信息的抽象，是地理物体的静态信息模型。

3. 时间因素

地理要素的空间与时间规律是地理信息系统的中心研究内容，但是空间和时间是客观事物存在的形式，两者之间是互相联系而不能分割的。因此，往往要分析地理要素的时序变化，阐明地理现象发展的过程和规律。时间因素为地理信息增加了动态性质。在物体所处的二维平面上定义第三维专题属性，得到的是在给定时刻的地理信息。在不同时刻，按照同一信息采集模型，得到不同时刻的地理信息序列。

若把时间看做是第四维信息，可对地理现象作如下划分：①超短期的，如地震、台风、森林火灾等；②短期的，如江河洪水、作物长势等；③中期的，如土地利用、作物估产等；④长期的，如水土流失、城市化等；⑤超长期的，如火山爆发、地壳形变等。

地理信息的这种动态变化特征，一方面要求信息及时获取并定期更新，另一方面要重视自然历史过程的积累和对未来的预测及预报，以免使用过时的信息导致决策的失误，或者缺乏可靠的动态数据而不能对变化中的地理事件或现象做出合乎逻辑的预测预报和科学论证。

3.1.2　计算机地图制图的数据模型

GIS 将地理空间数据表征为矢量数据或栅格数据（Kang-tsung Chang，2014）。

矢量数据模型是通过坐标值和点、线、面等简单几何对象来表征地理实体的，基于矢量的要素是作为空间不连续的几何对象来看待的。所以，矢量数据模型通常也被称为离散数据模型（图 3-1）。

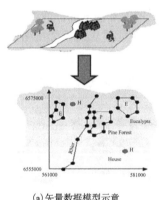

(a) 矢量数据模型示意

(b) 矢量数据示例

图 3-1　矢量数据模型及示例

地理空间实体对象可以根据其维数和性质抽象为点、线、面简单几何对象。点对象被称为零维对象，它只有位置，点可以代表现实世界中的电线杆、控制点、水井等；线对象是一维对象，具有长度属性，可以表示现实世界中的道路、河流、境界线等；面对象则是二维对象，具有面积、周长等属性，可以表示现实世界中的湖泊、绿地等。

各地图图形元素在二维平面上的矢量表示方法为：

点——用一对 x, y 坐标表示，只记录点坐标和属性代码。

线——用一列有序的 x, y 坐标对表示；记录两个或一系列采样点的坐标及属性代码。

面——用一列有序的且首尾坐标相同的 x, y 坐标对来表示其轮廓范围，记录边界上一系列采样点的坐标，以及面域属性代码。

矢量数据除了能够表征空间对象的位置和属性外，还能表征重要的几何关系及其之间的拓扑关系。拓扑研究几何对象在弯曲或拉伸变换下仍保持不变的性质。二维上可以用一块理想橡皮板通过拉伸压缩来拓扑变换。所以，拓扑性质也称为橡皮板空间特性。拓扑关系是两个及以上的空间对象之间的拓扑性质(图 3-2)。

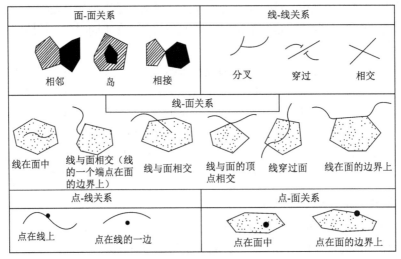

图 3-2　地理要素之间的部分拓扑空间关系

栅格数据用一个规则格网来描述与每一格网单元位置相对应的空间现象特征的位置和取值。矢量数据以对象为基础来进行描述，而栅格数据则以域为基础来进行描述。

栅格数据用单个格网单元代表点，用一系列相邻格网单元代表线，邻接格网的集合代表面。格网中每个单元都以一定的数值表示了诸如土地利用类型、环境变化等地理现象(图 3-3)。

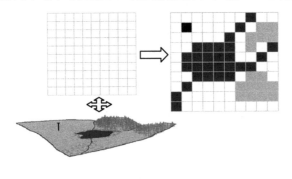

(a)栅格模型示意　　　　　　　　　　(b)栅格数据(遥感影像)示例

图 3-3　栅格数据模型及示例

在算法上，栅格数据可以被视为具有行和列的矩阵，其像元值可以存储为二维数值。所有常用的编程语言都能够容易地处理数组变量。因此，栅格数据更容易进行数据的操作、集合和分析。

栅格数据结构表示的是不连续的、量化和近似离散的数据，代表像素的网格通常为正方形, 有时也采用矩形、等边三角形和六边形等, 如图 3-4 所示。采用栅格数据表示地理实体时, 网格边长决定了栅格数据的精度。

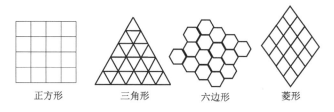

正方形　　　　三角形　　　　六边形　　　　菱形

图 3-4　栅格数据结构常用的网格类型

用栅格数据表示点、线和面等各种基本图形元素的标准格式如图 3-5 所示。其中, 点状要素——表示为一个像元, 用其中心点所处的单个像元来表示。

线状要素——表示为在一定方向上连接成串的相邻像元的集合, 用其中轴线上的像元集合来表示。中轴线的宽度仅为一个像元, 即仅有一条途径可以从轴上的一个像元到达相邻的另一个像元。这种线划数据称为细化了的栅格数据。

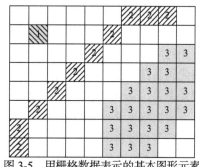

面状要素——表示为聚集在一起的相邻像元的集合, 用其所覆盖的像元集合来表示。

在栅格数据的表示中, 由于地表被分割为相互邻

图 3-5　用栅格数据表示的基本图形元素

接、规则排列的地块, 每个地块与一个像元相对应。因此, 栅格数据的比例尺就是像元的大小与地表相应单元的大小之比, 又称空间分辨率。像元对应的地表面积越小时, 其空间分辨率或比例尺就越大, 精度也就越高。每个像元的属性是地表相应区域内地理数据的近似值, 因而对属性的描述存在一定程度的偏差。

3.1.3　计算机地图制图的数据源

1. 矢量数据的数据源

地图数据的来源是极其丰富的, 来源不同, 获取的方法也不同。下面从几何数据和属性数据两方面来介绍矢量数据的获取方法。

1) 几何数据的获取

几何数据是根据给定各要素相对位置或绝对位置的坐标来描述的。如果用矢量数据来描述的话, 其获取的方法主要有:

(1) 由外业测量获得。外业测量是通过测角量边来确定地物的空间位置的。随着计算机、电子技术的发展, 现代测量手段越来越多地利用自动记录设备来记录测量的结果(如电子手簿、集成了 GPS 的掌上电脑等新式记录工具)。这些设备不但能将测量结果自动地记录和保存, 而且能对这些数据进行处理和制图。

(2) 由栅格数据转换获得。利用栅格数据矢量化的方法, 可以把栅格数据转化为矢量数据。

(3) 跟踪数字化。跟踪数字化的方法, 就是通过图数转换装置, 将现有的地图图形离散化为矢量数据。由于栅格数据自动矢量化技术还不成熟, 人工跟踪数字化是获取矢量数据的主要方法, 但存在工作量大、数据获取困难等缺点。目前, 工作中使用较多的是利用专业 GIS 软件进行人机交互式矢量化, 该方法的主要优点是质量高, 缺点是工作量较大。

2) 属性数据的获取

地图要素是根据各自的位置和属性说明进行编码的，仅有描述空间位置的几何数据是不够的，还必须有描述它们的属性说明。其中，用来描述要素类别、级别等分类特征和其他质量特征的数字编码叫特征码，它是地图要素属性数据的一部分；其作用是反映地图要素的分类分级系统，同时便于按特定的内容提取、合并和更新，因此特征码表的编制应根据原图内容和新编图的要求设计(徐庆荣等，1993)。

此外，所编特征码不仅要区分地图要素的类型和级别，还要反映空间数据的拓扑关系。例如，反映多边形内点、顶点、相邻多边形公共边，以及公共边两侧多边形区域属性之间关系的编码等。

一般对地图要素进行分类编码要遵循以下原则：①科学性和系统性，即以适合计算机、数据库技术应用和管理为目标，按国土基础信息的属性或特征进行严格的科学分类，形成系统的分类体系；②稳定性和唯一性，即分类体系以各种地图要素最稳定的属性或特征为基础，能在较长时间里不发生重大变更，同时要考虑所编代码的唯一性，以利于查询检索等操作；③标准性和通用性，即所编代码在大的分类分级时应遵循国家和行业已颁布的有关规范和标准，使所编代码具有较好的通用性；④完整性和可扩展性，即要素的分类既要反映其属性，又要反映其相互关系，具有完整性，代码结构应留有适当的可扩充的余地，具有可扩充性。

属性数据特征码的输入方法较多，其中以人机交互式的键码法和特征码清单法为代表。目前，随着软硬件的快速发展，可选择的方法也越来越多。

2. 栅格数据的数据源

栅格数据的来源很多。随着航天技术的发展，利用遥感(remote sensing，RS)技术动态地获取栅格数据是目前最便捷的方法之一。另外，还可以通过矢栅互转、扫描抽样等方法获取栅格数据。

1) 通过遥感获取

通过遥感手段获取栅格数据是目前最为快捷、常用的方法。遥感摄影形成的数字图像，从概念上讲，就是一种栅格数据。它是遥感传感器在某个特定的时间、对某一地区地面地物的辐射和反射能量进行扫描，生成遥感模拟图像，经过图像数字化(采样和量化)处理，将模拟图像分割成一个个像元或像素，并以数字形式记录下来的像素亮度值序列。这些数据按一定的格式(如 BIP、BSQ 和 BIL 等)存储在计算机兼容磁带(computer compatible tape，CCT)或 CD-ROM 等存储器中，以备使用。

2) 通过平面上行距、列距固定的点内插或抽样来获取

对于一幅由表示不同属性的多边形所组成的地图，可利用固定的行距、列距进行抽样，并将抽样结果编码，从而得到栅格数据。在进行抽样编码时，应尽量保持地表的真实性，保证最大的信息容量。常用的抽样编码法主要有以下几种。

(1)中心点法。每个栅格单元的值，根据该栅格中心点所在面域的属性来确定，如图 3-6(a)所示。中心点 O 落在代码为 A 的地物范围内，根据中心点法规则，该矩形区域相应的

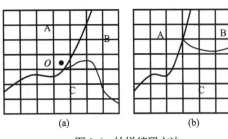

图 3-6　抽样编码方法

栅格代码为 A。中心点法常用于具有连续分布特性的地理要素,如人口密度图、灾害现状图等。

(2)面积占优法。每个栅格单元的抽样编码,以占矩形区域面积最大的地物类型来决定,如图 3-6(b)中的 C 类地物所占面积最大,所以该矩形区域相应栅格抽样编码应定为 C。面积占优法常用于分类较细、地物类别斑块较小的情况(邬伦等,2002)。

(3)重要性法。每个栅格单元的抽样编码,根据栅格内不同地物的重要性,选取最重要的地物类型来决定相应的栅格单元编码。如图 3-6(b)所示,设 B 类地物为最重要的地物类型,则该矩形区域相应栅格抽样编码为 B。重要性法常用于具有特殊意义且面积相对较小的地理要素,特别是点状、线状地理要素,如城镇、居民点、交通线、河流等,在栅格编码中应尽量表示这些重要地物类型。

(4)长度占优法。每个栅格单元的抽样编码,根据栅格中线(水平或垂直)的全部或主要部分所处面域的属性来确定。

3)通过矢量数据转换获取

将矢量数据转换为栅格数据是获取栅格数据的又一重要途径(具体方法将在 3.4.2 节中讨论)。

4)通过扫描图片获取

利用扫描仪等设备,可将光学模拟图像(如像片等)或纸质图件等提供的资料经 A/D(模/数)转换,形成栅格数据。

3.2　矢量数据模型

3.2.1　矢量数据的组织和存储

矢量数据的组织和存储方式是多种多样的,其存储效率也有一定的差异性,而存储效率的高低主要取决于矢量数据组织方法的优劣和数据压缩方法的优劣。

1. 矢量数据的组织方式

矢量数据组织方式的研究重点在于编码的内容和编码的方式,下面分别对其进行论述。

1)矢量数据的编码基本内容

a. 点实体

点实体是由一对 x,y 坐标定位的地理或制图实体。在矢量数据结构中,除存储点实体的 x,y 坐标外,还应存储其他一些与该点实体相关的属性数据(如描述点实体的类型、制图符号和显示要求等)。点实体矢量编码所包括的内容如图 3-7 所示。

其中,标识码是按一定的原则编码(如顺序编号或内部编码号等),具有唯一性,是联系矢量数据和与其对应的属性数据的关键字。

点是空间上不可再分的地图要素,可以是具体的也可以是抽象的,如地物点、文本位置点或线段网络的结点等。如果点是一个与其他信息无关的符号,则记录时应包括符号类型、大小、方向等有关信息;如果点是文本实体,记录的数据应包括字符大小、字体、排列方式、比例、方向及与其他非图形属性的联系方式等信息(汤国安和赵牡丹,2001)。

b. 线实体

线实体是由两对以上的 x,y 坐标定义的各种线性地图要素。最简单的线实体只存储它的起止点坐标和相关的属性数据。弧、链是多个坐标对的集合,这些坐标可以描述任何连续而又复杂的曲线。线实体主要用来表示线状地图要素(如公路、水系等)、符号线和多边形边界。线实体有时也称为"弧""链""串"等,其矢量编码包括的内容如图 3-8 所示。

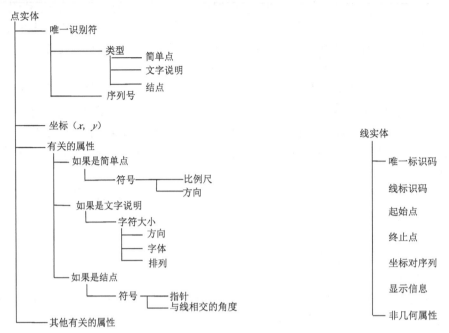

图 3-7　点实体的矢量数据结构(汤国安和赵牡丹, 2001)　　图 3-8　线实体矢量编码结构(汤国安和赵牡丹, 2001)

其中，唯一标识码是内部编码号(系统排列序号)；线标识码用以标识线的类型；起始点和终止点可以用点号或直接用坐标表示；显示信息是显示线的文本、符号等。存储时，可以把一条线的所有 x, y 坐标串存在一起，也可把所有线(链)的 x, y 坐标串单独存放，这时只要给出指向该线(链)坐标串的首地址指针即可。与线相关联的非几何属性可以直接存储在线文件中，也可单独存储并通过标识码连接查找。

c. 面实体

多边形矢量数据是描述地理空间信息的一类重要数据，也是最重要的地图要素之一。具有名称、分类、面域范围及标量属性的地图要素，如行政区、土地利用类型、植被分布等，多用多边形来表示。

对多边形进行矢量编码，不仅要表示几何位置和相关属性，更重要的是能表达多边形的拓扑特征，如形状、邻域和层次结构等，以便使这些基本的制图要素可以作为专题图的资料进行显示和操作。由于要表达的信息十分丰富，且运算过程复杂，因此多边形矢量编码要复杂得多，编码时不但要考虑点实体和线实体的内容，而且要考虑其特性问题：①组成地图的每个多边形应有唯一的形状、周长和面积。这是因为它们不像栅格结构那样具有简单而标准的基本单元，具有完全一样的形状和大小。因此，对多边形矢量数据编码和存储时，尤其是针对各种专题制图(如土地利用图、土壤侵蚀图等)更应考虑其形状、面积和周长的唯一性。②为了满足空间分析和地图综合等处理的要求，多边形矢量数据应建立拓扑关系，如关联、邻接、包含等关系。③专题地图上的多边形并不都是同一等级的多边形，而可能是多边形内嵌套小的多边形(次一级)。例如，湖泊的水涯线在土地利用图上可以构成岛状多边形，而湖中的岛屿为"岛中之岛"。这种"岛"或"洞"的结构是多边形关系中较难处理的问题(汤国安和赵牡丹, 2001)。

2) 矢量数据结构编码的方式

按照功能和方法划分，常用的矢量数据结构编码方式有多边形、索引式、双重独立式及链状双重独立式等，下面分别予以讨论。

a. 多边形矢量编码

一幅地图上可能存在若干多边形，每个多边形由一条或若干条弧段组成，每条弧段由一列有序的 x，y 坐标对组成，每条弧段的两端点为结点，每个节点连接两条以上的弧段。这种编码结构，使边界坐标数据和多边形单元一一对应，各个多边形边界都单独编码和数字化。多边形矢量编码主要用于表示空间图形为多边形的面状要素，每个多边形在数据库中是相互独立、分开存储的。例如，对于图 3-9 所示的多边形 A、B、C、D、E，其中，A 多边形由 3 条弧段组成(a、b 和 h)，其文件编码坐标为：$xA8,yA8$；$xA9,yA9$；$xA1,yA1$；$xA2,yA2$；$xA3,yA3$；$xA4,yA4$；$xA5,yA5$；$xA6,yA6$；$xA7,yA7$；$xA8,yA8$。

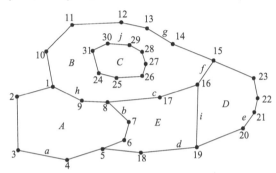

图 3-9　多边形原始数据(汤国安和赵牡丹，2001)

多边形矢量编码具有编码容易、数字化操作简单和数据编排直观等优点。但这种方法也有以下明显缺点：①相邻多边形的公共边界要被数字化和存储两遍，节点在数据库中被多次记录，不仅造成数据冗余，还容易造成数据的不一致，引起严重的匹配误差，可能导致输出的公共边界出现间隙或重叠。②每个多边形自成体系，缺少多边形的邻域信息和图形的拓扑关系。③岛只作为一个单图形，没有建立与外界多边形的联系。④难以检查多边形边界的拓扑关系正确与否，如是否存在间隙、重叠、不完整的多边形(死点)或拓扑学上不能接受的环(奇异多边形)等问题，如图 3-10 所示。因此，多边形编码方式只用在简单的系统中。

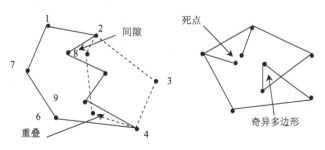

图 3-10　多边形异常

b. 索引式矢量编码

索引式数据结构采用树状索引以减少数据冗余并间接增加了邻域信息。索引式矢量编码的具体方法如下。

第一步，对多边形边界的各个结点进行编号，数字化结点并以编号顺序存储，建立结点数字化坐标文件。

第二步，对多边形边界的各个线段进行编号，由节点与线段号相联系，建立按多边形单元编排的线段点索引文件。

第三步，用线段与多边形相联系，建立多边形线索引文件，形成树状索引结构。

索引式矢量编码的优点在于消除了相邻多边形边界的数据冗余和不一致问题，简化了合并多边形和对复杂边界线等处理的程序，可以解决"岛"或"洞"的编码问题；这种矢量编码方法的缺点在于编码表要人工建立，工作量大且易出错。

对图 3-9 分别进行多边形文件和线文件树状索引，所得索引如图 3-11 和图 3-12 所示。

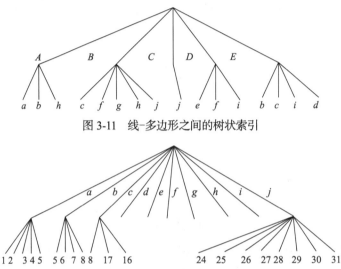

图 3-11　线-多边形之间的树状索引

图 3-12　点-线之间的树状索引

c. 双重独立矢量编码

双重独立矢量编码结构最早是由美国人口普查局研制用来进行人口普查分析和制图的，简称为 DIME（dual independent map encoding）结构或双重独立地图编码。这是一种拓扑编码方法，是把几何量度信息与拓扑逻辑信息结合起来，以城市街道为编码主体的系统。

在 DIME 结构中，文件的基本元素是连接两个结点的一条线段、线段始结点和终结点标识符、伴有这两个结点的坐标及线段两侧的区域代码（左区号和右区号）。其中，结点标识符和结点坐标构成结点坐标文件；结点、线段、多边形间的拓扑关系构成拓扑结构文件；线段通常被认为是直线型的，复杂的曲线由一系列逼近曲线的直线段来表示；结点与结点或者面域与面域之间为邻接关系，而结点与线段或面域与线段之间为关联关系（郭际元等，2004）。

编码时，双重独立结构是对图上网状或面状要素的任何一条线段，用其两端的结点及相邻多边形来定义。例如，对图 3-13 所示的多边形数据，用 DIME 结构编码的结果如表 3-1 所示。

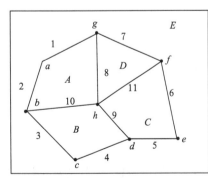

图 3-13　多边形原始数据

表 3-1　DIME 编码

线号	始结点	终结点	左多边形	右多边形
1	a	g	E	A
2	b	a	E	A
3	c	b	E	B
4	d	c	E	B
5	e	d	E	C
6	f	e	E	C
7	g	f	E	D
8	g	h	D	A
9	h	d	C	B
10	h	b	B	A
11	h	f	D	C

利用 DIME 编码方式来组织数据，可以有效地进行数据存储的正确性检查，同时便于对数据进行更新和检索。因为在这种数据结构中，当编码数据经过计算机编辑处理以后，面域单元的第一个始结点应当和最后一个终结点相一致；而且当按照左面域或右面域来自动建立一个指定的区域单元时，其空间点的坐标应当自行闭合，如果不能自行闭合，或者出现多余的线段，则表明数据存储或编码有误，这样就达到数据自动编辑和检查的目的。

d. 链状双重独立编码方式

链状双重独立式数据结构是 DIME 数据结构的一种改进，其特点是将若干直线段合为一个弧段(或链段)，每个弧段可以有许多中间点。

在链状双重独立编码结构中，主要有四个文件：多边形文件、弧段文件、弧段坐标文件和结点文件。其中，多边形文件主要由多边形记录组成，包括多边形号、组成多边形的弧段号，以及周长、面积、中心点坐标和有关"洞"的信息等。多边形文件也可以通过软件自动检索各有关弧段生成，并计算出多边形的周长、面积及中心点的坐标，当多边形中含有"洞"时，则此"洞"的面积为负，并在总面积中减去，其组成的弧段号前也冠以负号。弧段文件主要由弧记录组成，存储弧段的起止结点号和弧段左右多边形号；弧段坐标文件由一系列点的位置坐标组成，一般从数字化过程中获取，数字化的顺序确定了这条链段的方向。结点文件由结点记录组成，存储每个结点的结点号、结点坐标及与该结点连接的弧段。结点文件一般通过软件自动生成，因为在数字化的过程中，由于数字化操作的误差，各弧段在同一结点处的坐标不可能完全一致，因此需要进行匹配处理。当其偏差在允许范围内时，可取同名结点坐标的平均值。如果偏差过大，则弧段需要重新数字化(汤国安和赵牡丹，2001)。

例如，图 3-14 所示的多边形矢量数据，其链状双重独立式数据结构编

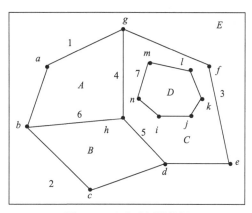

图 3-14　多边形原始数据

码的多边形文件、弧段文件、弧段坐标文件见表 3-2～表 3-4。

表 3-2　多边形文件

多边形号	弧段号	周长	面积	中心点坐标
A	4,6,1			
B	5,2,6			
C	3,5,4,−7			
D	7			

表 3-3　弧段文件

弧段号	始结点	终结点	左多边形	右多边形
1	g	b	E	A
2	d	b	E	B
3	g	d	E	C
4	g	h	C	A
5	h	d	C	B
6	h	b	B	A
7	m	m	C	D

表 3-4　弧段坐标文件

弧段号	结点号
1	g,a,b
2	d,c,b
3	g,f,e,d
4	g,h
5	h,d
6	h,b
7	m,l,k,j,i,n,m

2. 矢量数据的压缩方法

矢量数据在获取和处理(如地图数字化)的过程中，不可避免地会产生一些数据冗余，因此矢量数据压缩的目的是在不破坏拓扑关系的前提下，合理地删除冗余数据，减少数据的存储量，节省存储空间。

下面从曲线的矢量数据压缩和多边形的矢量数据压缩两方面介绍几种常用的矢量数据压缩算法，以及它们之间的异同点。

1) 曲线的矢量数据压缩算法

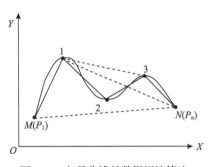

图 3-15　矢量曲线的数据压缩算法

对线状矢量数据压缩时，首先要根据需求和对制图比例尺精度的要求，给定控制数据压缩的限差 ε。ε 表示被舍弃的结点偏离特征点连线之间的垂直距离，一般取值为 0.2mm(若比例尺为 1∶10000，则实际距离为 2m) (吴立新和史文中，2003)。

如图 3-15 所示，经过数据采样得到的曲线 MN，由有序点坐标序列 $P_1(x_1,y_1)$、$P_2(x_2,y_2)$、$P_3(x_3,y_3)$、$\cdots$、$P_n(x_n,y_n)$ 组成。可建立曲线始结点 M 和终结点 N 的直线方程：

$$Ax + By + C = 0 \tag{3-1}$$

并可得到方程的系数 A、B 和 C，分别为

$$A = \frac{y_M - y_N}{\sqrt{(y_M - y_N)^2 + (x_M - x_N)^2}}$$

$$B = \frac{x_M - x_N}{\sqrt{(y_M - y_N)^2 + (x_M - x_N)^2}} \tag{3-2}$$

$$C = \frac{x_M y_N - x_N y_M}{\sqrt{(y_M - y_N)^2 + (x_M - x_N)^2}}$$

根据点到直线的公式，可求得 $P_i(x,y)$ 到弦线 MN 的距离 d_i 和 d_{max}：

$$d_i = |Ax_i + By_i + C|$$
$$d_{max} = \max(d_1, d_2, d_3, \cdots, d_n) \tag{3-3}$$

通过上述计算公式，根据限差 ε 和最大距离 d_{max}，就可以利用一些具体算法进行矢量数据的压缩。目前，使用较为广泛的曲线矢量数据压缩算法主要有道格拉斯-普克法（Douglas-Peucker algorithm，D-P 算法）、垂距限值法和光栏法，此外还有间隔取点法、合并法等。

a. 道格拉斯-普克法

道格拉斯-普克法，又称分裂法。该算法实现的基本思路是：对每一条曲线的首末点虚连一条直线，求其他所有点与该直线的距离，并找出其中的最大距离值 d_{max}，用 d_{max} 与限差 ε 相比：

若 $d_{max} < \varepsilon$，则这条曲线上的中间点全部舍去；

若 $d_{max} \geqslant \varepsilon$，则保留 d_{max} 对应的坐标点，并以该点为界，把曲线分为两部分，对这两部分曲线分别重复上述操作，直至整条曲线处理结束。关于道格拉斯-普克法及其改进算法的详细介绍见本书 4.7.2 节中"2. 改进的 Douglas-Peuker 算法"，本节不再细述。

b. 间隔取点法

间隔取点法的基本思路是：每隔 n 个点取一点，或每隔一规定的距离取一点，但首末点一定要保留。例如，对一曲线每隔一个点（$n=1$）取一点进行压缩，其过程和结果如图 3-16 所示。

从该压缩方式可看出，这种方法的优点是算法简单，可以大量压缩数字化时用连续方法获取的点和通过栅格数据矢量化得到的点，其缺点是不一定能恰当地保留方向上曲率显著变化的点。

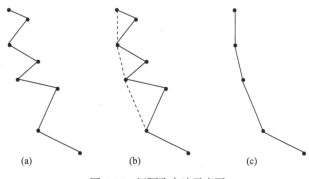

(a)　　　　　　(b)　　　　　　(c)

图 3-16　间隔取点法示意图

c. 垂距限值法

垂距限值法的基本思路是：每次顺序取曲线上的 3 个点，计算中间点与其他两点连线的垂线距离 d_i，并与限差 ε 比较。若 $d_i < \varepsilon$，则中间点去掉；若 $d_i \geqslant \varepsilon$，则中间点保留。然后，顺序取下 3 个点继续处理，直到这条线结束。

这种方法是按垂距的限差选取符合或超过限差的点，其实现过程如图 3-17 所示。P_2、P_5 点的垂距 d_i 小于限差 ε，应舍弃，连接首尾点生成新线；P_4 点的垂距 d_i 大于限差 ε，应保留。

垂距限值法和道格拉斯–普克法压缩效率的比较在 4.7.2 节中有较为详细的论述，可参照学习，这里不再细述。

与间隔取点法相比，垂距法既有较高的压缩效率，又基本保留了曲线的方向变化，且算法简单，容易实现。

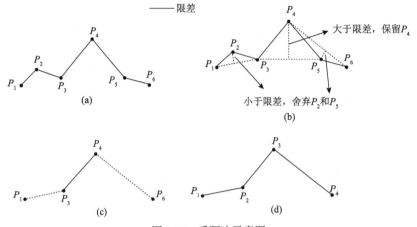

图 3-17　垂距法示意图

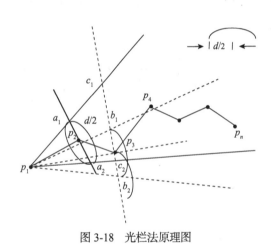

图 3-18　光栏法原理图

d.光栏法

光栏法的基本思想如图 3-18 所示：定义一个扇形区域，通过判断曲线上的点在扇形外还是在扇形内，确定保留还是舍去。设曲线上的点列为 $\{p_i\}$（$i=1,2,\cdots,n$），光栏口径为 d（可根据压缩量的大小自己定义），则光栏法的实施步骤可描述为：

（1）过 p_2 点作一条垂直于 p_1p_2 的直线，在该垂线上取两点 a_1 和 a_2，使 $a_1p_2=a_2p_2=d/2$，此时 a_1 和 a_2 为"光栏"边界点，p_1 与 a_1、p_1 与 a_2 的连线为以 p_1 为顶点的扇形的两条边，这就定义了一个扇形（这个扇形的口朝向曲线的前进方向，边长是任意的）。通过 p_1 点并在扇形内的所有直线都具有这种性质，即 p_1p_2 上各点到这些直线的垂距都不大于 $d/2$。

（2）若 p_3 点在扇形内，则舍去 p_2 点。然后连接 p_1 和 p_3，过 p_3 作 p_1p_3 的垂线，该垂线与前面定义的扇形边交于 c_1 和 c_2。在垂线上找到 b_1 点和 b_2 点，使 $p_3b_1=p_3b_2=d/2$，若 b_1 点或 b_2 点落在原扇形外面，则用 c_1 或 c_2 取代。此时，用 p_1b_1 和 p_1c_2 定义一个新的扇形，这当然是口径（b_1c_2）缩小了的"光栏"。

（3）检查下一节点，若该点在新扇形内，则重复第（2）步；直到发现有一个结点在最新定义的扇形外为止。

（4）当发现在扇形外的结点，如图 3-18 中的 p_4 点，此时保留 p_3 点，以 p_3 作为新起点，重复（1）～（3）。如此继续下去，直到整个点列检测完为止。所有被保留的结点（含首、末点），顺序地构成了简化后的新点列，并可生成新的曲线。

通过对上述几种矢量数据压缩算法的总结和分析,可以看出:判断矢量数据压缩算法优劣的关键在于算法要既能压缩不必要的点位,又能最大限度保持曲线的空间特征(如转折、延伸等)。通过对比可得出:在大多数情况下道格拉斯-普克法的压缩效果较好,但必须在对整条曲线数字化完成后才能进行,且计算量较大;光栏法较复杂,但可在数字化时实时处理,且计算量较小,因此也是一种较好的压缩算法;垂距法和间隔取点法的优点是运算简单,速度快,缺点是可能导致化简后曲线的形状"失真"。

2) 多边形的矢量数据压缩算法

多边形矢量数据的压缩过程可以看成是组成其边界的曲线段的分别压缩,但为了不破坏多边形矢量数据的封闭性和拓扑关系,在数据压缩过程中,应注意两个问题。

a. 多边形封闭边界的数据压缩

多边形由首尾相连的封闭曲线组成,此时,可以人为地将该封闭线分割为首尾相连的两段曲线,然后按曲线压缩的方法进行压缩。曲线分割的原则是(吴立新和史文中,2003):①原结点是分割点之一;②离原节点最远的下一结点是分割点之二。

如图 3-19 所示,多边形 P 的边界曲线由从结点 A 出发的曲线封闭而成。其中,曲线上 B 点离结点 A 最远,因而多边形 P 的边界曲线可以分割为 AMB 和 BNA 两段,然后根据曲线压缩算法分别进行曲线压缩。

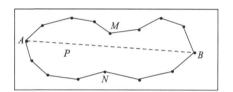

图 3-19　多边形矢量数据压缩过程

b. 公共结点的取舍问题

对多边形的边界曲线分段压缩时,各段曲线的起点必然作为特征点提取出来,由此可能产生数据冗余。如图 3-20 所示,当前后曲线段 AB 和 BC 过渡很平缓时,曲线段的公共结点 B 可以不成为特征点,即该点前后的两段曲线可以直接用该点前后的两个特征点 1 和 2 的连线来代替。

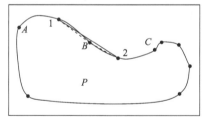

图 3-20　曲线段公共节点的取舍

由此,在处理多边形矢量数据压缩时,可以在边界曲线分段压缩的基础上,增加一个步骤,即对边界曲线的端点进行可删性检验。检查的原则为:①如果前一曲线最后提取的中间特征点与后一曲线最先提取的中间特征点之间的曲线满足限差控制条件,则两条曲线的连接点可以删减;②否则,不可删减。

由于各段边界曲线的数据文件要重新生成,所以当两段曲线的公共结点删减之后,相当于两条曲线合并为一条曲线。此时可能会破坏拓扑关系,因此在处理公共结点的取舍时要慎重,应该对此加以限制。

3.2.2　无拓扑关系的矢量数据模型

无拓扑关系的矢量数据模型,又称面条数据模型,是指在表达和组织空间数据时,只记录空间对象的位置信息和属性信息,而不记录其拓扑关系的数据组织方式。使用无拓扑关系矢量数据的主要优点是能比拓扑数据更快速地在计算机屏幕上显示出来。

目前,无拓扑数据格式已经成为标准格式之一,即非专有数据格式,并在一些通用 GIS

软件(如 ArcGIS、MapInfo 等)中得到实际应用。例如，对等高线、等值线、等势线等各种抽象数据表达和组织时，无拓扑关系的矢量数据模型具有其他数据模型无法比拟的效果。

无拓扑关系的矢量数据模型有两种实现方式：一种是用点、线、面对象分别记录其坐标对；另一种是用一个文件记录点坐标对(称为坐标文件)，而线、面由点号组成(吴立新和史文中，2003)。

如图 3-21 所示，对两种方式进行比较。第一种方式，简单易行，每个空间对象的坐标均独立存储，不顾及相邻的点、线和面状对象。如此将导致除边界线以外的所有公共边均要存储两次，所有公共结点均要存储两次以上。因此，这种方式将造成数据冗余，并产生数据裂缝、数据重叠和点位不重合等问题。第二种方法，由于所有的点号及其点位坐标均在坐标数据文件中记录且只记录一次，而线、面对象仅记录组成它的点号序列。因此，既避免了数据冗余，也不会引起数据裂缝和重叠，更没有点位不重合的可能，是比较好的实现方法，但相对复杂一些。

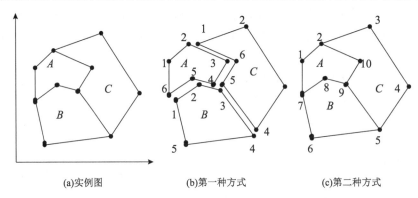

(a)实例图　　　　　　　(b)第一种方式　　　　　　(c)第二种方式

图 3-21　无拓扑矢量数据的两种存储方式比较

例如，利用图 3-21 所示的两种存储方式分别对多边形进行记录，详情如表 3-5～表 3-7 所示。其中，表 3-5 是对应第一种方式的数据记录；表 3-6 和表 3-7 是对应第二种方式的数据记录。

表 3-5　多边形数据文件

多边形 ID	多边形用户编码	边界坐标对	
A	P101	2.0 6.0 …	15.0 17.0 …
B	P102	3.0 6.5 …	8.5 10.5 …
C	P103	7.5 15.0 …	17.0 19.5 …

表 3-6　点位坐标文件

点号	坐标对(x,y)	
1	2.0	15.0
2	6.0	17.0
3	11.0	13.5
…	…	…

表 3-7　多边形文件

多边形 ID	多边形用户编码	边界点串
A	P101	1,2,10,9,8,7,1
B	P102	7,8,9,5,6,7
C	P103	2,3,4,5,9,10,2

3.2.3　有拓扑关系的矢量数据模型

1. 矢量数据的拓扑关系

1）拓扑关系的概念

拓扑关系是一种对空间结构关系进行明确定义的数学方法，是指图形在保持连续状态下变形，但图形关系不变的性质。点（结点）、线（链、弧段、边）、面（多边形）是表示空间拓扑关系最基本的拓扑元素。

能够表达拓扑关系的矢量数据结构就是拓扑数据结构。拓扑数据结构的表示方式没有固定的格式，但基本原理是相同的。拓扑数据结构对于空间分析、地图综合等智能化程度较高的空间运算不可或缺。目前，常用的地图制图和地理信息系统软件（如 ArcInfo、System9 等），基本都具备处理拓扑关系的能力。

2）拓扑关系分类

拓扑关系常用的类型有拓扑关联、拓扑邻接、拓扑包含和拓扑相邻。在图形分析和地图综合等应用功能中，还可能导出其他拓扑关系，如连通关系、相离关系、几何关系、拓扑元素之间的距离关系及层次关系等。点、线、面间常见的拓扑关系如图 3-22 所示。下面重点介绍拓扑关联、邻接和包含三种拓扑关系。

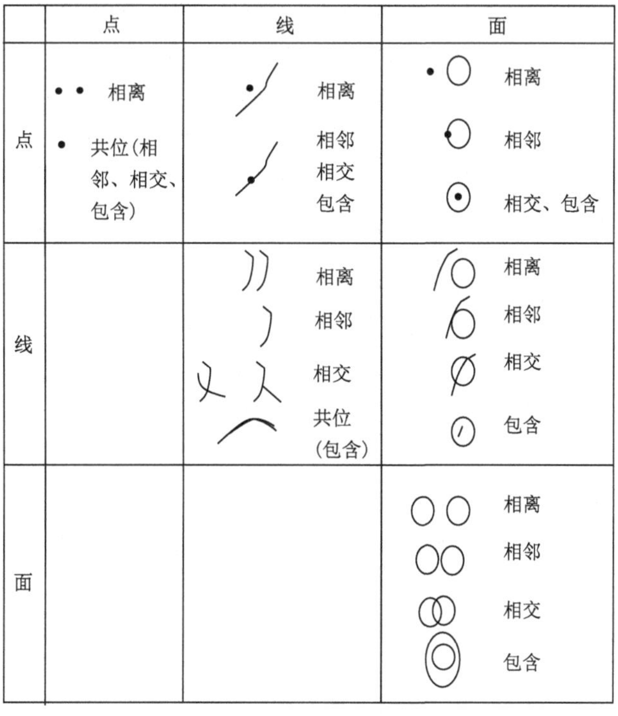

图 3-22　点、线、面间的拓扑关系

（1）拓扑关联是指存在于空间图形的不同类元素之间的拓扑关系，如结点与链、链与多边形等。如图 3-23 所示，结点与弧段关联关系有 N_1 与 L_1、L_3、L_6 和 N_2 与 L_1、L_2、L_5 等，多边形与弧段关联关系有 P_1 与 L_1、L_5、L_6 和 P_2 与 L_2、L_4、L_5 等。

（2）拓扑邻接是指存在于空间图形的同类元素之间的拓扑关系，如结点与结点、链与链、面与面等。邻接关系是借助于不同类型的拓扑元素描述的，如面通过链而邻接。如图 3-23 所示，结点邻接关系有 N_1 与 N_4、N_1 与 N_2 等；多边形邻接关系有 P_1 与 P_3、P_2 与 P_3 等。

（3）拓扑包含是指存在于空间图形的同维不同级元素之间的拓扑关系。如图 3-24 所示，P_1 包含了 P_4，P_2 包含了 P_5。

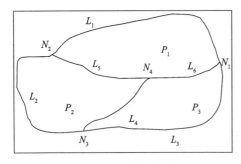

图 3-23　拓扑关联和邻接关系

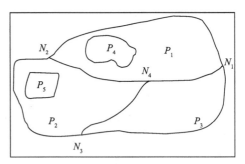

图 3-24　拓扑包含关系

3）建立拓扑关系的意义

矢量拓扑关系的建立，对于地图制图、地图综合和空间分析等应用具有重要的意义，这是因为：①拓扑关系能清楚地反映制图要素之间的逻辑结构关系，它比几何关系具有更大的稳定性，不随地图投影而变化。②有助于空间要素的查询、检索，并可利用拓扑关系来解决许多实际问题，如邻接多边形的研究和供水管网监测系统对故障阀门的查询等。③根据拓扑关系可重建地图要素，如根据弧段构建多边形，实现面域的选取；根据弧段与结点的关联关系重建道路网络，并进行最佳路径选择等。拓扑关系的重建过程如图 3-25 所示。

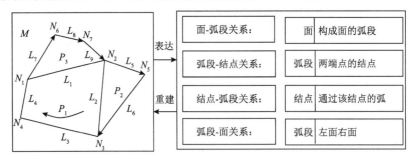

图 3-25　拓扑关系的表达和重建

2.矢量数据拓扑关系的表示

目前在地图制图、地图综合及空间分析等处理中，拓扑关系的表示方法不尽一致。但主要表现为面-链关系、链-结点关系、结点-链关系和链-面四种拓扑关系。作为最基本的拓扑关系，拓扑关联关系一直是应用和研究的重点，它有两种表达方式，即全显式表达和半隐含式表达。

1）全显式表达

全显式表达是指结点、弧段、面域之间的所有拓扑关联关系都用关系表表达出来。如图

3-26 所示区域，其从上到下（由图区、面域、弧段到结点）的组成关系如图 3-27 所示。

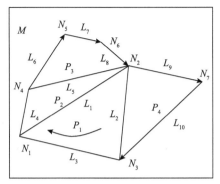

图 3-26　矢量地图实例

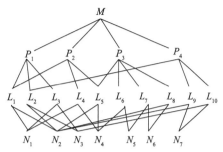

图 3-27　结点–弧段–面域的拓扑关联关系

图 3-27 中研究区域的结点–弧段–面域的拓扑关联关系可以用表 3-8～表 3-12 完全描述出来。

表 3-8　面域–弧段的拓扑关联关系 $p=p(L)$

面域	弧段
P_1	L_1, L_2, L_3
P_2	L_1, L_4, L_5
P_3	L_5, L_6, L_7, L_8
P_4	L_2, L_9, L_{10}

表 3-9　弧段–结点的拓扑关联关系

弧段	起结点	终结点
L_1	N_1	N_2
L_2	N_2	N_3
L_3	N_3	N_1
L_4	N_1	N_4
L_5	N_2	N_4
L_6	N_4	N_5
L_7	N_5	N_6
L_8	N_6	N_2
L_9	N_2	N_7
L_{10}	N_7	N_3

表 3-10　结点–弧段的拓扑关联关系

结点	弧段
N_1	L_1, L_3, L_4
N_2	L_1, L_2, L_5, L_8, L_9
N_3	L_2, L_3, L_{10}
N_4	L_4, L_5, L_6
N_5	L_6, L_7
N_6	L_7, L_8
N_7	L_9, L_{10}

表 3-11　弧段–面域的拓扑关联关系

弧段	左面域	右面域
L_1	P_2	P_1
L_2	P_4	P_1
L_3	M	P_1
L_4	M	P_2
L_5	P_2	P_3
L_6	M	P_3
L_7	M	P_3
L_8	M	P_3
L_9	M	P_4
L_{10}	M	P_4

表 3-12　弧段–结点–面域的拓扑关联关系

弧段	起结点	终结点	左面域	右面域
L_1	N_1	N_2	P_2	P_1
L_2	N_2	N_3	P_4	P_1
L_3	N_3	N_1	M	P_1
L_4	N_1	N_4	M	P_2
L_5	N_2	N_4	P_2	P_3
L_6	N_4	N_5	M	P_3
L_7	N_5	N_6	M	P_3
L_8	N_6	N_2	M	P_3
L_9	N_2	N_7	M	P_4
L_{10}	N_7	N_3	M	P_4

其中，表 3-8 和表 3-9 描述了从上到下的拓扑关联关系，表 3-10 和表 3-11 则描述了从下到上的拓扑关联关系。由表 3-8～表 3-11 可见，这些表并没有包括点与面、面与点的直接关联，这种关系是以边线为桥梁间接建立的。由于表 3-9 和表 3-11 均与弧段有关，ArcGIS 通常将这两个表合并在一起，形成表 3-12 的形式。

2) 半隐含式表达

如果仅用前面的部分表格来表达空间对象的拓扑关联关系，则称为半隐含式表达 (龚健雅，1993)。例如，System9 仅用表 3-8 和表 3-9 表达从上到下的拓扑关联关系，其他关系由这两个表隐含表达，需要时再建立临时的关系表 (吴立新和史文中，2003)。

3.3　栅格数据模型

3.3.1　栅格数据的组织

空间对象具有多维结构，而栅格结构中赋予每一个栅格的属性值是唯一的，这就要用多个栅格数据层来描述各种信息。通常的解决办法是采用一组笛卡儿平面网格来分层描述空间对象的属性。笛卡儿平面，实际是一个二维数组，数组中的一个元素对应现实世界中的某一栅格单元的一项属性值。

在笛卡儿平面网格中，物体的属性用像元的取值表示。同一像元要表示多重属性的事物就要用多个笛卡儿平面网格，每个笛卡儿平面网格表示一种属性或同一属性的不同特征，这种平面称为层。现实世界按专题的内容分层表示。

1. 栅格数据组织方式

在数据库中，合理地组织这些栅格层数据以达到最优存储，占用空间最小，存取效率最高是栅格数据研究的重点问题之一。目前，采用较多的栅格数据组织方式是设定在笛卡儿平面网格中每层像元的位置一一对应，则采用基于像元、基于层和基于面域三种基本方式实现数据的组织 (图 3-28)。

(1) 基于像元：以像元作为独立存储单元，每一个像元对应一条记录，每条记录中的记录内容包括像元坐标及其各类属性值的编码。不同层上同一像元位置上的各属性值表示为一个列数组。由于栅格层数很多，N 层中只记录一层的像元位置，因而这种方式节约了大量的存储空间。

(2) 基于层：以层作为存储基础，层中又以像元为序记录其坐标和对应该层的属性值编码，一层记录完后再记录第二层。这种方式结构最简单，但需要的存储空间大。

(3)基于面域：以层作为存储基础，层中再以面域为单元进行记录，记录内容包括面域编号、面域对应层的属性值编码、面域中所有像元的坐标。

2. 栅格数据组织顺序

在无压缩情况下，栅格数据通常按直接编码顺序进行组织。这种编码方法具有简单、直观的特点，利用这种编码组织生成的图像文件称为网络文件或栅格文件。直接编码，是指将栅格数据看成一个数据矩阵，逐行(或逐列)逐个记录各栅格的代码，可以是每行均从左到右逐个记录，也可以是奇数行从左到右而偶数行从右到左逐个记录。另外，栅格结构不论采用何种压缩方法，其逻辑原型都是直接编码的网格文件。有时，针对特定的对象或为了特定目的，可以选用不同的记录顺序。图 3-29 列举了几种常用的组织顺序。

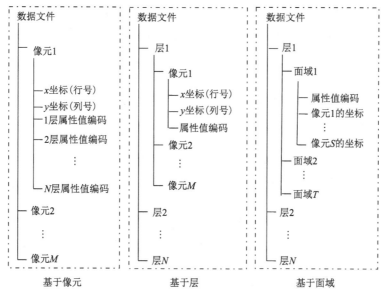

图 3-28 栅格数据结构的数据组织方式

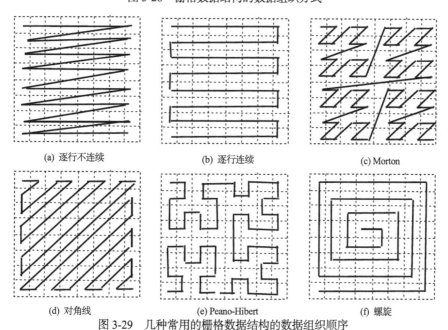

图 3-29 几种常用的栅格数据结构的数据组织顺序

3.3.2　栅格数据的存储

为了进一步处理、传输和保存，栅格数据必须以一定的格式存储到各种存储介质中去。目前比较常用的存储介质主要有光盘和数字缩微胶片。其中，光盘较普及，这是由于其使用方便、存储量大、耐用，且便于长时间保存和携带。存储光盘主要有三种类型：CD-ROM、WORM 和 RWM。CD-ROM 是只读性存储盘，WORM 是一写多读盘，RWM 是多次读写盘。

栅格数据的存储单元有行或“砌块”两种。行与扫描数据的产生方式相一致，而砌块更符合制图学中的面状作业。这两种存储单元是连续存放在存储介质上的，其存储的格式主要有以下几种。

1. 栅格矩阵格式

栅格矩阵编码格式是一种非压缩性的全栅格阵列的栅格数据组织形式。它顺序存放每个像元的灰度值，以构成一个栅格矩阵。这种栅格结构编码方法简单、直观而又非常重要，通常称这种编码生成的文件为图像文件或栅格文件。编码时，将栅格数据看作一个数据矩阵，逐行（或逐列）逐个记录代码，可以每行都从左到右逐像元记录，也可奇数行从左到右，而偶数行由右向左记录，为了特定目的还可采用其他特殊的顺序。

如图 3-30 所示，一个面域矩阵，在计算机内是一个 4×4 阶的矩阵。存储时，通常以左上角开始逐行逐列存储，其编码为 1 1 2 2 1 3 2 2 3 3 3 2 3 2 2 2。若矩阵中的每个像元用一个双字节来存储，则一个图层的栅格矩阵需要的存储空间应为 m（行）×n（列）×2（字节），如该栅格矩阵需要 32 个字节来存储。

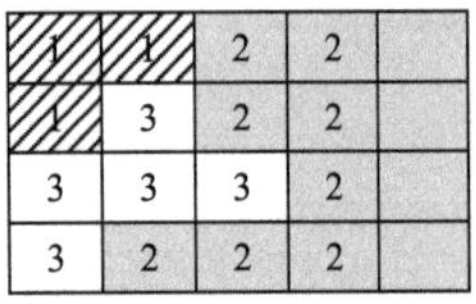

图 3-30　栅格矩阵格式

采用栅格矩阵存储时，一个文件可以存储一层的信息，也可以在一个文件中存储多层信息，或者多层采用多个文件方式存储。

栅格矩阵格式存储的优点是行或砌块在磁盘上是等长的，因此容易计算和检索，且这种非压缩的存储格式便于计算机利用各种算法进行处理；其缺点是需要大量的存储位置，尤其对于高分辨率图形、图像，其所需存储空间呈几何级数递增。

2. 游程编码格式

游程指相邻同值网格的数量，游程编码结构是逐行将相邻同值的网格合并，并记录合并后网格的值及合并网格的长度，其目的是压缩栅格数据量，消除数据冗余（黄杏元和马劲松，2001）。

游程编码格式的基本思路是：对于一幅栅格图像，常常有行（或列）方向上相邻的若干点具有相同的属性代码，因而可采取某种方法压缩那些重复的记录内容。其编码方案是，只在各行（或列）数据的代码发生变化时依次记录该代码及相同代码重复的个数，从而实现数据的压缩。

2	2	5	5
2	7	5	5
7	7	7	5
5	5	5	5

二元映射 →

序号	二元组序列
1	(2，2)
2	(5，2)
3	(2，1)
4	(7，1)
5	(5，2)
6	(7，3)
7	(5，5)

图 3-31　游程编码表示栅格矩阵数据（黄杏元和马劲松，2001）

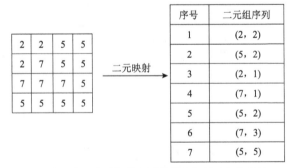

如图 3-31 所示，将栅格矩阵格式沿行方向转换为游程编码格式。

综上所述，游程编码格式的压缩比与图的复杂程度成反比，图件越复杂，变化的游程数就少，压缩效率就越低；反之，图件越简单，压缩效率就越高。

游程编码格式的优点在于：①在"多对一"的结构，即许多像元同属一个地理属性值的情况下，极大地提高了编码效率；②在栅格加密时，数据量没有明显增加，但压缩效率较高；③易于检索、叠加、合并等操作。

游程编码格式的缺点在于：计算期间的处理和制图输出处理工作量都有所增加。

3. 四叉树编码格式

四叉树又称四元树或四分树，是最有效的栅格数据压缩编码方法之一。绝大部分图形操作和运算都可以直接在四叉树结构上实现，因此四叉树编码方式既压缩了数据量，又极大地提高了图形操作效率。

四叉树编码的基本思想是将一幅栅格地图或图像等分为四部分。逐块检查其格网属性值（或灰度）。如果某个子区的所有格网值都具有相同的值，则这个子区就不再继续分割，否则还要把这个子区再分割成 4 个子区。这样依次地分割，直到每个子块都只含有相同的属性值或灰度为止（汤国安和赵牡丹，2001）。

根据四叉树结构的分割思想，对图 3-32（a）进行四叉树分割，结果如图 3-32（b）所示。

对分割后的四叉树编码图 3-32（b）用树结构表示，如图 3-33 所示。其中，4 个等分区称为 4 个子象限，按左上（NW）、右上（NE）、左下（SW），右下（SE）分布。

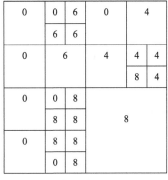

(a) 原始栅格图像　　　　　　　　(b) 四叉树编码图

图 3-32　四叉树分割过程及关系

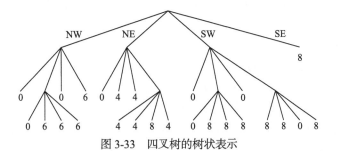

图 3-33　四叉树的树状表示

由图形的四叉树分解可见，四叉树中象限的尺寸是大小不一的，位于较高层次的象限较大，深度小即分解次数少，而低层次上的象限较小，深度大即分解次数多，这反映了图上某些位置单一地物分布较广，而另一些位置上的地物比较复杂，变化大。正是由于四叉树编码能够自动地依照图形变化而调整象限尺寸，因此它具有极高的压缩效率（邬伦等，2002）。

四叉树编码法的优点是：①可简单、有效地计算多边形的数量特征；②阵列各部分的分辨率是可变的，边界复杂部分四叉树较高即分级多，分辨率也高，而不需表示许多细节的部分则分级少，分辨率低，因而既可精确表示图形结构，又可减少存储量；③栅格到四叉树及四叉树到简单栅格结构的转换比其他压缩方法容易；④多边形中嵌套异类小多边形的表示较方便。

四叉树编码的最大缺点是转换的不定性，用同一形状和大小的多边形可能得出多种不同的四叉树结构，所以不利于形状分析和模式识别。但它允许多边形中嵌套多边形即"洞"的这种结构存在，使越来越多的应用和研究人员都对四叉树结构感兴趣。

另外，四叉树结构按其编码的方法不同又分为常规四叉树和线性四叉树等几种存储结构。

1) 常规四叉树

常规四叉树是指除了记录叶结点之外，还要记录中间结点，结点之间借助指针联系，且每个结点需要用 6 个量表达：4 个叶结点指针，1 个父结点指针和 1 个结点的属性或灰度值，如图 3-34 所示。

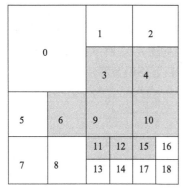 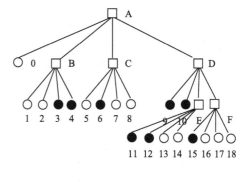

(a) 象限分裂与顺序编码　　　　　　(b) 倒挂四叉树：□ 灰结点　○ 白结点　● 黑结点

图 3-34　规则四叉树结构(吴立新和史文中，2003)

这种类型的四叉树，正是早期将四叉树用于图形显示或是图像处理时采用的方式，虽然十分自然，容易被人接受，但其最大的问题是指针的使用不仅增加了数据储存量，还增加了操作的复杂性。假定每个指针要用两个字节表示，而结点的描述用一个字节，那么存放指针要花费大量的存储空间。因此，这种方式在存储空间的使用率方面是很理想的。常规四叉树可以在数据索引和图幅索引等方面应用。

2) 线性四叉树

线性四叉树是指将四叉树转换成一个线性表，表的每个元素与一个结点相对应，结点之间的层次关系在元素中描述，即线性四叉树只存储最后叶结点的信息，包括叶结点的位置、深度和本结点的属性或灰度值，由深度可推知子区的大小。

线性四叉树叶结点的编号需要遵循一定的规则，这种编号称为地址码，它隐含了叶结点的位置和深度信息。最常用的地址码是四进制或十进制的 Morton 码。

基于四进制的 Morton 码是用 0、1、2、3 共 4 个数字来表示每次分裂后产生左上、右上、左下、右下四象限的标号。在逐级分割过程中，标号的位数不断增加，即每分割一次，标号就增加一位。分割的次数越多，所得到的子区就越小，标号的位数也就越长。所得到的标号，即为任意结点的基于四进制表示的 Morton 码，表示为 MQ。MQ 的生成和四叉树的建立有两种不同的方案：一是自上而下分裂产生四叉树的过程中自动产生 Morton 码；二是先计算每个网格的 Morton 码，然后按一定的扫描方式自下而上合并建立四叉树(吴立新和史文中，2003)。

比较而言，自上而下的四进制四叉树编码法压缩效率高，但需重复检查栅格，从而造成运算效率随地物要素复杂度增加而不断降低。自下而上的合并法仅对少数大块检测多次，对大部分基本栅格仅检测一次，所以该方法不但压缩效率高，且运算效率也优于前者。

由于基于四进制的 Morton 码及线性四叉树的建立方法需要开销大量的内外存，采用自下而上的编码法，事先排序会花费大量的时间，而且大多数高级语言并不支持四进制变量（虽然可以用十进制长整型来表示 Morton 码，但很浪费）。所以基于四进制的 Morton 码及四叉树的建立方法并不实用。因此，实际较为广泛采用的是基于十进制的 Morton 码作为线性四叉树的地址码，并使用自下而上的方法建立四叉树。这样，合并过程直接可以按自然数的顺序进行扫描，既省去了排序的过程，又不用记录地址码和深度值，从而节约了存储空间和提高了运算效率。

图 3-35 是基于十进制 Morton 码 MD 的栅格图像分裂和编码实例。其中，合并后子块的 MD 是该子块的起始的 MD，即该子块所有栅格的最小 MD。

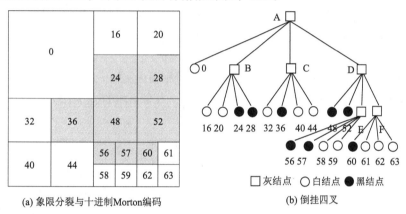

(a) 象限分裂与十进制Morton编码   (b) 倒挂四叉

图 3-35 基于十进制 Morton 码的线性四叉树结构(吴立新和史文中，2003)

比较而言，基于十进制 Morton 码的编码方法相对于基于层的栅格存储方法，其压缩率大于70%，因此是一种有效的存储和压缩编码方法。

4. 块式编码

块式编码是将行程编码扩大到二维的情况。该方法的基本原理是：把多边形范围划分成由像元组成的正方形，然后对各个正方形进行编码。块式编码数据结构中包括 3 个内容：块的初始位置（原点坐标，即块的中心或块的左下角像元的行、列号）、块的大小（块包括的像元数）和记录单元的代码。以图 3-36 为例说明对栅格地图进行块式编码的方法，其块式编码如下：

(1,1,2,4)，(1,3,1,3)，(1,4,1,4)，(1,5,3,3)；
(1,8,1,4)，(2,3,1,3)，(2,4,1,3)，(2,8,1,4)；(3,1,1,1)，
(3,2,1,3)，(3,3,2,1)，(3,8,1,3)；(4,1,1,1)，(4,2,1,1)，
(4,5,1,3)，(4,6,1,2)；(4,7,2,2)，(5,1,4,1)，(5,5,1,3)，
(5,6,1,2)；(6,5,1,2)，(6,6,3,2)，(7,5,1,1)，(8,5,1,3)。

块式编码对大而简单的多边形更有效，但对那些碎部仅比像元大几倍的复杂多边形效果并不好；对多边形之间求并及求交都方便；探测多边形的延

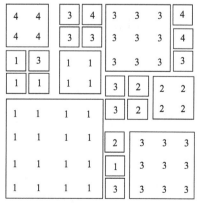

图 3-36 块式编码示意图

伸特征也较容易。其缺点是对有些运算不适应，必须再转换成简单栅格数据形式才能顺利进行。

5. 链式编码格式

链式编码又称为弗里曼链码(Freeman，1961)或边界链码。链式编码主要是记录线状地物和面状地物的边界。它把线状地物和面状地物的边界表示为由某一原点开始并按某些基本方向确定的单位矢量链。基本方向可定义为：东＝0，东南＝1，南＝2，西南＝3，西＝4，西北＝5，北＝6，东北＝7等8个基本方向，如图3-37所示。

例如，对于图3-38所示的线状地物确定其起始点为像元(1，4)，则其链式编码为：1，4，3，1，2，3，2，3。对于图3-38所示的面状地物，假设其起始点像元坐标为(2，7)，则该多边形边界按顺时针方向的链式编码为：2，7，2，2，2，3，5，6，6，7，0。

链式编码的前两个数字表示起点的行、列数，从第3个数字开始的每个数字表示单位矢量的方向，8个方向以0～7的整数代表。

综上所述，链式编码的优点是：对于线状和多边形的表示具有很强的数据压缩能力，且具有一定的运算功能，如面积和周长计算等，探测边界急弯和凹进部分等都比较容易，因此比较适于存储图形数据。

链式编码的缺点是：对叠置运算如组合、相交等则很难实施，对局部修改将改变整体结构，效率较低，而且由于链码以每个区域为单位存储边界，相邻区域的边界则被重复存储而产生冗余。

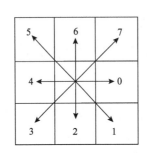 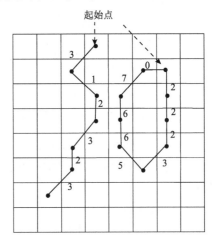

图3-37　链式编码的方向代码　　　　　图3-38　链式编码示意图

另外，用于栅格数据存储的格式还有矢量格式编码和骨架图编码等。

3.4　矢量栅格格式转换

3.4.1　矢量-栅格数据转换的意义

栅格数据结构和矢量数据结构是计算机地图制图及空间信息系统领域里模拟地理信息的截然不同的两种数据组织方法。由前面相关章节的论述可知，栅格数据模型和矢量数据模型各有优缺点。

矢量数据结构是人们最熟悉的图形组织和表达形式。其优点是：对于线划地图来说，用矢量数据记录往往比用栅格数据节省存储空间；在一些特定(如线网络和多边形网络等)的处理中，只有矢量数据结构才能实现。例如，矢量结构更有利于网络分析(交通网，供、排水网，煤气管道，电缆等)和制图应用；矢量数据结构表示的数据具有精度高、可附加属性信息、便于产生各个独立的制图物体、便于存储各图形元素(点、线、面)的关系信息等优点。但是，矢量数据结构在某些特定形式的处理中，如多边形的叠置、空间均值处理和空间分析等运算中难以实现。

栅格数据结构是一种影像数据结构，用一定的分解力将制图表像作行、列划分，从而得到离散的基本像元，并以像元的集合来表示制图物体。其优点是：与制图物体的空间分布特征有着简单、直观而严格的对应关系；对于制图物体空间位置的可探性强，并为应用机器视觉提供了可能性；对于探测物体之间的位置关系，栅格数据最为便捷；在许多情况下(如计算多边形周长、面积等)，使用栅格结构更为有效、快速。但是，栅格数据结构需要大量的计算机内存来存储和处理地理数据，才能达到与矢量数据结构相同的空间分辨率，且输出的专题地图既不美观也不够精确。

栅格数据结构和矢量数据结构都有一定的优点和局限性，因此二者同时存在，不能相互代替。栅格数据结构和矢量数据结构的详细比较见表 3-13。

表 3-13　栅格、矢量数据结构比较

比较内容	矢量格式	栅格格式
数据量	数据量小	数据量大
图形精度	精度高	精度低
空间分析	多边形内的空间分析不易实现	各类空间分析易执行
数据结构	数据结构复杂	数据结构简单
图形输出	较贵，但输出图形美观、精确	地图输出不精美
数学模拟	困难	方便
图形运算	复杂、高效	简单、低效
更新、综合	容易实现，信息损失少，但多边形叠置方法难以实现	费用高，且信息损失较大，但空间数据的叠置和组合容易实现
拓扑和网络分析	容易实现	不易实现
编码	编码容易	难以实现
输出	只能在矢量式绘图仪上输出	只能在栅格式绘图仪上输出

由此可见，为了便于某些处理，有必要进行两种数据的相互转换。到目前为止，有关学者和研究人员在这两类数据结构的相互转换技术上进行了许多卓有成效的工作，而且已开发出用于栅格数据结构和矢量数据结构相互转换的软件。

从矢量到栅格的转换简单易行，已有许多成熟的算法可以完成这种转换，其操作步骤简单，部分可自动完成。从栅格到矢量的转换也容易理解，但具体算法要复杂得多，因为该转换过程必然包括"识别""细化"等复杂的处理过程。

两种数据结构的相互转换，可大大提高制图软件和数据的通用性。近年来，已有 IT 公司在尝试用一个软件同时实现栅格和矢量两种模型，以方便用户使用。

3.4.2　矢量数据转换成栅格数据

矢量数据转换为栅格数据的过程有时也称为数据的格式变换。下面从点、线和面三个方面详细介绍矢量数据转换为栅格数据的实现算法。

1. 点的栅格化

在矢量数据中，点的坐标用 X、Y 来表示，而在栅格数据中，像元的行、列号用 I、J 来表示（徐庆荣等，1993）。因此点的变换十分简单，只要这个点落在那个网格中就属于那个网格元素。将点的矢量坐标 X、Y 换算为栅格行、列号即可。如图 3-39 所示，设 O 为矢量数据的坐标原点，$O'(X_0, Y_0)$ 为栅格数据的坐标原点。格网的行平行于 X 轴，格网的列平行于 Y 轴。则制图要素的任一点 P，该点在矢量和栅格数据中可分别表示为 (X, Y) 和 (I, J)。二者之间的转换公式如下：

$$I = 1 + \left[\frac{Y_0 - Y}{D_Y} \right]$$
$$J = 1 + \left[\frac{X - X_0}{D_X} \right]$$

(3-4)

式中，D_X、D_Y 为一个栅格的宽和高，当栅格通常为正方形时，$D_X = D_Y$；[]表示取整。

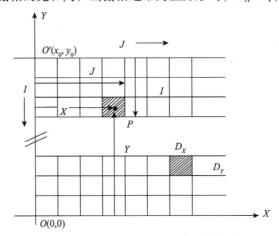

图 3-39　矢量数据点转换为栅格数据点

2. 线段的栅格化

矢量数据中，曲线在数字化时输入多个点，形成折线，由于点多而密集，折线在视觉上就形成曲线，也就是说，曲线是由折线逼近形成的。因为相邻两点之间是直线，因此只要说明了一条直线段如何被栅格化，对任何线段的栅格化过程也就清楚了。图 3-40 说明了线划栅格化的三种不同方法，即八方向栅格化、全路径栅格化及恒密度栅格化。

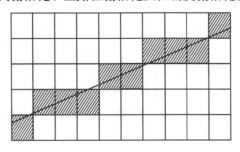

(a) 八方向栅格化

图 3-40　线划栅格划的方法（徐庆荣等，1993）

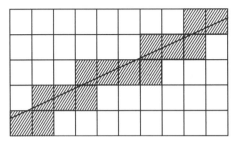
(b) 全路径栅格化

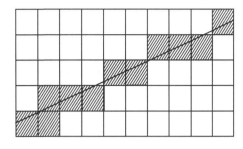
(c) 恒密度栅格化

图 3-40(续)

1) 八方向栅格化

八方向是指每一个像元都有 8 个邻元，即东、西、南、北 4 个正方向上的邻元和东南、东北、西南及西北 4 个对角线方向上的邻元，与此对应的 8 个方向即为八方向。

八方向栅格化是指根据矢量的倾角情况，在每行或每列上，只有一个像元被"涂黑"（赋予不同于背景的灰度值）。其特点是在保持八方向连通的前提下，栅格影像看起来最细，不同线划间最不易"粘连"（徐庆荣等，1993）。

首先，按照点的栅格化的方法，确定每相邻两个结点 1 和结点 2 所在的一组栅格的行、列值，并将它们"涂黑"。然后求出这两个结点位置的行数差和列数差。如图 3-41 所示，若行差大于列差，则逐行进行，否则逐列求出本行中心线与过这两个结点的直线交点：

$$\begin{cases} Y = Y_{中心线} & \text{逐行} \\ X = (Y - Y_1) \cdot b + X_1 \\ X = X_{中心线} & \text{逐列} \\ Y = (X - X_1) \cdot b' + Y_1 \end{cases} \tag{3-5}$$

式中，$b = \dfrac{X_2 - X_1}{Y_2 - Y_1}$，$b' = \dfrac{Y_2 - Y_1}{X_2 - X_1}$。

这里，之所以要分两种情况处理，是为了使所产生的被"涂黑"的栅格均相互连通，避免线划的间断现象。

2) 全路径栅格化

全路径栅格化是指依据"分带法"，按行计算起始列号和终止列号(或按列计算起始行号和终止行号)。

如图 3-42 所示，O 为矢量坐标的原点，m 为像元边长，a 为倾角，基于矢量点 1、点 2 的坐标和倾角 a，可在带内计算出行或列的值。当行差大于列差时，计算列值；当行差小于列差时，计算行值。图 3-42 中，行差大于列差 $(|X_2-X_1|>|Y_2-Y_1|)$，计算列值，若当前行为第 i 行时，计算公式如下：

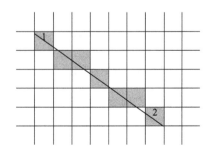

图 3-41　一条线段的八方向栅格化

$$\text{计算倾角 } a：\tan a = \frac{Y_2 - Y_1}{X_2 - X_1} \tag{3-6a}$$

$$\text{起始列值：} j = \left[\left(\frac{Y_0 - (i-1) \cdot m - Y_1}{\tan a} + X_1 - X_0 \right) / m \right] + 1 \tag{3-6b}$$

$$\text{终止列值：} j = \left[\left(\frac{Y_0 - i \cdot m - Y_1}{\tan a} + X_1 - X_0 \right) / m \right] + 1 \tag{3-6c}$$

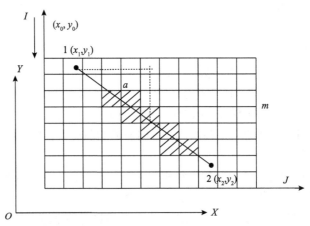

图 3-42　用分带法进行矢量向栅格转换

当要以任何方向探测栅格影像的存在或者需要知道矢量可能出现在哪些栅格所覆盖的范围时，全路径栅格化数据结构最为理想(徐庆荣等，1993)。

3) 恒密度栅格化

恒密度栅格化的实质是在八方向栅格化的基础上，在矢量所通过的路径上，适当增加"涂黑"的像元，使得在任何方向上，栅格化结果的视觉密度基本保持恒定。

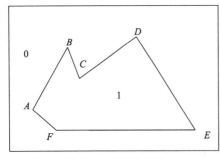

图 3-43　闭合多边形

3. 面域的栅格化

对多边形进行特征编码时，由于记录的是组成多边形边界线段的属性而非多边形本身的属性，因此针对面域的栅格化，必须实现以多边形线段反映多边形及其邻域的属性特征。

目前一般采用的是左码记录法。其原理如图 3-43 所示：一闭合多边形将整个矩形面域分割成属性为 1 和为 0 的两部分。如果在矢量数字化取数时没有在数字化点的属性码中反映面域属性分异状况，转换的第一步工作即是实现这个目标(汤国安和赵牡丹，2001)。

第一步，从某一起始点起开始依次记录每一点左边面域的属性值(面域外为 0，面域内为1)。这样，每一个多边形数字化点便实现了"三值化"，即坐标值、线段自身属性值及左侧面域属性值。记录的过程中，对每一条边栅格化时，记录的点的坐标值每一行只记录一个。例如，线段 AB 只跨越了 4 行，所以最后只记录 4 个栅格点的坐标值、线段属性值和左侧面域属性值。

第二步，对多边形的每一条边，按照线段栅格化的方法进行矢-栅转换，得到如图 3-44 所示的数据组成。

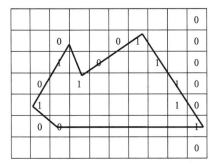

图 3-44　多边形矢量结构向栅格结构的转换

0	0	0	0	0	0	0	0	0	0
0	0	0	0	0	0	1	0	0	0
0	0	1	0	0	1	1	1	0	0
0	0	1	1	1	1	1	1	1	0
0	1	1	1	1	1	1	1	1	0
0	0	0	1	1	1	1	1	1	1
0	0	0	0	0	0	0	0	0	0

图 3-45　全栅格数据结构

第三步，结点处理，使结点的栅格值唯一而准确。

第四步，排序，从第一行起逐行按列的先后顺序排序，这时，所得到的数据结构完全等同于栅格数据压缩编码的数据结构形式。最后展开为全栅格数据结构，完成由矢量数据格式向栅格数据格式的转换(图 3-45)。

矢量数据向栅格数据的转换除了上述基本方法外，还有内部点扩散法、射线算法、扫描线算法、复数积分算法和边界代数算法等，可以依据不同的情况选择算法组合来解决问题。

3.4.3　栅格数据向矢量数据的转换

在栅格数据向矢量数据转换的过程中，点的矢量化相对较为简单，容易实现。线的矢量化和多边形(面)矢量化的关键是轴线的细化、矢量化及拓扑化的实现。

1. 栅格数据矢量化的预处理

在栅格数据到矢量数据转换的过程中，应预先对栅格数据进行二值化和增强处理，为栅格数据的矢量化做准备。下面分别加以介绍。

1) 二值化

由于扫描后的图像是以不同灰度级存储的，为了进行栅格数据矢量化的转换，需对原始栅格数据进行二值化预处理，即压缩为两级(0 和 1)。算法如下：

$$B(i,j)=\begin{cases}1,\cdots,G(i,j)\geqslant T\\0,\cdots,G(i,j)<T\end{cases}\tag{3-7}$$

式中，$B(i,j)$为第 i 行、j 列栅格的属性编码；$G(i,j)$为第 i 行、j 列栅格的灰度值；T 为灰度阈值。由式(3-7)可看出，二值化的关键是选取一个合适的灰度阈值，当灰度级小于阈值时，取值为 0；当灰度级大于阈值时，取值为 1。当图像比较清晰时，可根据经验设定；当图像不清晰时，需由灰度级直方图来确定阈值，其方法为：设 G 为灰度级数，P_k 为第 k 级的灰度的概率，n_k

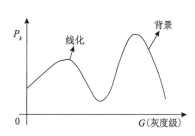

图 3-46　利用灰度级直方图来确定阈值

为某一灰度级的出现次数，n 为像元总数，则有 $P_k = n_k/n (k = 1, \cdots, G)$。对于地图，通常在灰度级直方图上出现两个峰值(图 3-46)，这时，取波谷处的灰度级为阈值，二值化的效果较好。

2) 增强处理

对于扫描输入的图幅，由于原稿不干净等，总是会出现一些飞白、污点、线划边缘凹凸不平等。因此，除了依靠图像编辑功能进行人机交互处理外，还可以通过一些算法来进行增强处理，以减少异常误差。例如，对于飞白和污点，给定其最小尺寸，不足的消除；对于断线，采取先加粗后减细的方法进行断线相连；用低通型滤波进行破碎地物的合并，用高通滤波提取区域范围等。

2. 线状栅格数据矢量化

栅格数据向矢量数据转换的过程中，对于点的矢量化，是很容易实现的，只需将行、列号 I、J 转换为中心点的坐标 X、Y 即可。而线状栅格数据的矢量化具有代表性，这是因为多边形栅格数据的矢量化是建立在线状栅格数据矢量化的基础上的。因此，本节重点介绍线状栅格数据矢量化的方法，其过程主要包括线状栅格数据的细化和矢量化。

1) 线状栅格数据的细化

由于线状栅格数据本身具有一定的粗度和不均匀性，因此线状栅格数据矢量化的关键是细化处理，以提取中轴线，方便矢量化的实现。细化就是将二值图像像元阵列逐步剥除轮廓边缘的点，使之成为线划宽度只有一个像元的骨架图形。细化后的图形骨架既保留了原图形的绝大部分特征，又便于下一步的跟踪处理。

细化的基本过程是：第一步，确定需细化的像元集合；第二步，移去不是骨架的像元；第三步，重复第二步，直到仅剩骨架像元。

目前，实现细化的算法较多，各有优缺点，归结起来主要有两大类：基于距离变换的细化法；在不破坏栅格拓扑连通性情况下，以对称原则删除影像边缘栅格点的细化法。前者常用的算法有距离变换搜寻中轴线法和最大数值法，后者包括边界跟踪剥皮法和经典的细化算法等。

下面以经典的细化算法、距离变换搜寻中轴线法和剥皮法为例进一步介绍。

a. 经典的细化算法

该细化算法的基本原理是在 3×3 的像元矩阵中，凡是去掉后不会影响原栅格影像拓扑连通性的像元都应该去掉，反之，则应保留。3×3 的像元共有 256 种情况，经过旋转，去除相同情况，最终共有 51 种情况，其中只有一部分是可以将中心点剥去的，如图 3-47 所示，(a)、(b) 是可剥去的，而(c)、(d)的中心点是不可剥去的。通过对每个像元点经过如此反复处理，最后可得到应保留的骨架图，并保留了其拓扑关系。

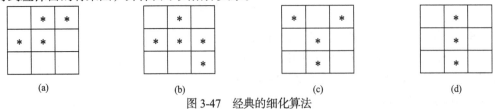

图 3-47　经典的细化算法

在细化过程中，如果是对扫描后的地图图像进行细化处理，应符合几个基本要求：保持原线划的连续性；线宽只为一个像元；细划后的骨架应是原线划的中心线；保持图形的原有特征。

b. 距离变换搜寻中轴线法

如图 3-48 所示，从某一个像元开始，沿两个方向跟踪邻域中灰度值最大的那个像元。若灰度值最大的像元不止一个，但从连通性来看，只有一组，则尽量取位于中间的那个像元跟踪；若不止一组，则选能使前进方向折角较小的那一组的"中间"像元跟踪，并在跟踪过程中，不断记录下每个栅格的行号和列号。对于已跟踪的像元，通过加粗，将该根线划上的所有像元灰度值置成负数，以示区别(徐庆荣等，1993)。

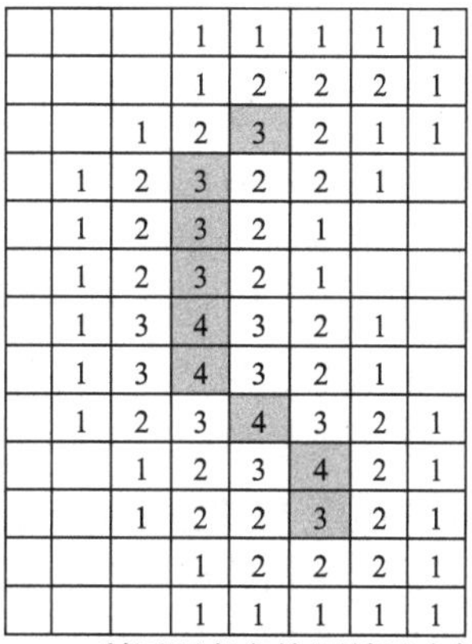

图 3-48　利用距离变换图搜寻中轴线

c. 剥皮法

剥皮法的基本思想是先寻找到一个位于曲线边缘上的像元，再以此像元为中心，按一定的顺序检测其相邻八个邻域的灰度值。剥皮法的实质是从曲线的边缘开始，每次剥掉等于一个栅格宽的一层，直到最后留下彼此连通的由单个栅格点组成的图形。因为一条线在不同位置可能有不同的宽度，所以在剥皮过程中必须注意一个条件，即不允许剥去会导致曲线不连通的栅格，这是这一方法的技术关键。剥皮法的过程如图 3-49 所示。

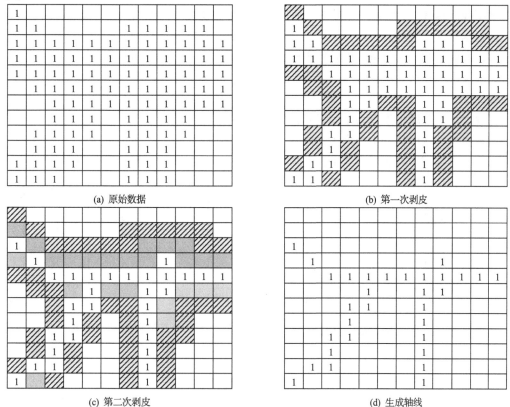

(a) 原始数据　　　　　　　　　　(b) 第一次剥皮

(c) 第二次剥皮　　　　　　　　　　(d) 生成轴线

图 3-49　剥皮法示意图

2) 轴线栅格数据的矢量化

对于已经细化的曲线栅格数据，必须进行矢量化处理，常用的方法是跟踪法。跟踪的目的是将写入数据文件细化处理后的栅格数据，整理为从结点出发的线段或闭合的线条，并以矢量形式存储于特征栅格点中心的坐标。

跟踪的步骤为：从第一列开始，寻找起始中心栅格，然后按顺时针或逆时针方向，从起始点开始，根据八个邻域进行搜索，把首先搜索到的有"1"值的栅格作为下一个栅格中心，依次跟踪相邻点，同时记录结点坐标。然后搜索闭曲线，直到完成全部栅格数据的矢量化，即所有栅格的值都变为"0"，栅格数据转换矢量数据的过程结束。需要注意的是，已追踪点应作标记，防止重复追踪。

3. 多边形栅格数据的矢量化

多边形栅格数据向矢量格式转换，就是提取以相同编号的栅格集合表示的多边形区域的边界和边界的拓扑关系，并表示成多个小直线段的矢量格式边界线的过程。实现时，只要通过逐行扫描，先找到一个要素集合的边缘点，沿着多边形的边界线追踪，即对每个边界弧段由一个结点向另一个结点搜索，通常对每个已知边界点需沿除进入方向的其他 7 个方向搜索下一个边界点，直到连成边界弧段。然后，对于矢量表示的边界弧段，判断其与各多边形的空间关系，形成完整的拓扑结构，并建立与属性数据的联系。最后，进行细化、圆滑处理，即去除多余的点及曲线圆滑。处理时是逐个栅格进行的，必须去除由此造成的多余点记录，以减少数据冗余。同时，曲线由于栅格精度的限制可能不够圆滑，需要采用一定的插补算法进行光滑处理。常用的算法有线性迭代法、分段三次多项式插值法、正轴抛物线平均加权法、斜轴抛物线平均加权法、样条函数插值法等。

多边形栅格数据向矢量数据转换中比较困难的是如何进行边界线搜索、拓扑结构生成、去除多余点及采用什么算法进行曲线圆滑处理。为了进行拓扑结构生成，需找出线的端点和结点，以及孤立点。

孤立点：八邻域中没有为 1 的像元，如图 3-50(a)所示。

端点：八邻域中只有 1 个为 1 的像元，如图 3-50(b)所示。

结点：八邻域中有 3 个或 3 个以上为 1 的像元，如图 3-50(c)所示。

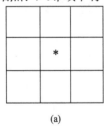
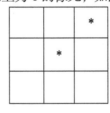
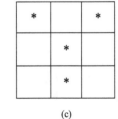

　　　　(a)　　　　　　　　　　　　(b)　　　　　　　　　　　　(c)

图 3-50　多边形拓扑结构的生成

在追踪时加上这些信息后，就可形成结点和弧段，就可用矢量数据的自动拓扑方法进行拓扑化了。

思 考 题

1. 什么是矢量数据模型？如何用矢量数据表示地图图形元素？

2. 矢量数据的获取途径有哪些？

3. 什么是拓扑关系？请画出拓扑三要素间可能的拓扑类型。

4. 矢量数据的编码方法有哪几种？简单比较。

5. 什么是栅格数据模型？在栅格数据中，地图上的点、线、面状要素如何表示？

6. 栅格数据有哪几种组织方法？

7. 为了节省存储空间，人们常采用哪些方法对栅格数据进行压缩？

8. 四叉树编码的特点是什么？请对如图 3-51 所示的四叉树编码画出树状结构图。

1	1	1	1	1	2	3	3
1	1	1	1	3	4	3	3
1	1	1	1	4	4	5	5
1	1	1	1	4	4	5	5
6	6	7	8	13	13	14	14
6	6	9	10	13	13	14	14
11	11	12	12	15	16	19	19
11	11	12	12	17	18	19	19

图 3-51　四叉树编码

9. 矢量数据和栅格数据各有何优缺点？列表说明。

10. 何时需要进行矢/栅转换？点、线、面要素如何进行矢/栅转换？

第4章 矢量数据处理算法

4.1 普通地图矢量符号(库)算法

4.1.1 地图符号化与地图符号库

1. 地图符号化

地图符号化即地图数据的符号化,它有两层含义:在地图设计工作中,是指利用符号将地图数据进行分类、分级、概括、抽象的过程;在数字地图转换为模拟地图的过程中,是指将已处理好的矢量地图数据恢复成可见的图形,并附之以不同符号表示的过程。这里所论述的符号化指后者。

矢量形式的数字地图一般由实体的点位坐标和拓扑关系加上属性编码来表示。计算机在一定的软件环境下可以直接使用它(如进行查询、检索、分析和计算等),但对使用地图者而言没有直观性,因此需要用数字地图来生产制作直观的纸质地图产品、屏幕电子地图等。这就需要将地图上相应的内容符号化,使它变成符号化的地图,该过程称为地图符号化或图形化处理。其作用在于:①符号化使地图信息直观化、形象化,并具有交互性和动态性的特点,便于用户理解、接受和应用。例如,通过开窗放大、图形编辑、属性修改等手段来更新地图内容保持其现势性。②目视符号化地图是检查和控制数据质量的有效方法。③地图符号化是地图生产和出版的必要环节和步骤。

2. 地图符号库

地图符号是地图上用以表示各种空间对象的图形记号,或者包括与之配合使用的注记。地图符号对表达地图内容具有重要的作用,是地图区别于其他表示地理环境的图像的一个重要特征。地图符号的有序集合即地图符号库。设计高质量的地图符号(库)是地图编制的必要前提。地图符号的计算机绘制可以是显示在屏幕上、绘制在纸张上、输出到胶片上等,尽管它们的实现方法不尽相同,但基本原理是一致的。

地图符号(库)的建立可以基于矢量数据和栅格数据两种方式,即矢量符号(库)和栅格符号(库)。矢量符号(库)的构造一般可以采用三种方法:信息块法、程序块法和综合法;而栅格符号(库)的构造一般只采用信息块法(李霖,1992;胡鹏,2002)。

信息块法是用人工或程序将要绘制的符号离散成坐标信息,用统一的结构和方法进行描述,这些描述信息存放在数据文件中形成符号库。通常,一个符号构成一个信息块,直接表示符号图形的每个细节。绘图时只要通过程序处理符号数据文件中的信息块,即可完成符号的绘制。在信息块法中,地图符号是在有限大小空间中定义了定位基准的有一定结构的特征图形,这个"有限大小空间"被称为"符号空间"。地图数据符号化(可视化)实际上就是地图符号按照要素的几何特征和属性特征从"符号空间"向"地图空间"的转换。实践表明,128×128的点状符号空间、256×48的线状符号空间、128×128的面状符号空间能够较好地满足地形图精度所需。该方法面向图形特征点,但与符号图形的结构无关,从而能使符号数据同绘图程序相对独立,动态增添更新和精化符号库特别方便;而且符号库是开放式的,适应各种地图信息的显示需要，具有比较广泛的应用领域。其缺点是符号信息数据量比较大，对于专题地图符号来说较难实现。

程序块法是对每一类地图符号编写一个绘图子程序，由这些子程序组成符号库。绘图时按照符号的编号调用库中相应程序，输入相应参数，由程序根据参数及已知数据计算矢量，从而完成地图符号的绘制。程序块法的关键在于对绘图要素全面而精心的分类，准确地用数学表达式描述各类符号及编程，并且选择合适的参数。使用该方法构建符号库缺点在于符号的动态变更，使程序不太容易实现；改动相应的程序，较为费事。它的优点在于符号数据量一般要比信息块法小；能将大量的地理信息自动地进行符号化，不需要太多的人工干预。只要按照地理信息的属性编码，检索出相应的符号名称，然后调用绘制这些符号的程序，即可得到各种不同地图符号的输出。

综合法实际上是把信息块法和程序块法相结合，其通用性更广，但实现的难度更大，多用于专题地图符号(库)的设计。

普通地图是相对均衡地表示地表的自然、社会经济要素一般特征的地图，其符号十分复杂，具有各种类型的控制点、居民地、交通线、境界线、水系、地貌、土质植被等上百种地图符号。普通地图符号(库)设计时：对于国家基本比例尺地形图，符号的图形、颜色、符号含义及适用的比例尺等，应尽可能符合国家规定的地图图式，个别不符合机助制图的符号图形，经主管部门同意后可做必要更改；普通地理图的符号(库)应遵循图案化及整个符号系统逻辑性、统一性、准确性、对比性、色彩象征性、制图和印刷可能性等一般原则来进行。

以下重点介绍普通地图中点状、线状、面状矢量符号的信息块和程序块生成算法。

4.1.2 点状符号生成算法

点状符号是指定位于某一点的个体符号，又称定位符号，符号大小与地图比例尺无关。在普通地图上主要有控制点、独立地物、非比例居民地符号等，各种注记也可视为点状符号。

1. 点状符号信息块

点状符号信息块采用以符号定位点为原点的局部坐标系，信息块中记录符号的颜色码、笔粗码、图形特征点坐标及其联系(一般用表示绘或不绘的抬落笔码表示)。图 4-1 为纪念碑符号的放大表示，可按图中点号顺序在信息块中记录 $\{p_i, x_i, y_i\}$ ($i=1, 2, \cdots, 11$)，p_i 为点 i 的抬落笔码，(x_i, y_i) 为局部坐标系中的坐标值。

点状符号信息块的结构如图 4-2 所示。

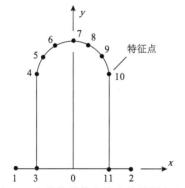

图 4-1 点状符号信息块中的特征点坐标

颜色码	特征点数 n	X_1	Y_1	抬落笔码 1	笔粗码 1	...	X_n	Y_n	抬落笔码 n	笔粗码 n

图 4-2 点状符号信息块结构

　　由于任意曲线都可由若干折线逼近到任意程度，因而只要选择适当分辨率的符号空间大小，任意点状符号均可采用上述信息块构成。把一个信息块组成一行记录，有序地组织它们为一个文件，即是矢量点状符号库。

　　绘图时，读入该符号相应记录的信息块，按图上描述位置和方向，将信息块中坐标数据先平移至中心，必要时进行缩放和旋转，即可调用两点绘线语句予以绘出。不难看出，各种点状符号均可用统一规范的程序绘制。

2. 点状符号程序块

　　程序块方法认为点状符号通常都可以用直线段配合圆弧组合而成。现以圆弧和椭圆绘制说明其算法。

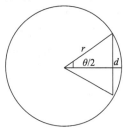

图 4-3　圆的几何图解

　　如图 4-3 所示，任何一个圆都可以用正多边形来逼近，其边数越多，圆弧越光滑。只要适当选取圆心角 θ，使 θ 相对应的正多边形与圆弧之间的拱高小于某一限差 d，就可使多边形在视觉上成为一个光滑的圆。拱高 d、圆心角 θ 与圆半径 r 之间的关系为

$$d = r\left(1 - \cos\frac{\theta}{2}\right) \tag{4-1}$$

$$\theta = 2\arccos\left(1 - \frac{d}{r}\right) \approx 2.8\sqrt{\frac{d}{r}} \tag{4-2}$$

则

$$n = \left[\frac{2\pi}{\theta}\right] \tag{4-3}$$

式中，[ ]指对括号内数据取整。因此，只要给定了限差 d（一般取 0.05～0.1mm）和可能最大圆的半径 r 就可算出 n 和 θ，即半径为 r 的圆可用正 n 边形取代，可采用角增量 θ，按逆时针连续旋转计算出各点坐标并顺次连接而成。各点坐标按下式计算：

$$\begin{aligned} x_i &= r\cos(i\cdot\theta) + x_c \\ y_i &= r\sin(i\cdot\theta) + y_c \end{aligned} \quad (i = 0,1,2,\cdots,n) \tag{4-4}$$

式中，(x_c, y_c) 为圆心坐标。画圆时从 (x_0, y_0) 开始，顺序连至 (x_n, y_n)，继续连至 (x_0, y_0)，使多边形准确闭合。

　　当绘制一段圆弧时，只要知道起始点半径与终至点半径及它们分别与 x 轴的夹角，就能用上述算法来完成。

　　椭圆的绘制也可用类似的方法进行，不过在计算 θ 角时应以长半轴作为 r，这样可以保证所绘椭圆有最佳视觉效果。多边形各顶点的计算公式为

$$\begin{aligned} x_i &= a\cos(i\cdot\theta) + x_c \\ y_i &= b\sin(i\cdot\theta) + y_c \end{aligned} \quad (i = 0,1,2,\cdots,n) \tag{4-5}$$

式中，a 为椭圆的横半轴（在 x 方向）；b 为椭圆的纵半轴（在 y 方向）；$i\cdot\theta$ 为离心角（图 4-4）。

可以推得，以圆弧的始点坐标、圆弧的起始角、圆弧的终止角、圆弧的始点半径和终点半径为参数设计绘圆的程序，这个程序就既能绘圆，也能绘制圆弧和螺线；以椭圆的始点坐标、长半轴、短半轴、长半轴与 x 轴的夹角、始点和终点到中心点连线分别与 x 轴的夹角为参数来设计绘制椭圆的程序，这个程序就既能绘椭圆，也能绘椭圆弧并调整椭圆长轴的方向。

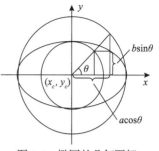

图 4-4 椭圆的几何图解

另外，点状符号(如圆)中，往往需要绘制"晕线"，参见 4.1.4 节内容。

按上述算法，编制程序，调试无误后，再配合以绘制某些直线段的功能，即可方便地编制出各种绘制点状符号的子程序，并可组织为符号库。

4.1.3 线状符号生成算法

线状符号用以表示线状延伸分布的地物或制图现象，如交通线、境界线等，其长度与地图比例尺有关。这里，地物在数字化时只获取其中心轴线的平面位置(坐标)，在图形可视化时将已设计的符号沿中心轴线配置。

图 4-5 线状符号的符号单元

1. 线状符号信息块

信息块方法把各类线状符号看作是由符号单元沿线状要素中轴线重复串接而成的，如图 4-5 所示，其中，L 为符号单元长。

每一单元由线符部分和点符部分组成，线符中的点符部分只是部分线符才有，它仅是在一定部位，并以线符延伸方向为 X 轴(曲线的 X 长轴)，并没有什么变形，按单元距离 L，重复配置；而线符部分，以线符中心线为配置轴线，单元长一样，但需在弯曲部位进行一定的压缩和拉伸，像一根理想的橡皮条一样，这一现象，数学上称为伦移变换。

因此，为了方便符号化和防止不必要的符号化处理，线状符号的信息块可以按点符和线符两部分分开定义：线-线信息块和线-点信息块，见图 4-6。

图 4-6 线状符号信息块结构

一般来讲，线符中的点符部分绝大多数不超过两个；没有点符时，点符数为 0。把上述两个信息块分别作为一行记录，以同样的记录号，放入线-线符号库和线-点符号库。

绘制该线状符号时，分别取两库中同一记录号的两信息块，采用不同的方法重复绘制两个信息块，将可高质量地完成线状符号绘制。

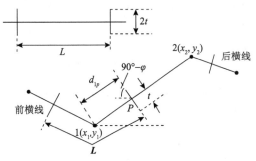

图 4-7　土堤符号的绘制原理

2. 线状符号程序块

线状符号的程序块绘制，其已知条件是中心轴线及需配置的线状符号的结构尺寸。以图 4-7 所示的土堤符号为例，绘制该符号要解决两个问题：一是确定每一条横短线的位置，即确定横短线与中轴线的交点坐标；二是确定横短线两端点的坐标。

中心轴线是从指定起点开始按顺序排列的直线段衔接而成的折线。对于其中任意一直线段，称与前一线段连接点为第一结点，坐标为 (x_1, y_1)，与后一线段连接点为第二结点，坐标为 (x_2, y_2)，则该线段长为

$$d_{12} = \left[\left(x_2 - x_1 \right)^2 + \left(y_2 - y_1 \right)^2 \right]^{\frac{1}{2}} \tag{4-6}$$

于是，与前一结点距离为 d_{1p} 的横短线位置 (x_p, y_p) 可由下式计算：

$$x_p = x_1 + \left(x_2 - x_1 \right) \frac{d_{1p}}{d_{12}}$$
$$y_p = y_1 + \left(y_2 - y_1 \right) \frac{d_{1p}}{d_{12}} \tag{4-7}$$

设此直线方向角余角为 φ，则

$$\sin \varphi = \frac{y_2 - y_1}{d_{12}}$$
$$\cos \varphi = \frac{x_2 - x_1}{d_{12}} \tag{4-8}$$

有横短线两端坐标

$$x_t = x_p \pm t \cdot \sin \varphi$$
$$y_t = y_p \pm t \cdot \cos \varphi \tag{4-9}$$

这时可计算下一横短线，离第一结点距离：

$$d'_{1p} = d_{1p} + L \tag{4-10}$$

若

$$d'_{1p} \leqslant d_{12} \tag{4-11}$$

则令 d'_{1p} 为新的 d_{1p}，按式(4-6)～式(4-8)计算下一横短线在折线 12 上的位置和新的横短线端点坐标，继续进行式(4-9)和式(4-10)的步骤。否则，说明 d_{12} 上已经安排不下一个横短线，这时应使 $d'_{1p} = d_{1p} - d_{12}$，并把 2 点作为 1 点，且把下一个结点作为 2 点，按式(4-6)计算 d_{12}，再进行式(4-11)比较后决定运算流向。如此，直至用完所有结点，即可把中心轴线都绘上了横短线，再把中心轴线均绘上土堤中心线，这就完成了土堤的绘制。

顾及视觉效果，需做如下特殊处理。

(1)如果 P 点在结点 2 上，或接近 2 点，当此点是最后一点时，横短线照常绘制，否则应绘在过 2 点的角平分线上。

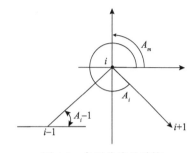

图 4-8　角平分线的计算

设中心轴线上有相邻 3 个结点，分别为 $i-1$、i、$i+1$。横短线位置位于 i 点上，所在角平分线指向前进方向的左侧，该方向与 x 轴正向的夹角为 A_m(反时针方向计)。由图 4-8 可知：

$$A_m = \begin{cases} (A_{i-1} + A_i + \pi)/2, & \text{当} A_{i-1} + \pi > A_i \text{时} \\ (A_{i-1} + A_i + \pi)/2, & \text{当} A_{i-1} + \pi < A_i \text{时} \end{cases}$$

(2)线状地物的中心轴线长一般情况下不是横短线间隔的整倍数，可适当调整 L 的长度。方法是首先计算中心轴线长度 d_s：

$$d_s = \sum_{i=1}^{n-1} \sqrt{(x_{i+1} - x_i)^2 + (y_{i+1} - y_i)^2}$$

然后，计算调整后横短线间隔 d'：

$$d' = d_s / [d_s + 0.5]$$

式中，[ ]指对括号内数取整。

以上介绍的土堤符号的算法可被扩展来获得其他线状符号：顺次连接或间隔连接中心轴线两侧的横短线端点，可生成双线公路、街道等符号；当用不同的连接方向将计算的横短线端点连接起来时，可产生长城、陡坎、境界线、大车路、地类界等一类沿中心轴线保持点和短线有一定规律配置的符号；若用不同的 $2t$ 分别计算横短线的端点，还可获得粗细变化的曲线。

4.1.4　面状符号生成算法

面状符号是指地图上用来表示呈面状分布的地物或地理现象的符号。这些符号的共同特点就是在面域内填绘不同方向、不同间隔、不同粗细的"晕线"，或填充规则与不规则分布的个体符号、花纹或颜色来反映这些现象的质量特征和数量差异。

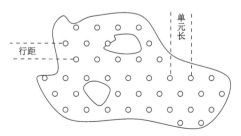

图 4-9　面状符号的配置

1. 面状符号信息块

参见图 4-9。面状符号信息块中存储的是填充符号的单元信息，它的结构类似于线状符号中线-线信息块，但需增加三种信息：行距、行向倾角、排列方式，行向倾角指晕线方向与 X 轴夹角，地图中有时有两组相交的晕线，所以有可能有两种倾角；排列方式一般有"井"型、交错和散列三种，如图 4-10 所示，在信息块中用不同代码表示。散列式中有图单元长度可变，行距和单元长度均可变及倾角、单元长、行距三者可变三种，如图 4-10(c)、(d)、(e) 所示。面状符号信息块如图 4-11 所示。

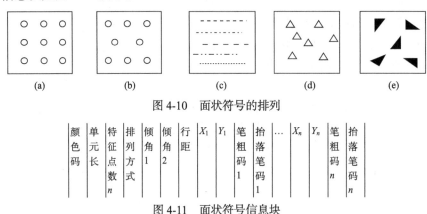

| | (a) | | (b) | | (c) | | (d) | | (e) |

图 4-10　面状符号的排列

| 颜色码 | 单元长 | 特征点数 n | 排列方式 | 倾角 1 | 倾角 2 | 行距 | X_1 | Y_1 | 笔粗码 1 | 抬落笔码 1 | … | X_n | Y_n | 笔粗码 n | 抬落笔码 n |

图 4-11　面状符号信息块

面状符号信息块中填充符号比线状符号中配置情况简单得多，由于它不需顾及弯曲时的配置，只考虑直线轴时的配置。

2. 面状符号程序块

面状符号的图案千差万别，但晕线填充是其基本形式。晕线指一组平行的等间距的平行线。下文论述中，设晕线与 X 轴倾角为 θ，并设晕线间距为 d。

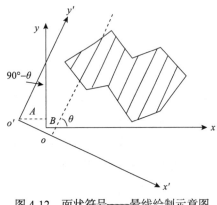

图 4-12　面状符号——晕线绘制示意图

1) 在多边形内填绘晕线

在多边形内填绘晕线的已知条件是该多边形的封闭轮廓线，其算法步骤如下(图 4-12)。

(1) 旋转和平移坐标系，使新坐标轴 y' 与晕线平行，且轮廓点均位于第一象限。

设晕线与 y 轴之间的夹角为 $\theta\left(-\dfrac{\pi}{2} \leqslant \theta \leqslant \dfrac{\pi}{2}\right)$，新坐标系 $x'o'y'$ 下所有轮廓点坐标为

$$x_i' = x_i \cos\theta + y_i \sin\theta + A$$
$$y_i' = -x_i \sin\theta + y_i \cos\theta + B$$

式中，$x_{n+1}' = x_1'$，$y_{n+1}' = y_1'$，即外轮廓线首末点相同。

(2) 在 $x'o'y'$ 下计算第一条晕线位置。对已知多边形轮廓各结点，求坐标系 $x'o'y'$ 下的 x' 横坐标最小值 x_{min}' 和最大值 x_{max}'，这时，第一条晕线的 x' 值为

$$a = \left[\frac{x_{min}' - 0.012}{d}\right] + d$$

式中，d 为晕线间隔距离；[ ] 为取整符号；a 为当前晕线与多边形轮廓的交点的 x 坐标，下同。当 $a > x_{max}'$ 时停止运算，否则进行下一步。

(3)求晕线与各轮廓线各边交点，其晕线与任一边有无交点，判别式如下：

若

$$(a - x_i')(a - x_{i+1}') < 0$$

则交点为

$$\left(a, y_i' + \frac{(y_{i+1}' - y_i')(a - x_i')}{x_{i+1}' - x_i'} \right)$$

否则，若 $(a - x_i') = 0$ ，且 $(a - x_{i+1}')(a - x_{i-1}') < 0$ ，则交点为 (x_i', y_i') 。

(4)将交点按 y' 值排队，并顺序记录排队后的各点坐标。

(5)将交点坐标变换回原始坐标系，其序不变。配对绘线，即连1～2，3～4，以此类推。

(6)计算新的晕线位置：

$$a = a + d$$

当 $a > x_{\max}'$ 时停止运算，否则继续(3)～(6)。

可增加平行或垂直的另一组晕线，也可适当改进(5)中配对绘线程序为点、实线、虚线组合，进行各种面状符号灵活绘制(图4-13)。

图 4-13　考虑结构线信息的构网

以上算法考虑的是单个多边形，在环形多边形内填充晕线的问题更复杂一些。这里所讲的环形多边形是指在一个多边形里除去嵌套的一个或多个其他多边形的剩余部分。这时必须计算每条晕线与有关多边形轮廓的所有交点，然后统一排队，配对输出。

2)在圆内填绘晕线

在圆内填绘晕线比较简单，可以通过从圆心反向绘平行弦来实现。如果第一条晕线是圆的一条直径，相邻两条弦间距为 d ，则第 k 对弦与直径的距离为 d_k 。位于直径上下相同距离处且平行于 x 轴的两条弦的端点用勾股定理容易求出。如图4-14所示，若圆心坐标为 (x_c, y_c) ，半径为 r ，弦心距为 d_k ，则两条弦的端点坐标是 $(x_c-\mathrm{os}, y_c+d_k)$ 、$(x_c+\mathrm{os}, y_c+d_k)$ 、$(x_c-\mathrm{os}, y_c-d_k)$ 、$(x_c+\mathrm{os}, y_c-d_k)$ ，其

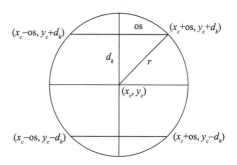

图 4-14　圆内两条弦心距相同的平行线(弦)与圆周的几何关系

中，$\mathrm{os} = \sqrt{r^2 - (d_k)^2}$ 。

如果要给出与 x 轴有任意夹角 $\alpha \left(-\dfrac{\pi}{2} \leqslant \alpha \leqslant \dfrac{\pi}{2} \right)$ 的平行线，则只要将上述端点坐标旋转和平移即可解决。

4.2　专题地图矢量符号(库)算法

专题地图是详细地表达地表某种(些)自然或社会经济要素的地图，由地理底图和专题要素两个层面构成。专题要素要比普通地图上地理要素的内容广泛得多，其表示方法有定点符号法、动线法、质底法、范围法、分区统计图表法等10余种。因此，尽管专题地图符号(库)的制作和普通地图的原理一样，也有人将它们纳入统一的地图符号(库)设计之中，但由于专题地图符号种类繁多、结构复杂，其设计和构造要复杂得多。

鉴于上述原因，专题地图符号(库)的设计一般采用信息块法和程序块法相结合的综合法(吴丽春和胡鹏，2003)。专题地图符号设计主要是点状符号的设计，其方法类似普通地图点状符号的信息块方法，只是信息块的主要元素不再是单一的线段，而是若干个基本的图元：线段、矩形、椭圆、等腰三角形、扇环、立方体、圆柱体，其信息块中存储的是该基本图元的基本自由度参数。例如，矩形给出长、宽及定位中心位置。在具体绘制时，则采用类似程序块的方法，对绘制该图元的程序给出该图元的定位参数，如给出定位点在 x 轴向和 y 轴向的缩放率、旋转角、颜色码等，就可以绘制各种矩形，进而通过各类图元的组合绘制及线符、面符绘制，就可以构造绘制出灵活多样的专题地图符号。

统计符号是专题地图要素表达中经常使用的一类符号。这里主要介绍统计符号(库)面向对象(object oriented，OO)的设计方法(闫浩文，1997)。

4.2.1　统计符号库的特点

统计符号是专题地图符号的一种，它借助于符号的几何形状、尺寸大小、填充颜色或图案及线型、注记等的变化，在地图图面上表达统计数据质与量的改变。它被广泛地应用于定点符号法、定位图表法和分区统计图表法，也常独立于主图之外作为附图而存在。统计符号库是统计符号的程序块集合。

统计符号库的主要特点是：

1) 符号种类的多样性

一个统计符号库中包容的统计符号种类应该足够多，可以满足软件服务领域的基本需要。它们可以是简单的几何符号、文字符号或特别构造的象形符号、透视符号等艺术符号，也可以是为特殊需要而设计的符号。统计符号库应能绘制常见的几十种统计符号，如直方图、结构图、玫瑰图等。一个用户能自行增删符号的开放式符号库是统计符号库的理想形式。但是，由于统计符号几何外形、内部结构及填充方式的灵活多变，很难把所有的符号用统一的数据结构和数学公式表达出来。

2) 色彩丰富，灵活多变

多变而丰富的色彩是统计符号的一个重要特征，也是表现统计数据质、量差异和图面优化整饰的一个主要手段。它表现在以下几个方面：填充式符号内部颜色三要素(色相、亮度、饱和度)的变化；填充式符号的图案及其颜色三要素的变化；线划色、注记色的改变；色彩的连续变化和快速闪烁。统计符号库应有预先默认的颜色，并允许用户实时、快速修改。

4.2.2　统计符号库的面向对象(OO)设计

1)基类的抽象

常用的统计符号种类很多,其几何特征和内部结构千差万别,但绘制一个统计符号的过程无非如图 4-15 所示。

对于几乎全部的统计符号来说,其外部数据输入和符号绘制都是相同的,仅是数据处理部分不同而已。由此抽象概括出"统计符号绘制"基类的属性集(数据成员集)为:统计数据;符号定位点坐标;符号线划颜色、线划宽度;符号填充颜色;符号缩放比例;符号旋转角度;符号位移坐标;符号所在图幅的尺寸。

操作集(成员函数集)为:获得统计数据;处理统计数据;获得符号定位点;获得构成符号的可填充颜色的多边形坐标串及对应多边形填充颜色;获得构成符号的线划坐标串及线划颜色和线划宽度;获得构成符号的独立点坐标及颜色;统计符号的绘制;改变缩放比例;改变旋转角度;改变位移尺寸;改变填充颜色;改变线划颜色、线划宽度;获得符号所在图幅的尺寸。

2)类的层次结构的形成

如图 4-16 所示,所有的统计符号都继承基类的属性集与操作集,形成基类的子类,同时基类成为这些统计符号类的超类。

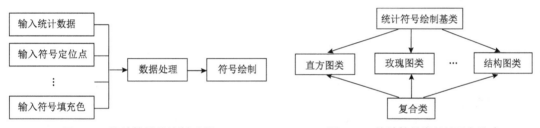

图 4-15　统计符号的绘制过程　　　　　　图 4-16　统计符号类的继承与聚合

3)类的聚合与复合类的形成

如图 4-16 所示,聚合的实质是使复合类从直方图等各类中吸收信息,并可以定义自己的特有信息。此处复合类是在继承了"统计符号绘制"基类后对各基本符号类进行聚合的。

4)操作集的具体定义和符号库外部调用

"统计符号绘制"基类中的操作是"空的",没有定义具体内容,只供其他类继承之用。各统计符号类可只定义操作集中的前 7 项(获得统计数据;处理统计数据;获得符号定位点;获得构成符号的可填充颜色的多位形坐标串及对应多边形填充颜色;获得构成符号的线划坐标串及线划颜色和线划宽度;获得构成符号的独立点坐标及颜色;统计符号的绘制),而把其余的操作集赋空。复合类则需定义全部操作,且前 7 项操作是分别调用各统计符号类中的同名操作的集合。

外部调用时定义复合类的对象,通过复合类中定义的符号标识(为整型量)来识别选用符号。再分别调用数据输入操作与绘制符号操作,即能完成符号绘制。

4.3　地图图形开窗算法

"开窗"是计算机图形学的基本问题之一,又称为"图形裁剪"。地图图形开窗是地图制图过程中的一项重要技术，其本质是提取地图数据库的一个子集。在地图制图过程中，用户通常需要把指定范围(窗口)内的要素在显示器上放大显示出来，为编辑等操作提供便利，这种显示或提取数据库图形的一部分过程就是一种开窗。开窗技术还可用于地图的放大、缩小、漫游显示、定位查询、绘图范围选择、局部图形转储等过程中。

开窗按照窗口的形状可分为矩形开窗、圆形开窗、任意多边形开窗等；按照窗口与待裁剪数据之间的关系，分为正开窗与负开窗。正开窗，就是窗口里的内容被选取的过程；负开窗是指窗口外的内容被选取的过程。通常情况下，正开窗的用途更大一些，下文中除非特别指明，开窗即指正开窗。

以下针对点状、线状、面状三种要素，分别论述地图制图中的矩形开窗和任意多边形开窗的一些常见算法。这方面的算法很多，读者可参考相关文献。需要说明的是：矩形开窗是任意多边形开窗的特例，因此后者的算法也适用于前者，只是算法实现的效率一般比较低；开窗算法中，点状要素的处理方法是线状要素处理方法的基础，两者又是面状要素处理方法的基础。

4.3.1 矩形开窗算法

1. 点状要素的处理

设矩形窗口左下角和右上角坐标为(x_{min}, y_{min})和(x_{max}, y_{max})，则对于点要素$p(x_p, y_p)$来说，只要下式

$$x_{min} < x_p < x_{max} \text{ 且 } y_{min} < y_p < y_{max}$$

成立，则点在窗内予以选取，否则舍去不予选取。

2. 线状要素的处理

线状要素是由有序线段组成的折线来逼近的，因此对线状要素的选取只要讨论线段的选取就可以了。

为了简化处理过程，识别全部落在窗口外的线段显得尤为重要，这可以通过有关的编码方法来解决，下面介绍两种编码方法。

1) 四比特串编码法

线段的每个端点由下列四个条件来评定：①点子在窗口上边线之上；②点子在窗口下边线之下；③点子在窗口右边线之右；④点子在窗口左边线之左。

四比特串由四个比特组成，从左至右分别为第一、第二、第三、第四比特。每个比特用来描述上述四个条件之一：如果满足第一个条件第一位记1，否则为0；如果满足第二个条件第二位记1，否则为0；如果满足第三个条件第三位记1，否则为0；如果满足第四个条件第四位记1，否则为0。这样，由四个比特构成的四比特串就可唯一地描述矩形窗口四条边所在直线把平面分成的九个区域之一，即每个数据点所在区域都有一个唯一的与之对应(图4-17)。只要比较数据点坐标(x, y)与窗口角隅点相应坐标，每个条件就都可得到检验。例如，位于左上角区域的点，满足第一和第四个条件，其编码肯定是1001。

此时，为了确定一条线段是在窗口内还是窗口外，可为该线段建立一个新的复合比特串，即该线段两个端点的四比特串之逻辑"与"(图4-18)。如果复合比特串不为0，则该线段位于窗口外而不予选取。否则有三种情况：两端点的比特串均为0，则该线段全部位于窗口内而被选取；其中有一个比特串为0，则该线段与窗口有一个交点，计算该交点，并与线段另

一端点连线，选取之；都不为 0，则该线段与窗口有两个交点或无交点，无交点时线段不选取，反之则连接两个交点成新线段并选取之。

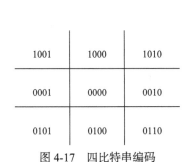

图 4-17 四比特串编码

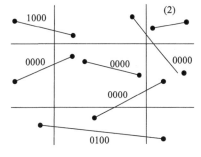

图 4-18 复合比特串的情况

2) 参数编码法

见图 4-19，对于每一个线段端点，有两个编码参数 I_X 和 I_Y，其值分别取决于该点坐标 x 是位于窗口的左面(-1)、中间(0)还是右面(1)，以及坐标 y 是位于窗口的上面(1)、中间(0)还是下面(-1)。

假设线段两端点坐标为 (x_1, y_1) 和 (x_2, y_2)，它们分别有参数 (I_{X_1}, I_{Y_1}) 和 (I_{X_2}, I_{Y_2})，据此可判断该线段与窗口的位置关系：①若 $I_{X_1} = I_{X_2} \neq 0$ 或 $I_{Y_1} = I_{Y_2} \neq 0$，则整条线段位于窗口外不予选取，如图 4-19 中线段 AB；②若 $I_{X_1} = I_{X_2} = I_{Y_1} = I_{Y_2} = 0$，则整条线段位于窗口内予以选取，如图 4-19 中线段 CD；③其他情况均需计算该线段与窗口边所在直线的交点，并判断交点是否落在窗口边上。经判断，如果只有一个交点落在窗口边上，则该点取代这条线段参数不为零的端点，

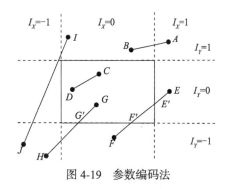

图 4-19 参数编码法

与另一个参数为零的端点连线并选取；若有两个交点落在窗口边上，则选取这两个交点的连线。

这两种编码方法，无一不涉及交点的计算问题，无论是有一个交点还是有两个交点，都要设计有效的算法。一个直接的解法是求得该线段与窗口边所在直线的所有交点，然后判断哪些交点落在窗口上。通常的方法是用线性方程表示线段和窗口边界线，然后建立 4 个联立方程组，分别对它们求解，便可求得 4 个交点的坐标(除非该线段与窗口边平行，这样就只能求得 2 个交点坐标)。

为了准确地判段所求交点是否在窗口边上且同时在线段上，可采用判别条件：

$$(x-x_{\min})(x-x_{\max}) \leqslant 0 \text{ 且 } (y-y_{\min})(y-y_{\max}) \leqslant 0$$

和
$$(x-x_1)(x-x_2) \leqslant 0 \text{ 或 } (y-y_1)(y-y_2) \leqslant 0$$

如果条件成立，说明点 (x, y) 落在线段和窗口边上。这里 x, y 是所求交点之一的坐标，$x_{\min}, y_{\min}$ 是窗口左下角点的坐标，$x_{\max}, y_{\max}$ 是窗口右上角点的坐标。上式中，若线段的 $|x_2 - x_1| > |y_2 - y_1|$，则采用 $(x-x_1)(x-x_2) \leqslant 0$ 判别式；反之，采用 $(y-y_1)(y-y_2) \leqslant 0$ 判别式。

3. 面状要素(多边形)的处理

对于多边形元素来说，它实际上是一组有序线段串联且首尾相接闭合而成的，因此其裁

剪的基本方法与线段裁剪基本上相同，但是要把窗口边界上有关线段加入裁剪所得折线使其重新闭合形成新的多边形，这里不再详细讨论。

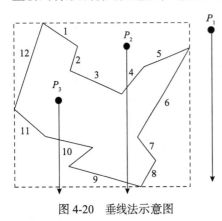

图 4-20　垂线法示意图

4.3.2　任意多边形开窗算法

1. 点状要素的处理

对于任一离散点，均可利用著名的铅垂线内点法判别该点是在窗口多边形内还是外，从而决定该点选取与否。如图 4-20 中，P_1 点、P_2 点不选取，P_3 点选取。铅垂线内点法在第 2 章已有详细论述。

2. 线状要素的处理

对于任一条折线，确定哪一部分在窗内是根据各线段两端点相对于窗口位置情况决定的，通常从折线的始点开始。按顺序逐段判别各线段与窗口多边形各边有无交点。设其中一线段的端点为 A_1 和 A_2，多边形某一边的端点为 B_1 和 B_2，如果判别条件

$$\max(x_{A_1}, x_{A_2}) < \min(x_{B_1}, x_{B_2}) 或 \min(x_{A_1}, x_{A_2}) > \max(x_{B_1}, x_{B_2})$$

或

$$\max(y_{A_1}, y_{A_2}) < \min(y_{B_1}, y_{B_2}) 或 \min(y_{A_1}, y_{A_2}) > \max(y_{B_1}, y_{B_2})$$

成立，则这两条线段与窗口不可能有交点。对于每一线段来说，首先均需按此条件判断它与多边形各边有无交点的可能，如果有可能则计算交点坐标（必须排除不在线段或窗口边上的交点），然后连同线段端点坐标按 x（或 y）坐标依次排队（从小到大或从大到小），最后按下面两种情况配对连线：①若点 1 在窗内，可按 12，34，56，…顺序配对，这里 1，2，…为排队后交点的序号，下同。②若点 1 在窗外，可按 23，45，67，…顺序配对。

3. 面状要素（多边形）的处理

1）Weiler-Atherton 算法

Weiler-Atherton 算法是一种代表性的无拓扑多边形裁剪算法，主要适用于被裁剪的多边形与裁剪区域（即窗口）均为任意多边形的情形。该算法中的多边形用有序、有向的顶点环形表描述，当用裁剪区域来裁剪多边形时，裁剪多边形与被裁剪多边形边界相交的点成对出现且分为两类，其一为入点，即被裁剪多边形进入裁剪多边形内部的交点；其二为出点，即被裁剪多边形离开裁剪多边形内部的交点。该算法的基本原理为：由入点开始，沿着裁剪多边形追踪，当遇到出点时跳转至裁剪多边形继续追踪；如果再次遇到入点，则跳转回被裁剪多边形继续追踪。重复以上过程，直到回到起始入点，即完成一个多边形的追踪过程。

a. 算法步骤

设 PA 为被裁剪多边形，其顶点序列为 $A = \{A_0, A_1, \cdots, A_m\}$（$A_0 = A_m$）；$PB$ 为裁剪多边形，其顶点序列为 $B = \{B_0, B_1, \cdots, B_n\}$（$B_0 = B_n$）；用 PB 裁剪 PA 所得的多边形为 PC，其顶点序列为 $C = \{C_0, C_1, \cdots, C_s\}$（$C_0 = C_s$）。三者的外边界顶点均按顺时针方向排列，内边界顶点均按逆时针顺序排列。裁剪算法步骤如下。

第一步：求 PA 与 PB 边界交点，将交点（设为 $2k$ 个）分别加入 PA、PB 的顶点表中，新多边形记为 $PA' = \{A_0, A_1, \cdots, A_{m+2k}\}$，$PB' = \{B_0, B_1, \cdots, B_{n+2k}\}$。

第二步：建立交点表 $I = \{I_0, I_1, \cdots, I_{2k}\}$，记录交点类型及其在 PA、PB 顶点表中的位置。

第三步：在交点表 I 中取出一个入点 I_i，在 PA' 中找到 I_i 的位置并沿顺时针方向追踪 PA' 的顶点表，直到遇到下一个交点 I_j，将追踪得到的顶点序列加入 PC 中。

第四步：在 PB' 中找到 I_j 的位置，并沿顺时针方向追踪 PB' 的顶点表，直到遇到下一个交点，将追踪得到的顶点序列加入 PC 中。

第五步：跳转至 PA'，重复第三、第四步，直到回到起始交点，得到 PB 裁剪 PA 所得的内侧多边形 PC（正开窗）。

若由出点出发，按上述步骤，反方向追踪则会得到外侧多边形 PC（负开窗）。

b. 算法实例

如图 4-21 所示，$PA = \{A_1, A_2, A_3, A_4, A_5, A_1\}$，$PB = \{B_1, B_2, B_3, B_4, B_5, B_1\}$，$PA$ 与 PB 的交点集 $I = \{I_1, I_2, I_3, I_4, I_5, I_6\}$，重构 PA、PB 多边形顶点序列得到

$PA' = \{A_1, I_1, I_2, I_3, I_4, A_2, A_3, I_5, A_4, I_6, A_5, A_1\}$

$PB' = \{B_1, I_2, B_2, I_3, B_3, I_4, B_4, I_5, I_6, B_5, I_1, B_1\}$

PB 裁剪 PA 所得的内侧多边形为

$PC_{内} = \{I_1, I_2, B_2, I_3, I_4, B_4, I_5, A_4, I_6, B_5, I_1\}$

PB 裁剪 PA 所得的外侧多边形为

$PC_{外} = \{I_2, I_3, B_2, I_2\} \cup \{I_4, A_2, A_3, I_5, B_4, I_4\} \cup \{I_6, A_5, A_1, I_1, B_5, I_6\}$

图 4-22 所示为本例中 Weiler-Atherton 算法的顶点追踪过程。

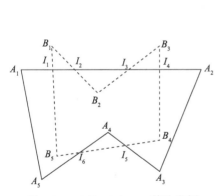

图 4-21　Weiler-Atherton 算法实例

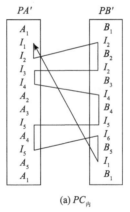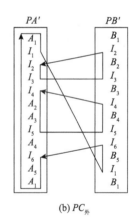

(a) $PC_{内}$　　　　(b) $PC_{外}$

图 4-22　Weiler-Atherton 算法顶点追踪过程实例

2）有拓扑多边形图裁剪算法

上述算法均没有顾及图形的拓扑关系。在有拓扑关系的情况下，开窗裁剪算法必须维护拓扑关系的正确性和一致性。否则，需要在裁剪之后重建拓扑关系，原拓扑关系及其他一些附加信息可能会丢失，且裁剪前后拓扑关系之间不存在继承性。这里以任意多边形窗口下的多边形裁剪为例，介绍一种顾及图形拓扑关系新算法，该算法由吴兵等（2000）提出。

a. 新算法原理

Weiler-Atherton 算法是以多边形的顶点序列为基础的，而具有拓扑关系的多边形并不是直接以顶点序列而是以弧段序列组成的。因此，可按多边形弧段求交、多边形拓扑重组和追踪裁剪结果多边形 3 个基本步骤，将具有复杂拓扑关系的多边形裁剪问题转化为类 Weiler-Atherton 算法裁剪。

　　设区域 R 由一组具有空间拓扑关系的多边形组成，记为 $R = \{P_0, P_1, \cdots, P_n\}$。其中的任一多边形 P_i 均由一组有向弧段组成，记为 $P_i = \{A_0, A_1, \cdots, A_m\}$，$P_i$ 的外边界取 A_i 的顺时针方向，内边界取 A_i 的逆时针方向。令弧段由其顶点序列来描述，记 $A_i = \{V_0, V_1, \cdots, V_k\}$，其中，$V_0$ 为起点，V_k 为终点。除此之外，弧段与左右多边形的关系、结点与弧段之间的关系等均已知，即多边形的空间拓扑关系已经得到正确描述。

　　新算法增加了处理空间拓扑的步骤，用交点、弧段混合表取代原 Weiler-Atherton 算法的交点表，将原算法中追踪多边形顶点序列改造为追踪多边形弧段序列。从而保证当一个多边形被裁剪为多个多边形时，这些多边形会正确继承原多边形的拓扑信息及其附加属性，而不必在裁剪之后重建拓扑关系。

　　b. 新算法步骤

　　第一步：将 R 的所有弧段与裁剪多边形的弧段求交。

　　第二步：根据交点重组 R 的所有多边形与裁剪多边形，并维护原有拓扑关系。

　　第三步：对每个多边形建立交点、弧段混合表。

　　第四步：遍历所有多边形，反复执行第五～第八步。

　　第五步：从交点、弧段混合表中取出一个入点，在被裁剪多边形中按弧段方向追踪，直至遇到下一个交点，将追踪所得的弧段序列加入裁剪结果多边形中。

　　第六步：跳转至裁剪多边形相应位置。按弧段表方向追踪，直至遇到下一个交点，将追踪所得的弧段序列加入裁剪结果多边形中。

　　第七步：跳转至被裁剪多边形相应位置，重复第五、第六步，直至回到起始交点处，完成一个多边形的追踪。

　　第八步：当多边形的交点、弧段混合表中的所有入点均追踪完毕后，即完成此多边形的裁剪重构。

　　如图 4-23 所示，被裁剪区域 $R = \{P_1, P_2, P_3\}$，$P_1 = \{A_1, A_4, A_5\}$，$P_2 = \{A_2, -A_6, -A_4\}$，$P_3 = \{A_3, -A_5, A_6\}$。

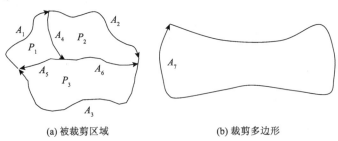

(a) 被裁剪区域　　　　　　　　　　　　　(b) 裁剪多边形

图 4-23　被裁剪区域与裁剪多边形示例

　　第一步：将裁剪多边形 $P_c = \{A_7\}$ 的弧段与 R 的所有弧段求交，得到交点集 $I = \{I_1, I_2, I_3, I_4, I_5\}$，如图 4-24 所示。

　　第二步：对 R 的所有多边形进行拓扑重组，得到

$$P_1 = \{A_8, A_9, A_{15}, A_{16}, A_5\}$$
$$P_2 = \{A_{10}, A_{11}, -A_6, -A_{16}, -A_{15}\}$$
$$P_3 = \{A_{12}, A_{13}, A_{14}, -A_5, A_6\}$$
$$P_c = \{A_{17}, A_{18}, A_{19}, A_{20}, A_{21}, A_{22}\}$$

第三步：以 P_1 为例建立多边形交点、弧段混合表：

$$M_1 = \{A_8,\ I_1,\ A_9,\ A_{15},\ I_2,\ A_{16},\ A_5\}$$
$$M_c = \{A_{17},\ I_1,\ A_{18},\ I_2,\ A_{19},\ I_3,\ A_{20},\ I_4,\ A_{21},\ I_5,\ A_{22}\}$$

在 M_1 中 I_2 为入点，由此点开始追踪内裁剪结果多边形，得到

$$P_{1内} = \{A_{16},\ A_5,\ A_8,\ A_{18}\}$$

在 M_1 中 I_1 为出点，由此点开始追踪外裁剪结果多边形，得到

$$P_{1外} = \{A_9,\ A_{15},\ -A_{18}\}$$

以同样的方法可得到其他两个多边形的裁剪结果：

$$P_{2内} = \{A_{11},\ -A_6,\ -A_{16},\ A_{19}\}$$
$$P_{3内} = \{A_{14},\ -A_5,\ A_6,\ A_{12},\ A_{21}\}$$
$$P_{2外} = \{-A_{15},\ A_{10},\ -A_{19}\}$$
$$P_{3外} = \{A_{13},\ -A_{21}\}$$

最后，多边形 P_c 对区域 R 的拓扑裁剪结果为

$$R_内 = \{P_{1内},\ P_{2内},\ P_{3内}\}$$
$$R_外 = \{P_{1外},\ P_{2外},\ P_{3外}\}$$

上例中，裁剪之前 P_1 与 P_2 拥有公共弧段 A_4，分别为 A_4 的右、左多边形。内裁剪之后，$P_{1内}$ 与 $P_{2内}$ 拥有公共弧段 A_{16}，分别为 A_{16} 的右、左多边形，即 $P_{1内}$ 与 $P_{2内}$ 在裁剪之后仍然是空间相邻关系，并且分别继承了 P_1 与 P_2 的各种属性信息。这表明经过本算法拓扑裁剪之后的多边形的空间拓扑关系得以维持与继承。

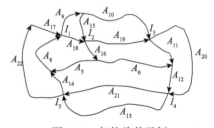

图 4-24　拓扑裁剪示例

4.4　等值线引绘算法

等值线是普通地图和专题地图上表达地貌、地理和社会经济要素时常用的地图符号之一，如地形图上的等高线，专题地图上的等温线、等压线、等降水线、等密度线等。因此，在计算机地图制图中，研究等值线的绘制具有重要意义。

近年来，学者们对等值线的引绘方法进行了广泛的探讨，提出了许多实用算法。概括起来，这些算法可以分为以下三类。

（1）利用规则网格直接引绘等值线。该类算法中，网格一般为矩形（即 GRID），原始数据位于矩形网格的交点上。

（2）以不规则原始数据为依据，用双三次曲线拟合、按距离加权平均或按距离加权最小二乘等方法拟合一张曲面 $Z=f(x,y)$，将规则网格点的平面坐标代入曲面方程，求网格点的高程后引绘等值线。

(3)直接根据不规则分布的数据点构成不规则多边形(常用三角形构成不规则三角网，即TIN)，然后根据不规则多边形进行等值线引绘。

前两种方法称为规则格网法，后一种方法称为不规则格网法。无论是采用规则格网法，还是利用不规则格网法引绘等值线，所研究的基本问题是共同的：等值点位的寻找、等值点的追踪、等值线的光滑和等值线的注记。若采用第二或第三种方案还存在构网问题。

下面阐述等值线引绘的基本原理。

4.4.1　构网

若以不规则原始数据，即离散点数据为依据引绘等值线，首先应在制图区域人工构造一个格网：规则格网或不规则格网，然后才能引绘等值线。

规则格网是指在制图区域上构成由小长方形或正方形网眼排成的矩阵式的网格。每个格网点点值可采用一定的插值方法求得。

不规则格网是指直接由离散点连成的四边形或三角形网，其中三角形网较为常见。构成三角形网的算法有多种，其基本思想是：以三角形的某一边向外扩展，直至全部离散点均已连成网为止。设某个三角形的一条边的两端点是 A、B，另一个顶点为 C。过 A、B 的直线方程可根据这两点坐标建立，那么，这条直线将把平面所有的离散点分成三个点集，其中，与 C 点同侧和位于该直线上的点集中的任何一点都不能与 A 和 B 形成新的三角形，其余的点均有可能与 A 和 B 形成新的三角形。那么，哪一点最适合呢？这取决于给定的构网条件，这里给出两种构网条件：一是所选点与 A、B 连线的夹角最大；二是过所选点与 A、B 三点构成圆的圆心到 A、B 连线的"距离"最小(这里的"距离"，当圆心与点 C 同侧时取负值，否则取正值)。利用这两个条件之一便可在可选点中选择一个点并与 A、B 构成一个新的三角形，此新的三角网就是 Delaunay 三角网。经检验，该新三角形与已构成的三角形无重复，则该三角形有效。至于第一个三角形怎么形成，方法是在离散点数据场中选择距离最近的两个点的连线作为第一个三角形的一边(若考虑地性线，可用同一地性线任何一相邻两点连线作为第一边)，然后利用上述条件选择第三点，以便构成第一个三角形。

如何由第一个三角形往外扩展，联结全部离散点构成三角形网，并确保三角形网中没有重复和交叉的三角形呢？这是一个复杂而又值得注意的问题。通常可采用两计数器来解决，一个记录已构成的三角形的个数，一个记录已扩展的三角形的个数。当这两个计数器所记录的数值相等时表明扩展工作已结束。

关于 Delaunay 三角网的性质和构造方法，第 2 章已有详细的论述，在此不再赘述。

4.4.2　等值点位的寻找

计算等值点在网格边上的位置，首先要确定等值线与网格相交的条件。设等值线的值为 Z_c，显然，只有 Z_c 处于相邻格网点值之间，该边上才有等值点(点值为 Z_c)。为此建立的判断条件是

$$(Z_a - Z_c)(Z_b - Z_c) < 0$$

式中，Z_a 和 Z_b 分别为网格边两端点的点值。若条件满足，说明该边上有等值点，否则有两种情况：$(Z_a - Z_c)(Z_b - Z_c) > 0$ 和 $(Z_a - Z_c)(Z_b - Z_c) = 0$。前者说明该边上没有等值点；后者说明等值线穿过其中的一个端点，这时可将该端点的点值加上一个微量，以防等值点追踪时出现二义性。

等值点的位置均用线性内插求得，即

$$x_c = x_a + \frac{z_c - z_a}{z_b - z_a}(x_b - x_a)$$

$$y_c = y_a + \frac{z_c - z_a}{z_b - z_a}(y_b - y_a)$$

　　为了便于等值点的追踪，选择有效的点位记录方式是很重要的。在规则网格中，每个网眼均用左下角点的行列号表示，这样可涉及两个数组分别记录行方向网格边上的等值点和列方向网格边上的等值点。在三角网中，要设置两个二维数组 $X_B(I, J)$、$Y_B(I, J)$ 来存放等值点。$I=1$，2，3，表示三角形的三条边；$J=1$，2，3，$\cdots$，k，表示三角形的编号。如果边上无等值点则赋予零。

4.4.3　等值线的连接

　　等值线的连接就是将同一条等值线上的点有序地连起来。具有 Z_c 值的等值点可能组成一条或几条等值线。无论绘制哪种等值线，都必须找出起始等值点，称为线头。闭曲线的始点一定位于制图区域的内部，即内部的任一等值点都可作为等值线的起点和终点；开曲线一定是开始于制图区域的边界而终止于边界，所以它的起始等值点和终止等值点一定位于边界上。这是建立等值点追踪方案的基本出发点。

　　不同的格网其追踪方法也不同。对于规则格网来说，由于等值点位于网格边上，所以等值线通过相邻格网的走向只有四种可能：自下而上、自左至右、自上而下、自右至左(图4-25)。为了确定曲线进入的边是上边、下边，还是左边、右边，可分别建立一些判断条件。设曲线进入该边之前与某边的交点为 a_1，与该边的交点为 a_2，则依次按下列顺序判断：

　　如果 $i_{a_1} < i_{a_2}$，则自下而上追踪；

　　如果 $j_{a_1} < i_{a_2}$，则自左至右追踪；

　　如果 $\mathrm{int}(x_{a_2}) < x_{a_2}$，则自上而下追踪。

　　不满足上述三个条件，一定是自右至左追踪。

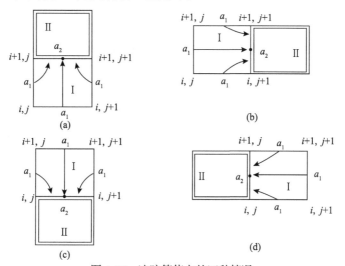

图 4-25　追踪等值点的四种情况

综上所述，追踪等值点是在任意两个相邻网格内进行的，而建立追踪方案的前提条件是要知道点 a_1 和点 a_2 的位置。对于开曲线，可把在制图区域边界上寻找的等值点作为第二点，根据其实际情况假定一点作为 a_1 点，并使其满足上面条件之一开始追踪第三点，然后把找到的第三点作为第二点，原来的第二点作为第一点，再追踪新的第三点，直至终点。注意：每追踪一点都要从原始数据场中将此点抹掉，以免重复。当格网边界上无任何等值点时，说明这些等值点可能形成的开曲线已跟踪完，此时再在内部寻找闭曲线的线头，找到以后按开曲线方法建立追踪方案，只不过在抹去原始数据点时开始不能将第一点抹去，否则曲线不能闭合。

在规则网格法中，当两条具有相同值的等值线落在同一方格内（即某一网格四条边上都有某一值的等值点）时会引起不确定性，其连接方法有三种可能，如图 4-26 所示。如果碰到这种情况，只要在算法中避免第三种情况[图 4-26(c)]出现就可以了，其他两种连接方法都正常。

三角网中等值点追踪算法与规则网格法不同，这是因为内插等值点是以三角形为单位的，这就使相邻三角形公共边上的同一等值点计算过两次。如果等值点不是边界点（如图 4-27 中的点 B、点 C、点 D），则这些点既是第一个三角形的出口点，又是下一个三角形的入口点。如果等值点位于边界上（如图 4-27 中的点 A、点 I），它们只能是入口点或出口点。因此，在确定了某条等值线的起点后，就不难建立起追踪的算法。因为确定一个等值点是否是边界点计算麻烦，所以不必在追踪前就区分是闭曲线还是开曲线，而是跟踪以后确定。算法是：首先按三角形序号的顺序去搜索，当在某序号三角形中找到一个等值点后就将其坐标记录在另外两个变量中并从原数据中抹去。然后，把这一点作为等值线在这个三角形内的入口点，那么该三角形必然存在的另一等值点就是这个三角形的出口点。利用坐标比较可在另一个三角形边上找到与此坐标相同的一个等值点，它便是该等值线在新三角形内的入口点，再利用坐标比较找出新的出口点，以此类推。当找不到新的入口点时，需要将找到的最后一个点（出口点）坐标与记录在另外两个变量中的起始坐标进行比较，如果相同就是闭曲线，否则是开曲线。若是开曲线，则将已跟踪的等值点坐标倒排，利用已记录的起始点作为出口点继续搜索，直到发现另一个线头。要注意的是，在追踪时应跟踪一点记录一点，并累计计数，追踪过的点都要从原始的等值点数据中抹去，以免重复追踪。

　　(a)　　　　　　　　(b)　　　　　　　　(c)

图 4-26　方格四边都有等值点时可能有的几种连接形式

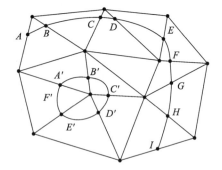

图 4-27　三角网法跟踪等值点

4.4.4　等值线的注记

在等值线上写注记，要求注记位置合适、排列整齐、字向合理，其过程如下。

1. 寻找写字的位置和确定字向

这项工作在手工方式的地图制作过程中是比较容易的，但用计算机来实现则变复杂了。

寻找注记的位置就是要在一条未经绘出的曲线轨迹上找曲率较小的曲线段，且该曲线段的长度大于要写的注记的总宽度。用计算两个等值点之间的距离和斜率或相邻三点之间的转角来确定写注记的位置，用判断曲线的走向来决定字向。

2. 重新整理等值点数据场

在闭曲线上标识注记时，当留出注记的位置后，闭曲线便成了开曲线，而且起讫点也发生了变化，所以要重新整理等值点数据场[图 4-28(a)]；在开曲线上写注记后，使原来的一条曲线变成了两段曲线，在输出一段曲线后写注记，写好后要再次整理第二段曲线上数据点的编号[图 4-28(b)]。图 4-28 中的罗马数字表示原等值线上等值点的编号，阿拉伯数字表示写注记后的等值点的编号。

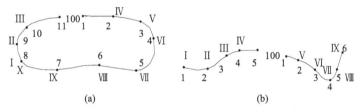

图 4-28　写注记后等值点重新排列

上面讨论了引绘等值线的基本问题，下面简单叙述一下引绘等值线的精度问题。在规则网格中，影响等值线精度的因素有已知数据点分布密度和离散程度（不是指原始数据点本来就是规则分布的情况）、网格大小、曲面拟合函数、制图区域边界以外一定范围内有无已知数据点分布、所选用的插值方法等。尤其是网格大小与所引绘等值线精度之间的关系是值得研究的。在用三角网法引绘等值线时，除了已知点的分布密度和离散程度，已知点的精度和制图区域边界以外一定范围内有无数据点分布之外，还要考虑构网时有没有地性线（山脊线和山谷线等）的影响。通常要求在构网时不允许任何三角形的边与地性线相交，只有这样才能保证三角形的边不悬在空中或穿入地下。

图 4-29(a) 因为考虑了结构线信息，所以避免了三角形边与结构线相交的现象，构网合理；而图 4-29(b)，未考虑结构线信息，使边 a、b、c、d 悬在空中，边 e、f、g 贯穿于地下，构网不合理。因此，要致力于根据离散点自动寻找地性线方法的研究，并把获得的地性线信息考虑在构网条件之中，否则用三角网法勾绘等高线是不适宜的。

最后还应注意同一等值线实际上有可能与网格相交两次的情况。但在上述两种算法中判断不出来（图 4-30）。这种情况规则网格法只有依靠缩小网格的办法才能克服，而三角网法几乎是无法克服的。离散点数据用规则网格法和三角网法勾绘等值线的流程见图 4-31 和图 4-32。

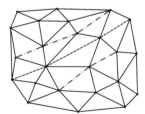

(a) 考虑结构线信息的构网
（三角形边与结构线无交叉）

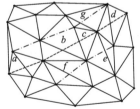

(b) 未考虑结构线信息的构网
（三角形边与结构线有交叉）

-----山谷线　-·-·-山脊线

图 4-29　结构线对构网的影响

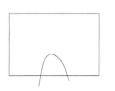

图 4-30　等值线与网格边棱相交两次

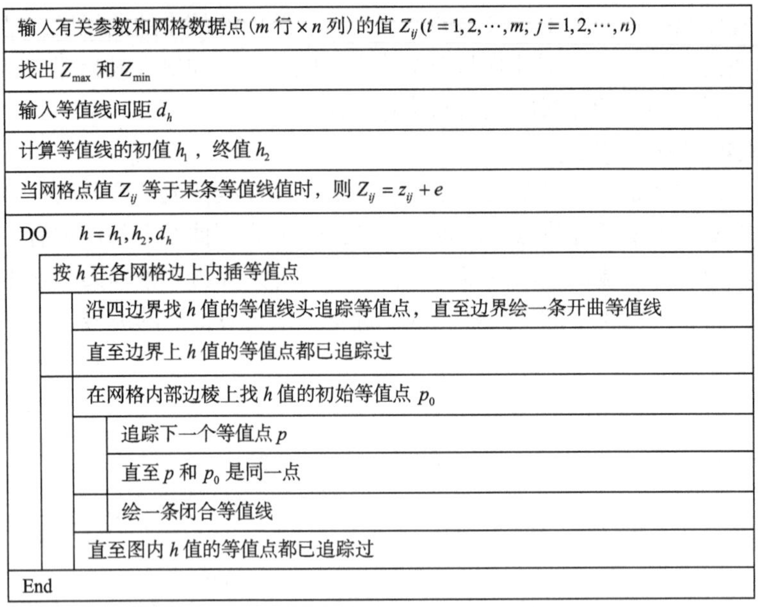

输入有关参数和网格数据点（m 行 × n 列）的值 $Z_{ij}(t=1,2,\cdots,m;\ j=1,2,\cdots,n)$
找出 $Z_{\max}$ 和 $Z_{\min}$
输入等值线间距 d_h
计算等值线的初值 h_1，终值 h_2
当网格点值 Z_{ij} 等于某条等值线值时，则 $Z_{ij}=z_{ij}+e$
DO　$h=h_1,h_2,d_h$
按 h 在各网格边上内插等值点
沿四边界找 h 值的等值线头追踪等值点，直至边界绘一条开曲等值线
直至边界上 h 值的等值点都已追踪过
在网格内部边棱上找 h 值的初始等值点 p_0
追踪下一个等值点 p
直至 p 和 p_0 是同一点
绘一条闭合等值线
直至图内 h 值的等值点都已追踪过
End

图 4-31　规则网格法勾绘等值线

输入离散点数据 (x,y,z) 结构线信息
找出 $Z_{\max}$ 和 $Z_{\min}$
输入等值线间距 d_h
计算等值线的初值 h_1，终值 h_2
当离散点的 Z 值等于某一条等值线的值时，$Z_{ij}=z_{ij}+e$
构成第一个三角形（可以结构线为基础开始）
L=1,K=1
若 K<L，则 K=K+1
DO　i=1,3
Yes
No
$L=L+1$
在不与结构线相交的情况下
按最佳条件向外扩展
直到 K=L
DO　$h=h_1,h_2,d_h$
在三角形各边上内插 h 值的等值点
找出 h 值的初始等值点 p_0
追踪下一个等值点 p
直至 p 与 p_0 是同一点，或两端都追踪至三角网最外边
绘一条等值线
直至图内 h 值的等值点都已追踪过
End

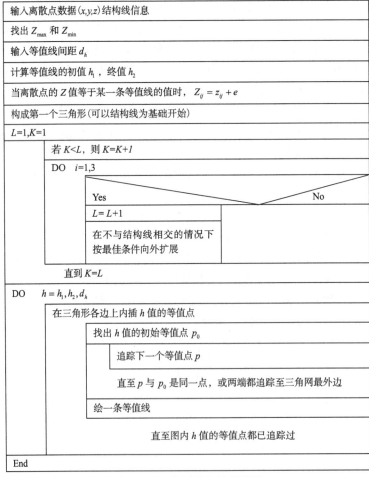

图 4-32　三角网法勾绘等值线

4.5　拓扑多边形自动生成算法

拓扑关系的存在是空间数据区别于其他数据的重要特征之一。空间数据拓扑关系的构建是空间数据库建立的一项关键技术，而弧段-多边形拓扑关系的建立又是其中的难点。弧段-多边形拓扑关系的建立通常有两种方法：一是人工构建，如美国人口普查局的 DIME 系统；二是自动构建，当前 GIS 开发多采用这种方法。

对于拓扑多边形的自动构建算法，学者们的研究侧重点各异，但基本都是从自动化程度、时间效率和算法的复杂性出发进行优化与改进。早期的算法一般都离不开人工干预(如输入内点、多边形编码等)，这对全自动成图是不利的。齐华等提出的 Q_i 算法在时间效率上有了较大的改进，自动化程度也较高，但时间效率仅体现在把 $\tan^{-1}(x)$ 的计算置换为 Q_i 函数值的计算，而多边形搜索、多边形拓扑关系的确定基本沿用原来的方法。

本节介绍一种基于方位角计算的多边形快速构建算法(闫浩文和陈全功，2000)，该算法很好地解决了多边形构建及"岛屿"与"飞地"处理问题。整个算法结构清晰，简单易懂，程序设计易于实现。其基本思路是：①弧段邻接关系确定；②弧段方位角计算；③多边形搜索；④拓扑关系确定。

4.5.1　方位角的计算方法

坐标方位角是测量学中的一个基本概念，是指从坐标北方向起顺时针旋转到某一射线的角度。此处借用该概念并规定：把从平面直角坐标系的 x 轴正半轴起逆时针旋转到某一射线的角度称为该射线的坐标方位角，其取值为 $0°\sim360°$。

如有射线 AB，其首端点为 $A(x_A,\ y_A)$，其上另一点为 $B(x_B,\ y_B)$，坐标方位角用 α_{AB} 表示，则 α_{AB} 可按照下式计算：

$$D_x=x_B-x_A$$
$$D_y=y_B-y_A$$

(1)若 $D_x=0$，$D_y>0$，则 $\alpha_{AB}=90°$；

(2)若 $D_x=0$，$D_y<0$，则 $\alpha_{AB}=270°$；

(3)若 $D_x>0$，$D_y>=0$，则 $\alpha_{AB}=\arctan(D_y/D_x)$；

(4)若 $D_x>0$，$D_y<0$，则 $\alpha_{AB}=\arctan(D_y/D_x)+360°$；

(5)若 $D_x<0$，则 $\alpha_{AB}=\arctan(D_y/D_x)+180°$。

注：$D_x=0$，$D_y=0$ 时，方位角不存在，这种情况本算法不予考虑。

4.5.2　拓扑邻接的两弧段间夹角的计算方法

一条弧段至少由两个点组成。拓扑邻接的两弧段间夹角是指从它们的公共端点 O 出发的两条射线(若公共端点是弧段的起点，射线指向弧段的第二点；若公共端点是弧段的末点，射线指向弧段的倒数第二点)所夹的有向角，其取值为 $0°\sim360°$。若弧段 A_1、A_2 有公共端点，且在该端点两弧段的坐标方位角分别为 α_1、α_2，两弧段间夹角按照下

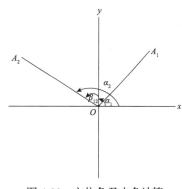

图 4-33　方位角及夹角计算

列公式计算（图 4-33）。

$$若\ \alpha_1 \geqslant \alpha_2,\ \beta_{12} = \alpha_1 - \alpha_2;$$

$$若\ \alpha_1 < \alpha_2,\ \beta_{12} = \alpha_1 - \alpha_2 + 360°;$$

其中，α_1 为起始弧段 A_1 在端点 O 的坐标方位角；α_2 为终止弧段 A_2 在端点 O 的坐标方位角；β_{12} 为端点 O 处从弧段 A_1 到 A_2 的夹角。反之，β_{21} 为端点 O 处从弧段 A_2 到 A_1 的夹角，且有 $\beta_{12} + \beta_{21} = 360°$ 成立。

4.5.3 多边形搜索的最小角法则

一条弧段作为一个或两个多边形的组成边而存在，即从一条弧段出发最多可以搜索出两个正确的多边形。如图 4-34 所示，若从弧段 A_1 的一端 O 出发，并把它作为起始弧段，把与 A_1 的 O 端拓扑关联的其他弧段作为中止弧段，比较并找出与 A_1 夹角最小的中止弧段 A_2，并

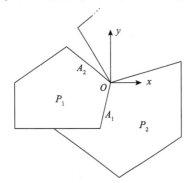

图 4-34　运用最小角法则搜索多边形

把 A_2 作为新的起始弧段，从它的另一端点出发重复以上过程继续搜索，直到回到出发弧段 A_1 的另一端为止，所有搜索出的弧段构成了一个多边形。同样，从 A_1 的 O 端开始，并把它作为中止弧段，把与它拓扑关联的其他弧段作为起始弧段，比较并找出与该弧段夹角最小的弧段，并把找出的弧段作为新的中止弧段，再从新弧段的另一端点出发重复以上过程继续搜索，直到回到出发弧段 A_1 的另一端为止，所有搜索出的弧段构成了另一个多边形。这样，从一条弧段出发可以跟踪出两个多边形，此方法可称为多边形搜索的最小角法则。

4.5.4 多边形的自动构建算法

1. 弧段间拓扑邻接关系的确定

1）弧段无邻接关系的处理

弧段是有向坐标串的集合，往往是从图形数字化而得并以文件形式保存的。有的数字化软件不对数字化的弧段进行分断处理和端点坐标匹配，从而出现了部分弧段的首末点与本应该邻接的弧段的邻接关系未被正确表达的现象。

为此，需要确定一个距离值 LIMIT 作为端点坐标匹配的限差，对弧段进行断开处理。设全部弧段中的最大、最小坐标分别是 $X_{\max}$、$Y_{\max}$、$X_{\min}$、$Y_{\min}$，L 是 $X_{\max} - X_{\min}$ 与 $Y_{\max} - Y_{\min}$ 的较小者，A 是最小弧段的长度，则根据实验 LIMIT 取 $L/1000$ 与 A 的小者为优。若某一弧段 M 的首（末）端点与其他弧段的首（末）端点及本弧段的末（或首）端点的距离均大于 LIMIT，搜索其他弧段的坐标，找出与该端点距离最近的点 P 及其所在的弧段 N，把弧段 N 以 P 为界分为两条弧段并把 P 点作为新弧段 M 的端点。对所有弧段的首末端点进行上述操作，完成弧段的断开处理。

2）建立弧段拓扑邻接表

从第一条弧段的首端点出发，找出与其距离小于等于 LIMIT 的弧段端点并记录其弧段编号和标记端点位置。某一弧段 N 的首端点与另一弧段相关联，在弧段拓扑邻接关系表中标记为 N；末端点与另一弧段相关联，标记为 $-N$。如图 4-35 所示的弧段图形，其弧段拓扑邻接关系见表 4-1。

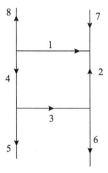

图 4-35 弧段拓扑邻接示意图

表 4-1 弧段拓扑邻接表

弧段号	端点	邻接关系
1	首	4, 8
	末	−2, −7
2	首	−3, 6
	末	−1, −7
3	首	−4, 5
	末	2, 6
4	首	1, 8
	末	5, 3

2. 方位角的计算

按照方位角计算公式计算并保存所有弧段首末端的坐标方位角。多边形的搜索不再进行方位角计算。

3. 多边形的搜索

多边形的搜索按照最小角法则进行。从编号为 1 的弧段的始端出发，查找弧段拓扑邻接表中与该端点关联的弧段，按照最小角法则可以搜索出两个多边形。依照上述方法，依次把其他弧段作为开始弧段，共可找出 $2N$（N 为总弧段数）个多边形。搜索过程中记录构成多边形的边号（一弧段首端与上一弧段关联用正边号，否则用负边号）和边数，即形成多边形与弧端的拓扑关联表。图 4-36 被搜索后构成的拓扑关联见表 4-2。

表 4-2 弧段与多边形的拓扑关联表

多边形号	弧段数	构成弧段	多边形号	弧段数	构成弧段
1	7	−1, 4, −15, −14, −9, −8, −6	10	3	−5, −4, 3
2	4	−1, 3, 18, 11	11	7	−6, −1, 4, −15, −14, −9, −8
3	1	−2	⋮	⋮	
4	1	−2	30	7	−15, −14, −9, −8, −6, −1, 4
5	3	−3, 4, 5	31	1	−16
6	4	−3, 1, −11, −18	32	1	−16
7	7	−4, 1, 6, 8, 9, 14, 15	33	1	−17
8	3	−4, 3, −5	34	1	−17
9	5	−5, −15, −13, −12, −18			

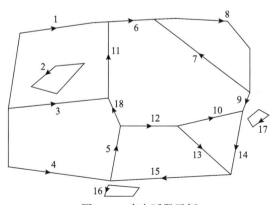

图 4-36 有向弧段示例

4. 多余多边形的消除

按照最小角法则搜索出的多边形部分是重复的（如"岛"被搜索了两次），部分是错误的（如外围轮廓多边形），这两种多边形需要去除。重复多边形的去除是从多边形与弧段的拓扑关联表中按照边数相等且边号绝对值相等的原则实现。错误多边形的去除按照下面原则进行：一个多边形与另一多边形有公共边，同时它又包含另一多边形的非公共边上一点，则该多边形是错误多边形。表 4-3 是表 4-2 消除多余多边形后的结果。

表 4-3 弧段与多边形的拓扑关联表

多边形号	弧段数	构成弧段	多边形号	弧段数	构成弧段
1	4	−1, 3, 18, 11	6	2	−7, −8
2	1	−2	7	3	−10, 13, −14
3	3	−3, 4, 5	8	1	−16
4	5	−5, −15, −13, −12, −18	9	1	−17
5	6	−6, −11, 12, 10, −9, 7			

5. 多边形拓扑关系的确定

1）多边形拓扑邻接关系的确定

搜索多边形与弧段的拓扑关联表，若多边形 P_1 与多边形 P_2 有公共弧段，则它们拓扑邻接，记录其拓扑邻接关系形成多边形拓扑邻接关系表。

2）多边形拓扑包含关系的确定

搜索多边形拓扑邻接关系表及多边形与弧段的拓扑关联表，若多边形 P_1 与 P_2 没有拓扑邻

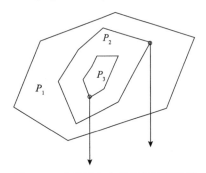

图 4-37 多边形包含关系判断的示例

接关系且 P_2 上有一点在多边形 P_1 内（用铅垂线内点法），则多边形 P_1 包含多边形 P_2。依照上述方法搜索所有多边形并记录其包含关系即形成多边形拓扑包含关系表。用铅垂线内点法判断一点在多边形内的依据是铅垂线与多边形交点的奇偶性，若交点个数为偶，点在多边形外，否则点在多边形内。但是，这种方法不能正确判定多边形的多重包含关系。如图 4-37 所示，判定的结果是多边形 P_1 包含多边形 P_2 又包含多边形 P_3，而实际上 P_1 与 P_3 的包含关系是错误的，应该消除。为此，搜索多边形拓扑包含关系表，按照临近包含的原则修正包含关系。

这样，作为"飞地"的多边形与其他多边形的包含关系得以确认，作为"岛屿"的多边形也在多边形与弧段的拓扑关联表中作为独立的多边形存在。

6. 多边形与内点的拓扑包含关系的确定

内点是在多边形内填充颜色、图案、符号的根据。若数字化时已为多边形生成了内点文件，则按照铅垂线内点匹配法建立多边形与内点的拓扑包含关系表。否则，要用程序自动生成内点。用程序自动生成内点的方法是：在多边形上任取一条线段的中点 $P(X, Y)$，然后生成四点：$P_1(X-1, Y)$，$P_2(X+1, Y)$，$P_3(X, Y-1)$，$P_4(X, Y+1)$，用铅垂线内点法判断，至少有一点在多边形内。

4.6　曲线光滑算法

地图是根据一定的数学法则，使用地图语言，通过制图综合，表示地面上地理事物的空间分布、联系及在时间的发展变化中的符号集合。现实世界具有连续分布的特点，地图通过二次抽象过程(即符号化过程和制图综合过程)将所感兴趣的地理事物表现出来。经过抽象而存储在计算机数据库中的地图数据，对地面的描述是离散的；而地图的表达要求是连续的，二者是一对矛盾。以线状地物如河流、境界线、等高线等为例，计算机中存储的是线状地物的特征点。如果直接把这些原始数据在图面上描绘出来，得到的往往是转折明显的折线集合，与上述线状地物的现实形态是不一致的，这就严重影响了地图的艺术表达效果。为此，在地图制图中，需要根据地物的特性，运用一定的模型、方法，把这些折线状的离散表达"真实再现"出来，这个过程就称为"曲线光滑"。

关于曲线光滑的基本原理，第 2 章有比较详细的阐述。本章以线性迭代光滑法、正轴抛物线加权平均法、斜轴抛物线加权平均法、五点求导分段三次多项式插值算法、三点求导分段三次多项式插值算法、张力样条函数算法等为例，论述地图制图中曲线光滑的基本算法和理论。

4.6.1　线性迭代光滑法

线性迭代光滑法又称"抹角法"，这种方法简单易懂，并且容易用计算机实现。它是建立在线性插值的基础上，通过一次又一次的迭代(每迭代一次抹去一批转折点)，达到最终曲线光滑的目的。

参照图 4-38，设平面上的一组数据点为 A，B，C，$\cdots$，N，取其中的三点 A、B、C，在 A、B 两点间 1/2 处定出点 A'，在 B、C 两点间 1/2 处定出 B'，A'、B、B' 三点间是有效插值区间。

第一次插值计算出 AB 和 BC 间的 1/4 处的点位，其为 1′、2′、3′、4′，连接 $\overline{2'3'}$，就抹去了 B 点。

第二次插值是在 $\overline{1'2'}$、$\overline{2'3'}$、$\overline{3'4'}$ 区间进行的，同样计算出各区间 1/4 处的点位，其序号为 1″，2″，$\cdots$，6″，连接 $\overline{2''3''}$ 和 $\overline{4''5''}$，就抹去了 2′、3′ 两点。

第三次插值是在 $\overline{1''2''}$、$\overline{2''3''}$、$\overline{3''4''}$、$\overline{4''5''}$ 和 $\overline{5''6''}$ 区间进行的，仍然计算出 1/4 处的点位，其序号为 1‴，2‴，3‴，$\cdots$，10‴，共 10 个点，连接 $\overline{2'''3'''}$、$\overline{4'''5'''}$、$\overline{6'''7'''}$ 和 $\overline{8'''9'''}$，就抹去了 2″、3″、4″、5″ 4 个点。

迭代次数与所得到的插值点数的关系式是

$$M = 2^N + 2 \tag{4-12}$$

式中，N 为插补次数；M 为得到的插值点数。

迭代次数可以按照原始数据点列的距离和夹角大小而定，一般情况下迭代 4 次就足够光滑了(弦弧间偏差小于视觉分辨率或在图解精度之内)。将 $N=4$ 代入上式，则 $M=18$，即在两个原始数据点上得到 18 个插值点。由于第一点位于 A' 以外，第 18 点位于 B' 之外，这两点分别属于前一插入区间和后一插值区间，所以在本插值区间的有效插值点数为 16 个。对这 16 个点，从 A' 开始直到 B' 结束，每相邻点用一直线段连接，就可以得到一条视觉上光滑的曲线。

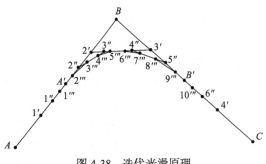

图 4-38　迭代光滑原理

在绘制闭曲线时，要求开始两点的前 1/2 区间和最后两点的后 1/2 区间合并作为最后一个插值区间进行插值计算。

这种方法计算简单，但由于每次抹角，所绘制的曲线不通过原结点而向内收缩。所以，线性迭代法对于制图上要求曲线严格通过已知点，如道路中心线、河流水涯线、边境线等时是不适用的；而在绘制那些定位精度要求不高的曲线(如等温线、等降水线、等压线等)时，这一方法不失为一种简单易行的曲线光滑方法。

4.6.2　正轴抛物线加权平均法

正轴抛物线加权平均算法又称为二次多项式平均加权法。正轴抛物线加权平均算法的基本思想是按数据点的顺序，每相邻三点作一条正轴抛物线。如图 4-39 所示，平面上有 1、2、3、4 四个数据点，是 n 个数据点的一部分。通过 1、2、3 三个相邻点可以拟合一条二次曲线；通过后三个相邻点 2、3、4 又可以拟合一条二次曲线，在重叠范围 2、3 点之内有两条二次曲线。用加权的办法获得平均曲线作为最终的插值曲线。

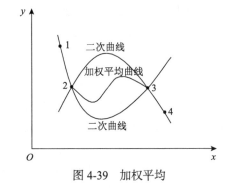

图 4-39　加权平均

由于权函数是一个三次多项式，所以实际的最终曲线方程是五次多项式。考虑地图上的曲线一般都是多值函数，因此宜采用参数方程来表示：

$$x = X(s)$$
$$y = Y(s)$$

（4-13）

式中，s 为累加弦长，其计算公式为

$$s_1 = 0$$
$$s_2 = s_1 + \sqrt{(x_2 - x_1)^2 + (y_2 - y_1)^2}$$
$$\vdots$$
$$s_k = s_{k-1} + \sqrt{(x_k - x_{k-1})^2 + (y_k - y_{k-1})^2} \quad (k = 2, 3, 4, \cdots, N)$$

显然，参数方程 $X(s)$ 和 $Y(s)$ 都是单值函数。下面分别加以讨论。

设

$$X(s) = a + bs + cS^2$$

$$Y(s) = d + es + fS^2$$

则经过 1、2、3 点的曲线方程为

$$X_1(s) = a_1 + b_1 s + c_1 s^2$$

$$Y_1(s) = d_1 + e_1 s + f_1 s^2 \tag{4-14}$$

将 x_i，y_i，s_i $(i=1, 2, 3)$ 分别代入式 (4-14)，则

$$\begin{bmatrix} 1 & s_1 & s_1^2 \\ 1 & s_2 & s_2^2 \\ 1 & s_3 & s_3^2 \end{bmatrix} \begin{bmatrix} a_1 \\ b_1 \\ c_1 \end{bmatrix} = \begin{bmatrix} x_1 \\ x_2 \\ x_3 \end{bmatrix}$$

$$\begin{bmatrix} 1 & s_1 & s_1^2 \\ 1 & s_2 & s_2^2 \\ 1 & s_3 & s_3^2 \end{bmatrix} \begin{bmatrix} d_1 \\ e_1 \\ f_1 \end{bmatrix} = \begin{bmatrix} y_1 \\ y_2 \\ y_3 \end{bmatrix}$$

解之，可求 a_1、b_1、c_1、d_1、e_1 和 f_1，所以经过 1、2、3 点的抛物线方程已定。

同理，可求出经过 2、3、4 点的抛物线方程 $X_r(s)$ 和 $Y_r(s)$。

在 2、3 两点间采用上述两支抛物线弧的加权平均曲线作为插值曲线，其函数式为

$$X_{2\sim 3}(s) = W_1(s) X_1(s) + W_r(s) X_r(s)$$

$$Y_{2\sim 3}(s) = W_1(s) Y_1(s) + W_r(s) Y_r(s)$$

式中，$W_1(s)$ 和 $W_r(s)$ 分别为这两支抛物线弧所加的权函数。

为了保证整条插值曲线经过已知点列并在已知点上具有一阶导数连续，即

$$X'_{2\sim 3}(s_2) = W'_1(s_2) X_1(s_2) + W_1(s_2) X'_1(s_2) + W'_r(s_2) X_r(s_2) + W_r(s_2) X'_r(s_2) = X'_1(s_2)$$

$$X'_{2\sim 3}(s_3) = W'_1(s_3) X_1(s_3) + W_1(s_3) X'_1(s_3) + W'_r(s_3) X_r(s_3) + W_r(s_3) X'_r(s_3) = X'_r(s_3)$$

所以，其权函数必须满足下列条件：

$$W_1(s) + W_r(s) = 1$$

$$W_1(s_2) = 1 \qquad\qquad W_1(s_3) = 0$$

$$W_r(s_2) = 0 \qquad\qquad W_r(s_3) = 1$$

并设

$$\begin{cases} W'_1(s_2) = W'_1(s_3) = 0 \\ W'_r(s_2) = W'_r(s_3) = 0 \end{cases}$$

可求得 2、3 点间的权函数 $W_1(s)$ 和 $W_r(s)$。

显然，适合上述条件的权函数 $W_1(s)$ 和 $W_r(s)$ 有无限多组，但如果限制为三次多项式，则是唯一的，它们是

$$W_1(s) = \left(1 - \frac{s - s_2}{\Delta s} \right)^2 \left[1 + 2 \left(\frac{s - s_2}{\Delta s} \right) \right]$$

$$W_r(s) = \left(\frac{s - s_2}{\Delta s} \right)^2 \left[3 - 2 \left(\frac{s - s_2}{\Delta s} \right) \right]$$

$$\Delta s = s_3 - s_2$$

于是，得到 2、3 点间的加权平均曲线函数。

上述是点列 1、2、3、4 的情形，此后各点将顺次作同样的处理，得到一条光滑的曲线。为了使有效插值做到从第一点开始并达到最后一点，对开曲线来说要求首末点处各补一点；对于闭曲线，由于首末点相同，可将倒数第二点作为首点处的补点，而将第二点作为末点处的补点。

以上是以累加弦长为参数的。若以相对弦长 t 为参数，则抛物线方程改为

$$X(t) = a + bt + ct^2$$
$$Y(t) = d + et + ft^2$$

若过 $i-1$、i、$i+1$ 三点建立抛物线参数曲线，且令

$$\begin{cases} t = 0 时，通过 i - 1 点 \\ t = 0.5 时，通过 i 点 \\ t = 1 时，通过 i + 1 点 \end{cases}$$

按上述条件，可方便地求出方程系数 (a, b, c, d, e, f)，并整理写出该抛物线段 $(i-1, i, i+1)$ 上的坐标计算公式：

$$x_1(t) = (1 \quad t \quad t^2) A \begin{bmatrix} x_{i-1} \\ x_i \\ x_{i+1} \end{bmatrix}$$

$$y_1(t) = (1 \quad t \quad t^2) A \begin{bmatrix} y_{i-1} \\ y_i \\ y_{i+1} \end{bmatrix}$$

式中，

$$A = \begin{bmatrix} 1 & 0 & 0 \\ -3 & 4 & -1 \\ 2 & -4 & 2 \end{bmatrix}, \quad 0 \leqslant t \leqslant 1$$

同理，也可写出 $(i, i+1, i+2)$ 抛物线段的坐标计算公式

$$x_r(t) = (1 \quad t \quad t^2) A \begin{bmatrix} x_i \\ x_{i+1} \\ x_{i+2} \end{bmatrix}$$

$$y_r(t) = (1 \quad t \quad t^2) A \begin{bmatrix} y_i \\ y_{i+1} \\ y_{i+2} \end{bmatrix}$$

式中，$0 \leqslant t \leqslant 1$，$A$ 的值同前。

$i \sim i+1$ 点也有左右两支抛物线，必须取其加权平均值作为最终插值曲线。为此，应将参数 t 的原点统一至 i 点，即对抛物线沿 t 轴平移 -0.5。这里，权函数需采用线性的，即

$$W_t = 1 - 2t, \quad W_r = 2t, \quad 0 \leqslant t \leqslant 0.5$$

$i \sim i+1$ 点的加权平均曲线函数为

$$X_{i \sim i+1}(t) = x_i - (x_{i-1} - x_{i+1})t + 2(2x_{i-1} - 5x_i + 4x_{i+1} - x_{i+2})t^2 - 4(x_{i-1} - 3x_i + 3x_{i+1} - x_{i+2})t^3$$

$$Y_{i \sim i+1}(t) = y_i - (y_{i-1} - y_{i+1})t + 2(2y_{i-1} - 5y_i + 4y_{i+1} - y_{i+2})t^2 - 4(y_{i-1} - 3y_i + 3y_{i+1} - y_{i+2})t^3$$

$$(0 \leqslant t \leqslant 0.5, i = 2, 3, \cdots, n-2)$$

从上式分析可知，加权平均曲线在结点处的切线方向正好是该结点左右相邻的两结点连线的方向，当结点分布均匀时，能获得满意的图形。该方法的突出优点是计算简捷、程序量小。在曲线两端处各需补一个点。

本方法在数学上是严密的，计算过程较简单，能保证光滑曲线严格通过每个原始数据点。但在数据点稀疏时，相邻两数据点之间的加权平均曲线会出现多余的摆动。无论是累积弦长，还是相对弦长为参数的正轴抛物线加权平均算法(这里的"正轴"是对参数方程而言的)，都不能保证抛物线的顶点位于结点上，即最大曲率点可能偏离结点，这与现实不符。在实际地形图测量当中，这些已知的数据点就是特征点，能代表曲线的走向。在数据光滑算法中，这些已知点必须在所求光滑曲线最大曲率点处。所以，需要对此算法进行改进。为此，又提出了一种斜轴抛物线加权平均法。下面将详细加以介绍。

4.6.3 斜轴抛物线加权平均法

1. 斜轴抛物线插值的基本思想

为了说明斜轴抛物线在曲线光滑中的作用，先对正轴抛物线和斜轴抛物线从光滑插值的角度作进一步的分析。在此，考察一种最为简单的情况——过平面上不位于一直线的有序三点分别作正轴与斜轴抛物线。通过有序离散点建立光滑曲线的问题可直观地比喻成骑自行车通过这些有序离散点的光滑路径问题。

如图 4-40 所示，对于 X 值单调的非共线三个原始数据点 A、B、C，用 Lagrange 插值多项式建立的正轴抛物线图形为曲线段 $ABDC$ 所示。此时的最大曲率点位于 D 点。而 D 点不是给定的已知的原始数据点；如借助坐标平移使抛物线的顶点位于中间点 B，并通过坐标系旋转使抛物线同时通过 A、C，这样的抛物线是一个局部坐标系中的斜轴抛物线，只是其坐标轴旋转角为一个待定值，它可通过已知三点来解出。过已知三点 A、B、C 的斜轴抛物线图形(路径)为曲线段 ABC。这两种抛物线之间的差异是显然的。

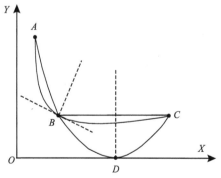

图 4-40 过 A、B、C 三点的斜轴抛物线 ABC 与正轴抛物线的区别

当 X 值不满足单调条件时，对于正轴抛物线来说，出现多值函数的情况。这时，不能用其进行曲线插值；而在斜轴条件下无任何限制。

2. 两种基本插值类型

当属于某条曲线的原始数据点多于三点时，则除了开曲线两端点以外，对于其他所有中间点，过其每相邻两点都有两条不同的斜轴抛物线弧通过。一般可分为两种情况分别进行处理。

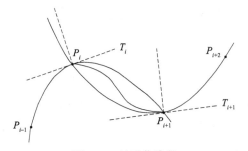

图 4-41　蛇形曲线段

2) 凸形曲线段（有曲无折）

为了保证凸形曲线段的严格凸性，可作如下处理。

（1）当两相邻结点之间的两条不同的抛物线弧 S_i 与 S_{i+1} 相交时（图 4-42），则在两弧上分别找出两点 t_i 与 t_{i+1}，使过该两点的切线 T_i 与 T_{i+1} 分别近似地平行于弦 P_iM 与 MP_{i+1}，然后在 t_i 与 t_{i+1} 两点之间作带倒数插值，构成凸形曲线弧 $P_i\ t_i\ t_{i+1}\ P_{i+1}$。

（2）当两抛物线弧不相交时，可直接采用带倒数插值（图 4-43）。

1) 蛇形曲线段（有曲有折）

如图 4-41 所示，在这种情况下，用三次曲线弧连接 P_i 及 P_{i+1}，此处不仅要求该三次曲线弧向两端分别逼近于切线，即斜轴抛物线的横轴 T_i 及 T_{i+1}（把斜轴抛物线的横轴正向作为曲线在各结点处的适宜切线方向），还要求该三次曲线弧立于两个抛物线弧所围成的梭形带内，以限制曲线路径。

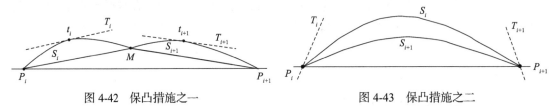

图 4-42　保凸措施之一　　　　　　　　　　　图 4-43　保凸措施之二

此外，在保凸的原则下对曲线路径进行限制。

3. 斜轴抛物线方程的建立

1) 斜轴抛物线的方程

设在原始坐标系（X_0，Y_0）中，已知不位于一直线的三点 A、B、C，求通过此三点且顶点位于点 B 的斜轴抛物线方程（图 4-44）。

设将坐标原点移至点 B 且将坐标轴旋转角 α，则过已知三点 A、B、C 且顶点位于点 B 的抛物线在 X-Y 坐标系中的方程为

$$Y = KX^2$$

由于该抛物线通过 A 点，所以有

$$K = \frac{Y_A}{X_A^2}$$

因为点 C 也位于这条抛物线上，所以有

$$Y_C = KX_C^2 = \frac{Y_A}{X_A^2}X_C^2 \qquad (4-15)$$

根据坐标旋转公式

$$X = x\cos\alpha + y\sin\alpha$$

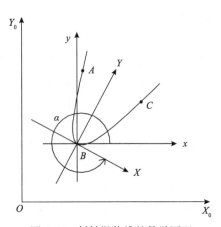

图 4-44　斜轴抛物线的数学原理

$$Y = y \cos \alpha - x \sin \alpha$$

式(4-15)可以表示为

$$y_C \cos \alpha - x_C \sin \alpha = \frac{y_A \cos \alpha - x_A \sin \alpha}{(x_A \cos \alpha + y_A \sin \alpha)^2}(x_C \cos \alpha + y_C \sin \alpha)^2$$

整理后，得到仅含一个未知值 α 的三角方程：

$$A \tan^3 \alpha + B \tan^2 \alpha + C \tan \alpha + D = 0 \qquad (4\text{-}16)$$

其中，

$$\begin{cases} A = y_C^2 x_A - y_A^2 x_C \\ B = (y_C - y_A)(2x_A x_C - y_A y_C) \\ C = (x_C - x_A)(x_A x_C - 2y_A y_C) \\ D = x_A^2 y_C - x_C^2 y_A \end{cases}$$

式(4-16)为一个三次代数方程，可得到转角 α 的 3 个主根 α_1、α_2 及 α_3。从中选定一个满足斜轴抛物线条件（$X_A < 0$ 且 $X_C > 0$，$\dfrac{Y_A}{X_A^2} = \dfrac{Y_C}{X_C^2}$）的 α。另外，也可用 AC 边上的中点 a 与角 B 处的角平分线点 b 的平均值 c 加（A、B、C 呈顺时针）或减（A、B、C 呈逆时针）$\pi / 2$，并用牛顿切线法进行逼近，以确定 α。α 就是曲线在结点 B 处的适宜切线方向。

2) 斜轴抛物线的前、后半支插值

为了光滑插值的方便，需要使通过两点之间的两支不同的抛物线弧位于同一坐标系（图 4-45）。例如，为了在 M、N 之间建立一条光滑曲线（如图 4-45 中的粗线所示），要在 MHN 及 MGN 两抛物线之间作权平均，这就要把这两支属于不同的抛物线弧变换到相同的坐标系。显然，X'-Y' 坐标系可以作为这样的坐标系。

(1) 前半支插值。由图 4-46 可以看出，斜轴抛物线弧的前半支 LM，应该在 X'-Y' 坐标系中进行计算，即不仅需要把坐标原点从 M 点移至 L 点，还需要把斜坐标轴再旋转 β_1 至 LX' 方向。转角 β_1 为

$$\beta_1 = \arctan \frac{Y_L}{X_L} + 2\pi$$

根据解析几何可知，两个不同坐标系的坐标变换公式为

$$X = X_L + X' \cos \beta_1 + Y' \sin \beta_1$$

$$Y = Y_L + Y' \cos \beta_1 - X' \sin \beta_1$$

这样，抛物线 LMN 的前半支在 X'-Y' 坐标系中的方程为

$$A_1 = Y'^2 + B_1 Y' + C_1 = 0$$

其中，

$$A_1 = Y_L \sin^2 \beta_1$$

$$B_1 = -(X_L^2 \cos \beta_1 + 2X_L Y_L \sin \beta_1 + Y_L X' \sin 2\beta_1)$$

$$C_1 = Y_L \cos^2 \beta_1 \cdot X'^2 + (2X_L Y_L \cos \beta_1 - X_L^2 \sin \beta_1) \cdot X'$$

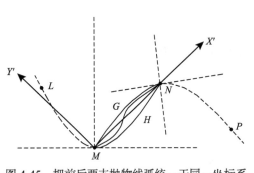

图 4-45　把前后两支抛物线弧统一于同一坐标系

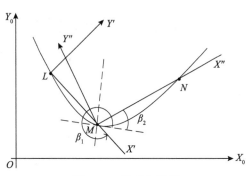

图 4-46　前半支插值

(2)后半支插值。根据上面所述的原因，抛物线 LMN 的后半支弧 MN 应在 X''-Y'' 坐标系中进行计算。此处，

$$\beta_2 = \arctan \frac{Y_N}{X_N} + 2\pi$$

坐标变换公式为

$$X = X'' \cos \beta_2 - Y'' \sin \beta_2$$

$$Y = Y'' \cos \beta_2 - X'' \sin \beta_2$$

这样，便得到抛物线 LMN 后半支弧在 X''-Y'' 坐标系中的方程：

$$A_2 Y''^2 + B_2 Y'' + C_2 = 0$$

此处，

$$A_2 = Y_N \sin^2 \beta_2$$

$$B_2 = -(Y_N X'' \sin^2 \beta_2 + X_N^2 \cos \beta_2)$$

$$C_2 = Y_N \cos^2 \beta_2 \cdot X''^2 - X_N^2 \sin \beta_2 \cdot X''$$

3)加权平均光滑插值

由于相邻诸点(三点及三点以上)可能有不同的位置关系，所以加权平均光滑插值可按以下几种情况分别予以处理。

(1)曲曲光滑插值。当过相邻两节点间有两条抛物线弧通过时，如图 4-47 所示，把这种由一个抛物线弧到另一个抛物线弧过渡的插值叫曲曲插值(由曲线到曲线)。

加权公式为

$$y = \varphi_2 + (\varphi_1 - \varphi_2) \cdot W$$

$$W = \frac{x}{l}$$

式中，l 为 P_i 到 P_{i+1} 的直线长度，$0 \leqslant x \leqslant l$。

（2）直曲光滑插值，即由直线段向曲线弧（抛物线弧）过渡（图 4-48）。这时，$\varphi_2 = 0$，所以加权公式为

$$y = \varphi_1 \cdot W$$

（3）曲直光滑插值（图 4-49）。此时，$\varphi_1 = 0$，所以 $y = \varphi_1 \cdot W$。

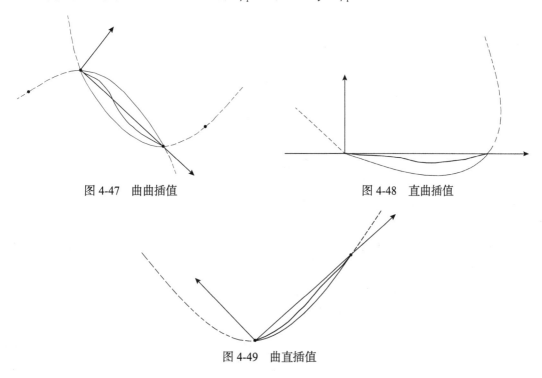

图 4-47　曲曲插值　　　　　　　　图 4-48　直曲插值

图 4-49　曲直插值

4.6.4　五点求导分段三次多项式插值算法

该方法又称"五点光滑法"。其基本原理是，在相邻数据点之间建立一个三次多项式曲线方程，并要求整条曲线具有连续的一阶导数来保证曲线的光滑性，而各点的一阶导数由该点及两边相邻的各前后两点（共五点）来确定。

已知平面上有 N 个离散点，其坐标分别为 (X_1, Y_1)，(X_2, Y_2)，…，(X_n, Y_n)，要将这 N 个数据点连成一条光滑曲线 $Y = f(X)$，为了确保曲线的光滑性，要求整条曲线上具有连续的一阶导数。

显然，如果每个离散点上的导数是已知的，那么在任意两个相邻的离散点之间，就有 4 个条件，即曲线通过两个已知点和两个已知点上的一阶导数：

$$Y_i = f(X_i)$$

$$Y_{i+1} = f(X_{i+1})$$

$$\frac{\mathrm{d}X}{\mathrm{d}Y}\big|_{X=X_1} = t_i$$

$$\frac{\mathrm{d}X}{\mathrm{d}Y}\big|_{X=X_{i+1}} = t_{i+1}$$

利用这 4 个已知条件，可以在这两个离散点之间拟合一条三次多项式曲线。每两个相邻的离散点顺次、逐段地进行下去，就得到一条通过 N 个数据点的光滑曲线。

问题的关键是要找出每个结点上的一阶导数。一种最简单的方法是用一点左侧或右侧割线的斜率作为曲线在该点上切线的斜率（图 4-50），即

$$\frac{\mathrm{d}X}{\mathrm{d}Y}\big|_{X=X_i} = t = \tan\theta = \frac{Y_{i+1}-Y_i}{X_{i+1}-X_i} = \frac{\Delta Y_i}{\Delta X_i} = \tan\theta_2$$

或者

$$\frac{\mathrm{d}X}{\mathrm{d}Y}\big|_{X=X_i} = t = \tan\theta = \frac{Y_i-Y_{i-1}}{X_i-X_{i-1}} = \frac{\Delta Y_{i-1}}{\Delta X_{i-1}} = \tan\theta_1$$

这是一种差商近似，或者进一步取上述两个值的平均：

$$\frac{\mathrm{d}X}{\mathrm{d}Y}\big|_{X=X_i} = t = \tan\theta = \frac{1}{2}(\tan\theta_1 + \tan\theta_2) = \frac{1}{2}\left(\frac{\Delta Y_{i-1}}{\Delta X_{i-1}} + \frac{\Delta Y_i}{\Delta X_i}\right)$$

这样的导数取值显得比较粗糙。下面介绍 AKIMA 提出的用五点来确定中间一点的导数的方法。

如图 4-51 所示，平面上有 5 个数据点 1、2、3、4、5，求点 3 上的导数。现在用直线将 1、2、3、4、5 各点顺序连接起来：$\overline{12}$ 的延长线与 $\overline{34}$ 的延长线交于点 A，$\overline{23}$ 和 $\overline{45}$ 的延长线交于点 B，而点 3 的切线与 $\overline{12}$、$\overline{45}$ 的延长线分别交于点 C、点 D，并假设点 2 和点 4 都在点 3 切线 CD 的同侧，那么 AKIMA 的几何条件是

$$\frac{\overline{2C}}{\overline{CA}} = \frac{\overline{4D}}{\overline{DB}} \tag{4-17}$$

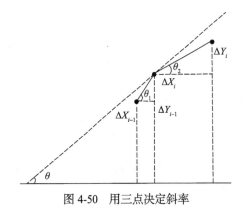

图 4-50　用三点决定斜率

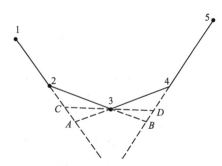

图 4-51　决定五点中间点导数的 AKIMA 条件

用 (X_1,Y_1)，$\cdots$，(X_5,Y_5) 表示点 1，2，$\cdots$，5 的平面坐标，用 (X_a,Y_a)，(X_b,Y_b)，(X_c,Y_c)，(X_d,Y_d) 表示点 A，B，C，D 的平面坐标，令

$$a_i = X_{i+1} - X_i$$
$$b_i = Y_{i+1} - Y_i \qquad (i = 1,2,3,4,5)$$

并用 m_1，m_2，m_3，m_4 和 t 表示直线段 $\overline{12}$、$\overline{23}$、$\overline{34}$、$\overline{45}$ 和 $\overline{CD}$ 的斜率，即

$$m_i = \frac{Y_{i+1} - Y_i}{X_{i+1} - X_i} = \frac{b_i}{a_i} \qquad (i = 1,2,3,4)$$

$$t = \frac{Y_d - Y_c}{X_d - X_c}$$

由图 4-51 可知，下列等式成立：

$$\frac{Y_a - Y_2}{X_a - X_2} = \frac{Y_c - Y_2}{X_c - X_2} = \frac{Y_2 - Y_1}{X_2 - X_1} = \frac{b_1}{a_1} = m_1 \qquad (4\text{-}18)$$

$$\frac{Y_4 - Y_b}{X_4 - X_b} = \frac{Y_4 - Y_d}{X_4 - X_d} = \frac{Y_5 - Y_4}{X_5 - X_4} = \frac{b_4}{a_4} = m_4 \qquad (4\text{-}19)$$

$$\frac{Y_3 - Y_a}{X_3 - X_a} = \frac{Y_4 - Y_3}{X_4 - X_3} = \frac{b_3}{a_3} \qquad (4\text{-}20)$$

$$\frac{Y_b - Y_3}{X_b - X_3} = \frac{Y_3 - Y_2}{X_3 - X_2} = \frac{b_2}{a_2} \qquad (4\text{-}21)$$

$$\frac{Y_3 - Y_c}{X_3 - X_c} = \frac{Y_d - Y_3}{X_d - X_3} = t \qquad (4\text{-}22)$$

如对式 (4-18) 左边分子加 $Y_3 - Y_3$，分母加 $X_3 - X_3$，展开如下：$\dfrac{Y_a - Y_2 + Y_3 - Y_3}{X_a - X_2 + X_3 - X_3} =$

$\dfrac{Y_3 - Y_a - Y_3 + Y_2}{X_3 - X_a - X_3 + X_2} = \dfrac{Y_3 - Y_a - (Y_3 - Y_2)}{X_3 - X_a - (X_3 - X_2)} = \dfrac{Y_3 - Y_a - b_2}{X_3 - X_a - a_2} = \dfrac{b_1}{a_1}$ 转换为

$$(X_3 - X_a) - a_2 = \frac{a_1}{b_1}\big[(Y_3 - Y_2) - b_2\big] \qquad (4\text{-}23)$$

同理，式 (4-20) 转化为

$$Y_3 - Y_a = \frac{b_3}{a_3}(X_3 - X_4) \qquad (4\text{-}24)$$

将式 (4-24) 代入式 (4-23)，得

$$\frac{X_3 - X_a}{a_3} = \frac{a_1 b_2 - a_2 b_1}{a_1 b_3 - a_3 b_1} \qquad (4\text{-}25)$$

同理，可得下列三式：

$$\frac{X_b - X_3}{a_2} = \frac{a_3 b_4 - a_4 b_3}{a_2 b_4 - a_4 b_2} \qquad (4\text{-}26)$$

$$X_3 - X_c = \frac{a_1 b_2 - a_2 b_1}{a_1 t - b_1} \tag{4-27}$$

$$X_d - X_3 = \frac{a_3 b_4 - a_4 b_3}{b_4 - a_4 t} \tag{4-28}$$

由 AKIMA 条件可得如下代数式

$$\left| \frac{X_2 - X_c}{X_c - X_a} \right| = \left| \frac{X_4 - X_d}{X_d - X_b} \right|$$

对上式等号左侧分子分母及右侧分子分母都加 $X_3 - X_3$，展开如下：

$$\left| \frac{X_2 - X_c + X_3 - X_3}{X_c - X_a + X_3 - X_3} \right| = \left| \frac{X_4 - X_d + X_3 - X_3}{X_d - X_b + X_3 - X_3} \right|$$

最后化简为

$$\left| \frac{(X_3 - X_c) - a_2}{(X_3 - X_a) - (X_3 - X_c)} \right| = \left| \frac{a_3 - (X_d - X_3)}{(X_d - X_3) - (X_b - X_3)} \right| \tag{4-29}$$

将式(4-25)～式(4-28)代入式(4-29)得到 t 的一个二次方程：

$$\left| S_{12} S_{24} \right| (a_3 t - b_3)^2 = \left| S_{13} S_{34} \right| (a_2 t - b_2)^2 \tag{4-30}$$

式中，$S_{ij} = a_i b_j - a_j b_i, \ i \neq j$。

对式(4-30)两边开平方时，$a_3 t - b_3$ 和 $a_2 t - b_2$ 存在一个符号选取的问题。因点 2 与点 4 都在点 3 切线的同侧，所以

$$(a_3 t - b_3)(a_2 t - b_2) \leqslant 0$$

由式(4-30)两边开平方得

$$\left| S_{12} S_{24} \right|^{\frac{1}{2}} (a_3 t - b_3) = \left| S_{13} S_{34} \right|^{\frac{1}{2}} (a_2 t - b_2)$$

即

$$t = \frac{W_2 b_2 + W_3 b_3}{W_2 a_2 + W_3 a_3} \tag{4-31}$$

式中，

$$W_2 = \left| S_{12} S_{34} \right|^{\frac{1}{2}}$$

$$W_3 = \left| S_{12} S_{24} \right|^{\frac{1}{2}}$$

这就得到了在条件(4-17)下点 3 的导数解析表达式。

对式(4-31)分子分母都除以 $a_2 a_3 \sqrt{|a_1 a_4|}$ ，则有

$$t = \frac{W_2' m_2 + W_3' m_3}{W_2' + W_3'} \tag{4-32}$$

式中，

$$W_2' = \text{SIGN}(a_3)\left|(m_3 - m_1)(m_4 - m_3)\right|^{\frac{1}{2}} \tag{4-33}$$

$$W_3' = \text{SIGN}(a_2)\left|(m_2 - m_1)(m_4 - m_2)\right|^{\frac{1}{2}} \tag{4-34}$$

从式(4-31)或式(4-32)中可以看出，点 3 的导数 t 只依赖于四条割线的斜率 m_1、m_2、m_3、m_4，而与区间的宽度无关。同时还可以看出：

当 $m_1 = m_2$，$m_3 \neq m_1$，$m_4 \neq m_3$ 时，$t = m_1 = m_2$（图 4-52）；

当 $m_4 = m_3$，$m_1 \neq m_2$，$m_4 \neq m_2$ 时，$t = m_3 = m_4$（图 4-53）。

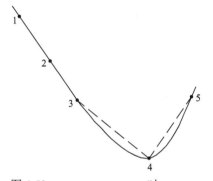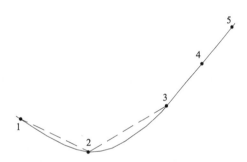

图 4-52　$m_1 = m_2 \neq m_3 \neq m_4$ 时，$t = m_2$　　　　图 4-53　$m_3 = m_4 \neq m_1 \neq m_2$ 时，$t = m_3$

这些都是希望满足的性质，但还存在不好的一面。由式(4-33)和式(4-34)可以看到：

当 $m_2 = m_4$，$m_3 \neq m_1$，$m_4 \neq m_3$ 时，$t = m_2$（图 4-54）；

当 $m_3 = m_1$，$m_1 \neq m_2$，$m_4 \neq m_2$ 时，$t = m_3$（图 4-55）。

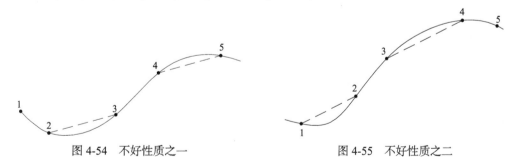

图 4-54　不好性质之一　　　　　　　　　图 4-55　不好性质之二

这些性质是不好的，是不希望得到的。消去这些不好性质的最好办法是改变式(4-33)和式(4-34)中的权数，改用

$$W_2' = \left|m_4 - m_3\right|$$

$$W_3' = \left|m_2 - m_1\right|$$

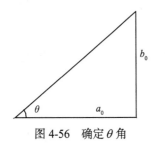

图 4-56　确定 θ 角

在绘制地形图时，绝大多数是多值函数，所以采用参数方程。下面就按相邻两点的坐标及两点的导数来拟合一条三次曲线。

为了便于计算，将公式改写一下，用 $\cos\theta$ 和 $\sin\theta$ 代替 t（即 $\tan\theta$），于是有（图 4-56）

$$\cos\theta = \frac{a_0}{\sqrt{a_0^2 + b_0^2}} \qquad\qquad \sin\theta = \frac{b_0}{\sqrt{a_0^2 + b_0^2}}$$

式中，

$$a_0 = W_2 a_2 + W_3 a_3$$

$$b_0 = W_2 b_2 + W_3 b_3$$

$$W_2 = |S_{34}| = |a_3 b_4 - a_4 b_3|$$

$$W_3 = |S_{12}| = |a_1 b_2 - a_2 b_1|$$

$$\begin{aligned} a_i &= X_{i+1} - X_i \\ b_i &= Y_{i+1} - Y_i \end{aligned} \qquad (i = 1, 2, 3, 4)$$

假定相邻两个数据点 (X_1, Y_1) 和 (X_2, Y_2) 之间的三次曲线为

$$X = p_0 + p_1 Z + p_2 Z^2 + p_3 Z^3$$

$$Y = q_0 + q_1 Z + q_2 Z^2 + q_3 Z^3 \qquad (4\text{-}35)$$

式中，p，q 为待定常数；Z 为参数，曲线从 (X_1, Y_1) 变到 (X_2, Y_2) 时，Z 从 0 到 1。

下面找出 p，q 的表达式。由于两点 (X_1, Y_1)，(X_2, Y_2) 的坐标及两点上的曲线方向 $(\cos\theta_1, \sin\theta_1)$，$(\cos\theta_2, \sin\theta_2)$ 是已知的，进一步假设：

当 $Z=0$ 时，$X = X_1$，$Y = Y_1$，$\dfrac{\mathrm{d}X}{\mathrm{d}Z} = r\cos\theta_1$，$\dfrac{\mathrm{d}Y}{\mathrm{d}Z} = r\sin\theta_1$

当 $Z=1$ 时，$X = X_2$，$Y = Y_2$，$\dfrac{\mathrm{d}X}{\mathrm{d}Z} = r\cos\theta_2$，$\dfrac{\mathrm{d}Y}{\mathrm{d}Z} = r\sin\theta_2$

$$r = \left[(X_2 - X_1)^2 + (Y_2 - Y_1)^2 \right]^{\frac{1}{2}}$$

对式（4-35）求导，得

$$\frac{\mathrm{d}X}{\mathrm{d}Z} = p_1 + 2p_2 Z + 3p_3 Z^2 \qquad (4\text{-}36)$$

当 $Z=0$ 时，式（4-35）转化为 $X = p_0$，按假定条件，当 $Z=0$ 时，$X = X_1$，所以 $p_0 = X_1$。

当 $Z=0$ 时，式（4-36）转化为 $\dfrac{\mathrm{d}X}{\mathrm{d}Z} = p_1$，按假定条件，当 $Z=0$ 时，$\dfrac{\mathrm{d}X}{\mathrm{d}Z} = r\cos\theta_1$，所以 $p_1 = r\cos\theta_1$。

当 $Z=1$ 时，式(4-35)转化为 $X = p_0 + p_1 + p_2 + p_3$，按假定条件，当 $Z=1$ 时，$X = X_2$，所以

$$X_2 = X_1 + r\cos\theta_1 + p_2 + p_3 \tag{4-37}$$

当 $Z=1$ 时，式(4-36)转化为 $\dfrac{\mathrm{d}X}{\mathrm{d}Z} = p_1 + 2p_2 + 3p_3$，按假定条件，当 $Z=1$ 时，$\dfrac{\mathrm{d}X}{\mathrm{d}Z} = r\cos\theta_2$，所以

$$r\cos\theta_2 = r\cos\theta_1 + 2p_2 + 3p_3 \tag{4-38}$$

将式(4-37)与式(4-38)联立得

$$p_2 = 3(X_2 - X_1) - r(\cos\theta_2 + 2\cos\theta_1)$$

$$p_3 = -2(X_2 - X_1) + r(\cos\theta_2 + \cos\theta_1)$$

同理，可得

$$q_0 = Y_1$$

$$q_1 = r\sin\theta_1$$

$$q_2 = 3(Y_2 - Y_1) - r(\sin\theta_2 + 2\sin\theta_1)$$

$$q_3 = -2(Y_2 - Y_1) + r(\sin\theta_2 + \sin\theta_1)$$

对于非闭合曲线，需要在首、末两个端点以外再各补足两个点才能确定端点的导数值。设始点 (X_3,Y_3) 和相邻的两个数据点 (X_4,Y_4)、(X_5,Y_5)，以及需要补充的两个点 (X_2,Y_2)、(X_1,Y_1) 都在下述曲线上：

$$x = g_0 + g_1 z + g_2 z^2$$

$$y = h_0 + h_1 z + h_2 z^2$$

式中，g_k、h_k $(k=0,1,2)$ 均为常数；z 为参数。

再假定 $z=j$ 时，$x = x_j$，$y = y_j (j=1,2,3,4,5)$，则

$$\begin{cases} x_2 = 3x_3 - 3x_4 + x_5 \\ x_1 = 3x_2 - 3x_3 + x_4 \\ y_2 = 3y_3 - 3y_4 + y_5 \\ y_1 = 3y_2 - 3y_3 + y_4 \end{cases}$$

在终点处的补点计算公式类似上式。

该方法数学上严密，计算简单，所给出的光滑曲线不但严格通过原始数据点，且整条曲线具有连续的一阶导数。当原始数据点稠密时，能给出满意的图形。但当曲线急转弯时，图形不理想，对于"之"字形连续迂回的曲线有时自身相交。

4.6.5　三点求导分段三次多项式插值算法

这种方法的基本原理和在多值情况下的参数方程同五点法类似，仅是求导的方法不同。

这里，曲线在每个结点上的导数取决于该结点前后两个结点的位置。设三点为 p_{i-1}、p_i、p_{i+1}（图 4-57）。其坐标分别为 (x_{i-1},y_{i-1})、(x_i,y_i)、(x_{i+1},y_{i+1})。$\overline{p_{i-1}p_{i+1}}$ 上有一定点 $M(x_m,y_m)$，使

$$\frac{\overline{p_{i-1}p_i}}{p_ip_{i+1}}=\frac{\overline{p_{i-1}M}}{Mp_{i+1}}$$

令

$$u=\frac{\overline{p_{i-1}p_i}}{p_ip_{i+1}}=\sqrt{\frac{(x_i-x_{i-1})^2+(y_i-y_{i-1})^2}{(x_{i+1}-x_i)^2+(y_{i+1}-y_i)^2}}$$

则定比分点 M 的位置即可确定：

$$x_m=\frac{x_{i-1}+u\cdot x_{i+1}}{1+u}\qquad y_m=\frac{y_{i-1}+u\cdot y_{i+1}}{1+u}$$

此时，$\overline{p_iM}$ 的斜率是

$$K_{p_iM}=\frac{y_m-y_i}{x_m-x_i}$$

于是，EF 的斜率为

$$K_{EF}=\frac{-1}{K_{p_iM}}$$

令 EF 的方向与曲线前进方向一致，经过象限判定，射线 EF 与 x 轴的夹角 α 在 $0\sim 2\pi$ 唯一地确定。$\tan\alpha$ 就是曲线在 P_i 点的一阶导数值。同理，可求得已知点列中间点的导数值 $\tan\alpha_i$（$i=2$，3，$\cdots$，$N-1$）。

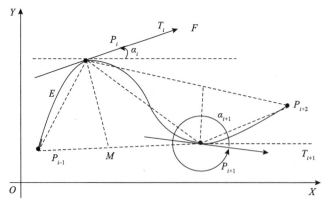

图 4-57　三点求导示意图

应用该方法还应注意：

（1）对于开曲线，首末点的导数可用开始三点和最后三点分别建立圆和抛物线，把首末点在其上的切线斜率分别作为插值曲线在首末点的导数值。

(2) 如果相邻三点位于一条直线上，则令有向线段 $\overline{P_iP_{i+1}}$ 与原始坐标系横轴的夹角为中间点切线与横轴的夹角 α。

(3) 如果中间点切线的斜率趋近无穷大，应作特殊处理。最简单的方法是在未计算斜率之前，对参与计算的坐标增量进行判别后，直接向所求的角度单元赋予理论上应有的弧度值。

(4) 为了使曲线有适度的松紧度，用曲线在相邻两点的转角建立权函数，修改插值公式中的 r 值（一般情况下，r 等于相邻两点间的距离）。具体的做法是，对于同一段曲线，使计算每个插值点坐标时采用不同的 r 值。

设 r' 为修正值，r 为相邻两个已知点间的距离，则它们与权函数的关系是

$$r' = r\left|(1-z)\sin\beta_i + z\sin\beta_{i+1}\right|$$

式中，β_i 和 β_{i+1} 为曲线在相邻两节点的转角。

该方法在给出点比较稀疏时已能得到比较满意的图形，即曲线经过给定的数据点，并保证一阶导数连续，随着转角的变化能自动改变松紧度，对于大于挠度的迂回曲线避免自身相交的能力增强了。

4.6.6 张力样条函数算法

一根富有弹性的质地均匀的细条（如细木条或有机玻璃条等）称为样条。若将样条用压铁压在各给定的点处，并强调它通过这些点，最后沿着样条可画出所需的光滑曲线，这就是样条曲线。用来描述这种样条曲线的数学表达式，称为样条函数。

张力样条函数的主要特征是具有一个张力系数 σ，使得节点间的曲线最短，就像在整条曲线的两端各有一个拉力把曲线拉到合适的位置上。例如，当 $\sigma \to 0$ 时张力样条函数就相当于三次样条函数；当 $\sigma \to \infty$ 时，将退化成分段线性函数，即从结点到结点是折线连接。因此，可选择适当的 σ，以得到所需的光滑曲线。

设平面上已知有序点列 (x_i, y_i)，$i=1, 2, \cdots, n$，且 $x_1 < x_2 < \cdots < x_n$。待定的张力样条函数具有连续的一、二阶倒数，并要求 $(f''(x) - \sigma^2 f(x))$ 在每个区间 $[x_i, x_{i+1}]$ $(i=1, 2, \cdots, n-1)$ 上呈线性变化，即

$$f''(x) - \sigma^2 f(x) = (f''(x_i) - \sigma^2 y_i)\frac{x_{i+1} - x}{H_i} + (f''(x_{i+1}) - \sigma^2 y_{i+1})\frac{x - x_i}{H_i}$$

式中，$H_i = x_{i+1} - x_i$。

上式是一个二阶非齐次常系数线性微分方程。它的解是在单值情况下的张力样条函数：

$$
\begin{aligned}
f(x) = &\frac{1}{\sigma^2 \sinh(\sigma H_i)}[f''(x_i)\sin h(\sigma(x_{i+1} - x)) \\
&+ f''(x_{i+1})\sin h(\sigma(x - x_i))] + \left[y_i - \frac{f''(x_i)}{\sigma^2}\right]\frac{x_{i+1} - x}{H_i} \\
&+ \left[y_{i+1} - \frac{f''(x_{i+1})}{\sigma^2}\right]\frac{x - x_i}{H_i} \quad (x_i \leqslant x \leqslant x_{i+1}, H_i = x_{i+1} - x_i, i = 1, 2, \cdots, n-1)
\end{aligned}
\tag{4-39}
$$

由此可见，只要能确定各数据点的二阶导数 $f''(x_i)$，这个张力样条函数便可以完全确定下来。为此可导出内节点关系式。

首先，对式(4-39)微分，可得

$$f'(x) = \frac{1}{\sigma\ \sin h(\sigma H_i)}[-f''(x_i)\cos h(\sigma(x_{i+1}-x)) + f''(x_{i+1})\cos h(\sigma(x-x_i))]$$
$$-\frac{1}{H_i}\left[\left(y_i - \frac{f''(x_i)}{\sigma^2}\right) - \left(y_{i+1} - \frac{f''(x_{i+1})}{\sigma^2}\right)\right] \quad (x_i \leqslant x \leqslant x_{i+1}, i=1,2,\cdots,n-1)$$

然后，根据 $f(x_i^+) = f(x_i^-)$ 可推出内点结点关系式：

$$a_i\frac{f''(x_{i-1})}{\sigma^2} + b_i\frac{f''(x_i)}{\sigma^2} + c_i\frac{f''(x_{i+1})}{\sigma^2} = d_i$$

式中，

$$\begin{cases} a_i = \frac{1}{H_{i-1}} - \frac{\sigma}{\sin h(\sigma H_{i-1})} \\ b_i = \sigma\cot h(\sigma H_{i-1}) - \frac{1}{H_{i-1}} + \sigma\cot h(\sigma H_i) - \frac{1}{H_i} \quad (i=1,2,\cdots,n-2) \\ c_i = \frac{1}{H_i} - \frac{\sigma}{\sin h(\sigma H_i)} \\ d_i = \frac{y_{i+1}-y_i}{H_i} - \frac{y_{i+1}-y_i}{H_{i-1}} \end{cases} \tag{4-40}$$

这是一个含有 n 个未知量 $\frac{f''(x_i)}{\sigma^2}$ $(i=1,2,\cdots,n)$ 的 $n-2$ 个方程的线性方程组。为此必须附加两个方程(根据已知端点条件)，该方程组才能有唯一的一组解。

一般来说，端点条件应根据实际情况来确定。常用的端点条件有三种形式：斜率条件、曲率条件及抛物线条件。现分开曲线和闭曲线两种情况分别加以讨论。

对于开曲线，可利用首端三点和末端三点分别建立抛物线或圆弧方程，并以它们在首、末点上的切线斜率分别作为插值曲线在首、末点的一阶导数(斜率条件)，即

$$f'(x_1) = y_1', \quad f'(x_n) = y_n' \tag{4-41}$$

在 $i=1$ 和 $n-1$ 时，分别将式(4-41)代入式(4-39)，可得到首、末点上的结点关系式：

$$b_1\frac{f''(x_1)}{\sigma^2} + c_1\frac{f''(x_2)}{\sigma^2} = d_1$$
$$a_n\frac{f''(x_{n-1})}{\sigma^2} + b_n\frac{f''(x_n)}{\sigma^2} = d_n$$

式中，

$$b_1 = \sigma \cot h(\sigma H_1) - \frac{1}{H_1}$$

$$c_1 = \frac{1}{H_1} - \frac{\sigma}{\sinh(\sigma H_1)}$$

$$d_1 = \frac{y_2 - y_1}{H_1} - y_1'$$

$$a_n = \frac{1}{H_{n-1}} - \frac{\sigma}{\sinh(\sigma H_{n-1})} \tag{4-42}$$

$$b_n = \sigma \cot h(\sigma H_{n-1}) - \frac{1}{H_{n-1}}$$

$$d_n = y_n' - \frac{y_n - y_{n-1}}{H_{n-1}}$$

至此，可将式(4-40)和式(4-42)的值排成系列矩阵：

$$\begin{bmatrix} b_1 & c_1 & & & \\ a_2 & b_2 & c_2 & & \\ & \ddots & \ddots & \ddots & \\ & & a_{n-1} & b_{n-1} & c_{n-1} \\ & & & a_n & b_n \end{bmatrix} \begin{bmatrix} \dfrac{f''(x_1)}{\sigma^2} \\ \dfrac{f''(x_2)}{\sigma^2} \\ \vdots \\ \dfrac{f''(x_{n-1})}{\sigma^2} \\ \dfrac{f''(x_{n-2})}{\sigma^2} \end{bmatrix} = \begin{bmatrix} d_1 \\ d_2 \\ \vdots \\ d_{n-1} \\ d_n \end{bmatrix} \tag{4-43}$$

式(4-43)是三角对角线性方程组，利用条件 $x_1 < x_2 < \cdots < x_n$，可证明系数矩阵严格对角占优（非奇异），因而方程有唯一的一组解 $\dfrac{f''(x_i)}{\sigma^2}$ (i=1，2，$\cdots$，n)。

对于闭曲线，按结点的序列，可将点 1 又当做 $n+1$ 点，将 n 点又当做 0 点，则有

$$f(x_{n+1}) = f(x_1) \qquad\qquad f(x_0) = f(x_n)$$
$$f'(x_{n+1}) = f'(x_1) \qquad\qquad f'(x_0) = f'(x_n)$$
$$f''(x_{n+1}) = f''(x_1) \qquad\qquad f''(x_0) = f''(x_n)$$

利用这些条件，也可求出首、末结点的关系式：

$$a_1 \frac{f''(x_n)}{\sigma^2} + b_1 \frac{f''(x_1)}{\sigma^2} + c_1 \frac{f''(x_2)}{\sigma^2} = d_1$$

$$a_n \frac{f''(x_{n-1})}{\sigma^2} + b_n \frac{f''(x_n)}{\sigma^2} + c_n \frac{f''(x_1)}{\sigma^2} = d_n$$

式中，

$$\begin{cases} a_1 = \dfrac{1}{H_n} - \dfrac{\sigma}{\sin h(\sigma H_n)} \\[2mm] b_1 = \sigma \cot h(\sigma H_n) - \dfrac{1}{H_n} + \sigma \cot h(\sigma H_1) - \dfrac{1}{H_1} \\[2mm] c_1 = \dfrac{1}{H_1} - \dfrac{\sigma}{\sin h(\sigma H_1)} \\[2mm] d_1 = \dfrac{y_2 - y_1}{H_1} - \dfrac{y_1 - y_n}{H_n} \\[2mm] a_n = \dfrac{1}{H_{n-1}} - \dfrac{\sigma}{\sin h(\sigma H_{n-1})} \\[2mm] b_n = \sigma \cot h(\sigma H_{n-1}) - \dfrac{1}{H_{n-1}} + \sigma \cot h(\sigma H_n) - \dfrac{1}{H_n} \\[2mm] c_n = \dfrac{1}{H_n} - \dfrac{\sigma}{\sin h(\sigma H_n)} \\[2mm] d_n = \dfrac{y_1 - y_n}{H_n} - \dfrac{y_n - y_{n-1}}{H_{n-1}} \end{cases} \tag{4-44}$$

由式(4-40)和式(4-44)的值排成系列矩阵：

$$\begin{bmatrix} b_1 & c_1 & & & a_1 \\ a_2 & b_2 & c_2 & & \\ & \ddots & \ddots & \ddots & \\ & & a_{n-1} & b_{n-1} & c_{n-1} \\ c_n & & & a_n & b_n \end{bmatrix} \begin{bmatrix} \dfrac{f''(x_1)}{\sigma^2} \\ \dfrac{f''(x_2)}{\sigma^2} \\ \vdots \\ \dfrac{f''(x_{n-1})}{\sigma^2} \\ \dfrac{f''(x_{n-2})}{\sigma^2} \end{bmatrix} = \begin{bmatrix} d_1 \\ d_2 \\ \vdots \\ d_{n-1} \\ d_n \end{bmatrix}$$

在闭曲线情况下，不满足 $x_1 < x_2 < \cdots < x_n$ 的条件，但若采用参数方程，用 $X''(s_i)$ 或 $Y''(s_i)$ 代替 $f''(x_i)$，则由 $s_1 < s_2 < \cdots < s_n$，能证明这个线性方程组的系数矩阵也是严格对角占优（非奇异）的。解之，可得出唯一一组解 $\dfrac{X''(s_i)}{\sigma^2}$ 或 $\dfrac{Y''(s_i)}{\sigma^2}$ $(i=1,\ 2,\ \cdots,\ n)$。

为了适应多值函数的情况，即为了适应绘制大挠度曲线的要求，必须采用参数方程

$$x = X(s)$$
$$y = Y(s)$$

并满足

$$\begin{aligned} x_i &= X(s_i) \\ y_i &= Y(s_i) \end{aligned} \quad (i=1,\ 2,\ \cdots,\ n)$$

上式的 $X(s)$、$Y(s)$ 都是张力样条函数，仿照单值函数的情况可求出：

$$X(s) = \frac{X''(s_i)}{\sigma^2} \cdot \frac{\sin h(\sigma(s_{i+1}-s))}{\sin h(\sigma H_i)} + \frac{X''(s_{i+1})}{\sigma^2} \cdot \frac{\sin h(\sigma(s-s_i))}{\sin h(\sigma H_i)}$$

$$+ \left[x_i - \frac{X''(s_i)}{\sigma^2} \right] \frac{s_{i+1}-s}{H_i} + \left[x_{i+1} - \frac{X''(s_{i+1})}{\sigma^2} \right] \frac{s-s_i}{H_i}$$

$$Y(s) = \frac{Y''(s_i)}{\sigma^2} \cdot \frac{\sin h(\sigma(s_{i+1}-s))}{\sin h(\sigma H_i)} + \frac{Y''(s_{i+1})}{\sigma^2} \cdot \frac{\sin h(\sigma(s-s_i))}{\sin h(\sigma H_i)}$$

$$+ \left[y_i - \frac{Y''(s_i)}{\sigma^2} \right] \frac{s_{i+1}-s}{H_i} + \left[y_{i+1} - \frac{Y''(s_{i+1})}{\sigma^2} \right] \frac{s-s_i}{H_i}$$

式中，s_i 为累加弦长；H_i 为分段弦长；s 为可变参数。以累加弦长为参数，那么，总有 $s_1 < s_2 < \cdots < s_n$，仍然可以证明参数方程的系数矩阵严格对角占优，确保方程组解的唯一性。

关于张力系数 σ 可用下式计算：

$$\sigma = (\sigma'/s_n) \cdot (n-1) \qquad 开曲线情况$$
$$\sigma = (\sigma'/s_{n+1}) \cdot n \qquad 闭曲线情况$$

式中，σ' 为实验值，当弦长以厘米为单位计算时，$\sigma'=1.5$ 比较合适。

该方法可适当地选择张力系数，以适应绘制地图上各种曲线的要求。但与所有样条函数一样，必须将一条曲线上所有结点数据同时参加计算，显然这是不经济的。

以上介绍的几种曲线光滑的方法各有优缺点，可根据所要光滑曲线的特点及实际应用的要求选择使用。一般来说，地图上曲线光滑要严格通过数据点，相邻数据点之间的曲线不能产生多余的拐点。评价一种方法的好坏，不仅要看数学方法是否严密、精炼、适应性强，还要看其使用效果。在满足实际使用的条件下，方法越简单越好。

在地图制图中，采用何种曲线光滑方法所要考虑的是计算精度和计算速度，在满足精度的要求下，总是希望编程尽量容易且计算速度快。例如，对分段三次多项式和张力样条函数这两种方法来说，研究表明，前者的光滑精度要比后者低约 1 倍，但计算速度却要比后者高出 3～4 倍，因此，在计算机地图制图和地理信息系统中，分段三次多项式光滑法比计算复杂的样条函数应用更为广泛。但是，在工业产品的计算机辅助设计(CAD)中，样条函数由于其较高的计算精度而被经常采用。

图 4-58 是几种光滑插值方法的绘图试验结果图对比。

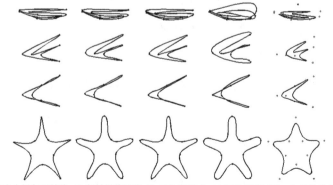

(a)张力样条函数法　(b)斜轴抛物线法　(c)二次多项式　(d)三次多项式法　(e)线性迭代法
平均加权法

图 4-58　一些主要曲线光滑方法的比较

4.6.7　插值步长的确定

上述几种用于曲线光滑的算法，都是在已知有序点列的两相邻点间建立插值函数，计算一系列插值加密点，并依次用折线连接，当插值点很密，并使弦弧间偏差甚微（小于视觉分辨率或在图解精度之内）时，折线被认为逼近于光滑曲线。因而，曲线光滑度依赖于插值步长的确定。

地图上的曲线多为多值函数曲线，所以插值时采用参数方程。关于参数曲线步长的确定，可采用以下计算公式：

$$\Delta t = \begin{cases} 2\sqrt{2d} \Big/ \max_{a \leqslant t \leqslant b}(x''^2(t) + y''^2(t))^{\frac{1}{4}}, & \text{当} \max_{a \leqslant t \leqslant b}(x''^2(t) + y''^2(t)) > 0 \text{时} \\ b - a, & \text{当} \max_{a \leqslant t \leqslant b}(x''^2(t) + y''^2(t)) = 0 \text{时} \end{cases}$$

式中，a 为插值区间参数 t 的初值；b 为该区间 t 的终值；d 为折线逼近曲线时弦弧间容许偏差；Δt 为插值步长。

当计算出的 $\Delta t > b - a$ 时，令 $\Delta t = b - a$。该式计算的步长能保证所绘折线与插值函数曲线间的偏差不大于 d，并适用于各类以参数方程表示的曲线插值函数。对于不同的插值函数，步长公式中 $\max(x''^2(t) + y''^2(t))$ 的计算方法举例如下。

1. 用正轴抛物线（相对弦长 t 为参数）加权平均插值

由 4.6.2 节可知，插值函数为三次方程：

$$x(t) = a_0 + a_1 t + a_2 t^2 + a_3 t^3$$
$$y(t) = b_0 + b_1 t + b_2 t^2 + b_3 t^3$$

方程的系数均可根据已知条件求得，在插值区间 $0 \leqslant t \leqslant 0.5$，则

$$\max_{0 \leqslant z \leqslant 1}(x''^2(z) + y''^2(z)) = \begin{cases} 4(p_2^2 + q_2^2), & \text{当} 3p_3(2p_2 + 3p_3) + 3q_3(2q_2 + 3q_3) \leqslant 0 \text{时} \\ 4[p_2^2 + q_2^2 + 3p_3(2p_2 + 3p_3) + 3q_3(2q_2 + 3q_3)], & \text{其他情况时} \end{cases}$$

2. 用分段三次多项式插值（五点法或三点法）

$$\max_{0 \leqslant t \leqslant 0.5}(x''^2(t) + y''^2(t)) = \begin{cases} 4(a_2^2 + b_2^2), & \text{当} 3a_3(a_2 + 0.75a_3) + 3b_3(b_2 + 0.75b_3) \leqslant 0 \text{时} \\ 4[a_2^2 + b_2^2 + 3a_3(a_2 + 0.75a_3) + 3b_3(b_2 + 0.75b_3)], & \text{其他情况时} \end{cases}$$

式中，p_2、p_3、q_2、q_3 为三次多项式中相应的系数。

3. 用张力样条函数插值

$$\max_{s_i \leqslant s \leqslant s_{i+1}}(x''^2(s) + y''^2(s)) = \max(x''^2(s_i) + y''^2(s_i), x''^2(s_{i+1}) + y''^2(s_{i+1}))$$

按上述公式计算插值步长在每个区间只需计算一次，且都是利用插值函数中的已知量。实践证明，该方法不仅可以提高插值速度，还能保证以最少步数达到逼近的最佳效果。

4.7　地图综合算法

当地图由大比例尺向小比例尺变换时，地图图面要素的拥挤、叠置几乎不可避免，从而

使人们对地图的阅读出现了困难。为解决此问题,必然需要对图面表达内容进行合理的取舍,使地图在有限的平面上表达足够丰富的、容易阅读的信息量。把这个对地图内容进行合理取舍的过程称为地图综合,并把计算机环境下通过软件,较少或不借助于人工干预的地图综合称为自动地图综合。地图综合是地图编绘的重要环节。

自动地图综合技术的研究开始于 20 世纪 60 年代。在几十年的发展过程中,专家们提出了地图综合的多种模式;借助了人工智能、几何学、信息论及心理学等多种学科,提出了许许多多的地图综合算法;在综合模式和算法研究的基础上,开发出了地图综合的软件系统(如深圳市规划和国土资源委员会与武汉大学联合开发的 AutoMap)。在地图自动综合理论中,综合算法是一个基础。所以本节根据地图要素的几何学分类(按照地物符号的几何特征可以分为点、线、面三类),分别论述点、线、面三类要素的地图综合算法。

4.7.1 点要素综合算法:基于 Voronoi 图的点群目标普适综合算法

点群是地图要素的一种分布形式,如各等级控制点的集合、中小比例尺地形图上小板房的集合等,都是地图上点群分布的例子。当地图从大比例尺向较小比例尺转换时,往往涉及点状要素的取舍问题,即哪些点可以保留,哪些点必须删除。为此,必须回答的一个问题是:点群综合中取舍点的原则是什么?根据文献(艾廷华和刘耀林,2000;闫浩文和王家耀,2005),至少有两条原则需要遵循:①点群的空间特征在综合后应该得到保持;②较重要的点应该尽可能被保留下来。下面介绍一个顾及了这两条原则的点群综合算法,该算法是由闫浩文和王家耀(2005)提出的。

1. 新算法的基本思路

点群综合需要遵循的上述两条原则,具体来说就是要求在地图综合过程中正确传输图面上的四类信息:统计信息、拓扑信息、度量信息及专题信息。统计信息,即点群中点的数目;拓扑信息,即点群中点的拓扑关系;度量信息,即点群中点的距离、方位关系;专题信息,即点群中点的属性信息。

为了在综合中正确传输这四类信息,该算法采用了如下措施。

(1)运用基本选取法则确定综合后的地图上点群中的点数。

(2)由于 Voronoi 图已经被证明可以很好地表达地物要素的影响区域,而且也被证明是点要素综合的良好工具,因此该算法运用 Voronoi 图来处理几何度量信息和拓扑信息。

(3)每个点的重要性程度与该点所在的 Voronoi 多边形的面积同时被考虑。第 i 点的选取可能性按照下式计算:

$$P_i = I_i \times (1 / A_i)$$

式中,P_i 为第 i 点的选取可能性;I_i 为第 i 点的重要性程度值(专题信息);A_i 为第 i 点所在的 Voronoi 多边形的面积。

另外需要强调的是,该算法认为点群的分布边界不是一个多边形,而是一个模糊的带状区域。事实上,地图上的点群要素(如湖泊群、岛屿群、沙丘群等)的边界总是模糊的和不确定的。因此,在该算法中为原始点群增加了一个虚拟边界,进而在原始的边界和虚拟边界之间形成了一个带状区域。虚拟边界不但指出了点群的模糊分布范围,而且有利于为每个边界点形成一个影响区域,以便使"边界点"和"内部点"都可以用同样的方法进行化简。

2. 算法的过程

该算法有以下三个步骤：构造新的点集；基于 Voronoi 图的点群反复综合；确定最后保留在结果地图上的点数。为了论述的方便，下文采用图 4-59 中的点群作为算例源数据。

(1) 构造新的点集，步骤如下：①获得边界点。构造原始点群的 Delaunay 三角网，由此可以搜索得到一个包含所有初始点的多边形 (图 4-60)。该多边形的顶点就是边界点。②构造虚拟边界 (图 4-61)。虚拟边界的每边平行于初始边界的对应边。虚拟边界点和初始边界点的距离等于初始边界上边长的平均值。虚拟边界点与初始点集的综合称为新点集。

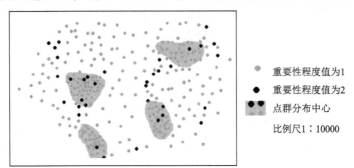

图 4-59　实验源数据 (共 301 点，重要性程度值为 2 的有 34 个点)

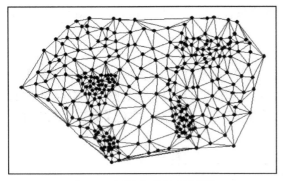

图 4-60　原始点群的边界提取

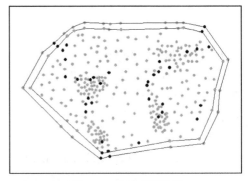

图 4-61　构建虚拟边界

(2) 基于 Voronoi 图的点群反复综合，步骤如下：①构造新点集的 Voronoi 图 (图 4-62)。②根据公式 $P_i = I_i \times (1 / A_i)$ 计算每个点的选取可能性值 (虚拟边界点除外)，然后把这些点按照选取可能性值降序排列。③逐个检验每个点 (假设为点 k)，若其满足如下两个条件，则将之删除：一是，$P_k < R_t \times P_{avg}$；二是，与点 k 邻近的 Voronoi 多边形中，没有点被删除。重复该操作，直到没有点可以被删除为止。此处，P_k 为点 k 的选取可能性值；P_{avg} 为平均选取可能性值；R_t 为根据基本选取法则计算得到的点群选取比率 (可能性)。④如果保留点的数目小于等于根据基本选取法则计算得到的应选取点的数目，则结束算法；否则，把保留点作为新点集，从第①步开始重新综合。

(3) 确定最后保留在结果地图上的点数。经过最后一轮的删除操作，地图上保留点的数目 (设为 n_1) 小于等于根据基本选取法则计算得到的应选取点的数目 (设为 n)；反之，在倒数第二轮删除开始时，保留点的数目 (设为 n_2) 一般大于根据基本选取法则计算得到的应选取点数目。如果 $|n-n_1| < |n-n_2|$，则结果图上保留的点数为 n_1；反之为 n_2。该算法在每轮综合中，同时删除一批点 (由于该算法认为同一个轮次中被删除的点具有同等的重要性)，所以其最后保

留点数目一般不会等于 n。这是与圆增长算法等不同的地方。

图 4-63 是运用该算法综合得到的一个结果图(结果图比例尺为 1∶50000,原始图比例尺为 1∶10000。但是,受表达幅面限制,两图均为等大小示意图)。

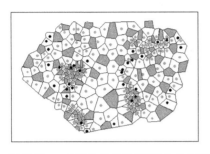

图 4-62　运用 Voronoi 图化简点群(阴影中的点将被删除)

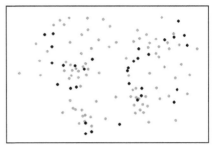

图 4-63　综合后结果图

保留点 122 个,其中重要性程度为 2 的点有 32 个;

综合后地图比例尺为 1∶50000

4.7.2　线要素综合算法

1. 曲线矢量数据压缩的 Douglas-Peuker 算法

曲线要素的综合,其实质是信息压缩问题。它是从组成曲线的点序集合 A 中抽取一个点序子集 A',用这个子集作为一个新的信息源。在规定的精度范围内,该子集从内容上尽可能地反映原集合 A,而在数据量上则尽可能地精简。在空间数据分析中,线要素的综合也可认为是线状物体的抽样数据的重采样技术。一个线状物体总是由其上的采样点描述的,采样点越密,则描述原始物体的能力越强,但随之而来的是数据量急剧增大,对数据管理和分析都带来困难。因此,线要素综合的任务在于以尽可能少的抽样点来描述原始地物,并保证在容许的误差限度内,再现地物的形态特征。目前,曲线要素的综合算法主要有垂距限值法、角度限值法、Douglas-Peuker 算法(部分文献称为 Splitting 算法)等。这些算法按照选点的约束条件,总体上可分为距离控制和角度控制两类。由于距离计算在执行效率方面的优势,垂距限值法和 Douglas-Peuker 算法的应用更普遍。

垂距限值法早在 1967 年就有人提出,它是从曲线的一端点开始,利用三点合一的方式,依次对曲线的中间点(首末点以外的其他点)计算到其相邻两点连线的距离(偏差),如该距离大于限差,相应点保留,否则剔除。该算法的缺点是可能删除偏差大于限差的点,并且如果将曲线反向,所得结果可能不同。

Douglas-Peuker 算法事实上是垂距限值法的改进,是一种常用的线要素综合方法和曲线多边形逼近算法。与垂距限值法的不同之处是,该算法同时考虑整个曲线,而不是把曲线数据分配给数据点的三点合一形式,算法的基本思想是:假设曲线由点列(p_0,p_1,…,p_n)表示,首先将 p_0 与 p_n 连接起来成一条直线,计算偏离该直线的最远点,即最大偏离点[如图 4-64(a)中 C 点],如果该

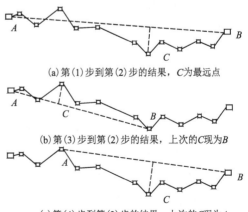

(a)第(1)步到第(2)步的结果,C 为最远点

(b)第(3)步到第(2)步的结果,上次的 C 现为 B

(c)第(4)步到第(2)步的结果,上次的 C 现为 A

图 4-64　用 Douglas-Peuker 算法提取特征点

点与直线的偏差小于等于限差，则用一直线 $p_0\ p_n$ 来代替原曲线，而将其他中间点删除，抽样结束。如果该点的偏差大于限差，则保留该点，将曲线以该点为界分成两段，将这两段分别作为独立的曲线，重复上述步骤。其具体的实现过程如下。

（1）对矢量的离散点列 $P_1(x_1,y_1)$，$P_2(x_2,y_2)$，$\cdots$，$P_n(x_n,y_n)$，设 $A=P_1(x_1,y_1)$ 且 $B=P_n(x_n,y_n)$，用线段连接 AB。

（2）在 AB 范围内的点列中寻找与 AB 线段具有最大距离的点，记为 C。

（3）判断点 C 到 AB 的距离是否小于阈值，若不小于则把 AC、BC 段的折线分别作为原 AB，返回到（2）。

（4）将 P_1、P_n 提取为特征点，算法结束。

该算法从整体到局部，即采用由粗到细的方法来确定线要素综合后保留特征点的过程。其计算简单，程序实现容易，具有平移、旋转的不变性，给定曲线与限差后，抽样结果一定。对于弯曲较小的曲线，计算速度快。例如，对于直线，只需找一次最大距离点就可得到结果。其缺点是：对于较复杂的曲线，其循环判断的次数多，造成速度慢。

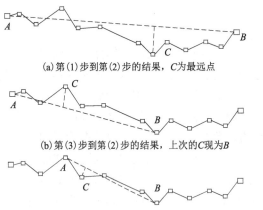

(a) 第（1）步到第（2）步的结果，C 为最远点

(b) 第（3）步到第（2）步的结果，上次的 C 现为 B

(c) 第（4）步到第（2）步的结果，(b) 中的 C 现为 A，(a) 中的 C 现为 B

图 4-65　改进了的 Douglas-Peuker 算法

2. 改进的 Douglas-Peuker 算法

Douglas-Peuker 算法，由于没有记录中间的距离最大的顶点，造成循环的多次重复。这里，为克服这一弱点，将中间的距离最大的顶点保留起来，从而发展和改进了 Douglas-Peuker 算法，如图 4-65 所示，具体步骤如下。

（1）对矢量的离散点列 $P_1(x_1,y_1)$，$P_2(x_2,y_2)$，$\cdots$，$P_n(x_n,y_n)$，设 $A=P_1(x_1,y_1)$ 且 $B=P_n(x_n,y_n)$，用线段连接 AB，并将 B 放入特征点列的尾部。

（2）在 AB 范围内的点列中寻找与 AB 线段具有最大距离的点，记为 C。

（3）判断点 C 到 AB 的距离是否小于阈值，若否，则设 $B=C$，并将 C 按原顺序放入特征点列，记为 D，用线段连接 AB，回到（2）。

（4）将 A 按原顺序放入特征点列，判断 B 是否等于 D，若否，设 $A=C$、$B=D$，用线段连接 AB，回到（2）。

（5）判断 B 是否等于 $P_n(x_n,y_n)$，若否，则设 $A=B$、$B=D^+$（D^+ 表示 D 的下一个特征点），用线段连接 AB，回到（2）。

（6）计算结束。

该方法虽然编程复杂，但算法中大大减少了重复循环判断的次数，从而提高了速度。

3. 逐点前进法

上述两种算法都是从曲线的两端开始查找特征点，是由远到近的查找方法。所以，每条曲线至少都要遍历全部的顶点一次。在此，采用逐点前进法。该算法从一个端点出发，逐点前进、由近到远来查找特征点。以图 4-66 为例，其具体步骤如下。

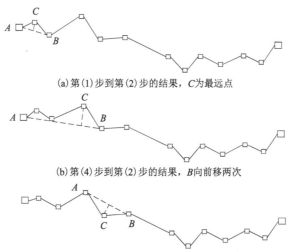

(a)第(1)步到第(2)步的结果，C为最远点

(b)第(4)步到第(2)步的结果，B向前移两次

(c)第(3)步到第(2)步的结果，(b)中的C现为A，B向前移一次

图 4-66　逐点前进法提取特征点

(1)对矢量的离散点列 $P_1(x_1, y_1)$，$P_2(x_2, y_2)$，…，$P_n(x_n, y_n)$，设 $A=P_1(x_1, y_1)$ 且 $B=P_n(x_n, y_n)$，用线段连接 AB，并将 A 放入特征点列的首位。

(2)在 AB 范围内的点列中寻找与 AB 线段具有最大距离的点，记为 C。

(3)判断点 C 到 AB 的距离是否小于阈值，若否，则设 $A=C$、$B=B^+$，并将 C 按原顺序放入特征点列，用线段连接 AB，回到(2)。

(4)判断 B 是否等于 $P(x_n, y_n)$，若否，则设 $B=B^+$，用线段连接 AB，回到(2)。

(5)将 B 放入特征点列的末尾，结束。

以上几种算法仅利用垂向距离作为约束条件来决定曲线内各点的取舍。限制距离 $LimitD=0$ 时压缩比最小，压缩后的曲线与原曲线相同；$LimitD=\infty$ 时压缩比最大，压缩后的曲线只保留原曲线的起始点和终止点，曲线内点全部被剔除。两种极端情形下曲线的压缩效果完全不同，前者压缩比和误差都较小；后者压缩比较大，但带来的误差也较大。而实际应用中往往要求在一定精度条件下(较小的误差)取得较大的压缩比，精度限制是曲线综合的前提条件。

曲线综合的精度一般用位移矢量和偏差面积来衡量，前者指原始曲线上点与综合后曲线的偏差距离；后者指原始曲线与综合曲线之间的面积之差。在 Douglas-Peuker 算法中，垂向限距可以控制位移矢量的大小，但无法控制偏差面积的误差范围。如图 4-67 所示，设点 A 为曲线 PQ 上离 PQ 线段距离最大的内点，其距离 d 小于给定的垂向限差，利用 Douglas-Peuker 算法进行 PQ 弧的综合时 PQ 的内点将全部被删除，综合后只有 P、Q 两点保留，位移矢量仍满足精度要求，而偏差面积与 PQ 的弧长有关。当曲线上的点全在由 P、Q 构成的直线的一侧时，偏差面积近似地正比于 P、Q 间的距离 $|PQ|$，$|PQ|$ 较大时可带来较大的面积偏差。特别在处理面状数据时(如土地利用图)，其面积误差可能超过允许范围。此外，在处理线密度较大的地图如较为复杂的等高线图时，容易造成综合前不相交而综合后相交的情形。为解决此类问题，在算法中增加了"径向距离约束"条件，即当进行 PQ 弧综合时，如果 PQ 的内点离 PQ 连线的距离都小于垂向限差，此时图 4-67 所示的点

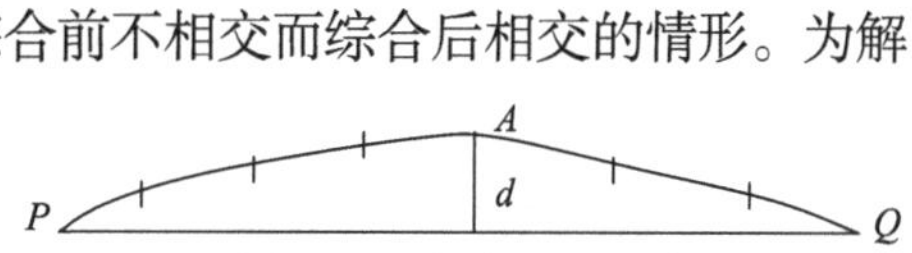

图 4-67　径向距离约束

A 是否保留，取决于 $|PA|$ 或 $|AQ|$ 的距离值，若 $|PA|$ 或 $|AQ|$ 的长度大于设定的径向距离 r，则保留点 A，继续进行子弧段 PA 与 AQ 的递归综合压缩过程。

4.7.3 面状要素综合算法

1. 面状要素综合的基本规则

1）面的面积保持

线在图形简化过程中以删除小弯曲为主。然而，对于面状要素而言，面积的保持是很重要的一条规则，即要求面要素综合前后面积变化在一定的精度范围内。

2）面的形状保持

一条封闭的曲线有一种形状的空间知识，形状在线状要素图形简化过程中也是很重要的，这些特征无疑可用于面轮廓的简化。面的形状因其特殊性，需要增加相关的空间知识。

（1）凸壳特征点序列的建立。面轮廓上的弯曲可以分为凸弯曲和凹弯曲，通过删除凹弯曲获取凸壳。算法是：首先删除凹弯曲，得到一条新的轮廓线，然后对新的轮廓线重新判断其弯曲的凸凹特征，若有凹弯曲，将其删除，一直循环到没有凹弯曲为止。这种渐进式方法最终获得的凸壳同原始轮廓相重叠的点为凸壳特征点。

（2）主要凹点的顾及。凸壳只能描述所占的大致范围，为了进一步描述面的形状，内凹特征点也必须确定。算法是：寻找凸壳上原始轮廓线的间断处，此处就是凹弯曲（群），此弯曲上与底边距离最远的点为此处最凹特征点，依此法可计算出所有最凹特征点。对于复杂的轮廓线，可以依线状要素的空间知识获取方法进一步确定其相类似的特征点结构序列。

（3）面的方向性确定与保证。面的方向性确定方法是，先找到最小外接矩形，轮廓线与最小外接矩形的交点为获取的特征点，在综合过程中应尽量保持，以保证面的方向性。

（4）面状要素图形轮廓质变时的空间关系维护。当比例尺变化或精度变化到面的轮廓无法表达时，可转化为点或线。点可用面的中心点表达。当面综合成线时，通常情况下是取其中心线。但在综合过程中有时中心线的计算是需要考虑其限制条件的。基于 TIN 的水系网络中心线的提取方法，对于有空间关系限制条件的中心线的提取是值得推荐的，这里需补充的一条规则是，双线河流变成单线河流时在河流的交汇处应当保持支流和主流成锐角相交，因此在中轴线相交时应作适当调整。这说明面状要素图形轮廓质变时应当注意空间关系的等价性，如道路与居民地的关系在不同比例尺的地图上应当保持等价性。

2. 以面表示的建筑物图形综合

在大比例尺地图自动化综合中，建筑物（群）的合并与化简是一个重要问题。建筑物面状目标与湖泊、土地利用类型等面状目标相比，多边形结构具有其自身的特点。建筑物目标的边界主要由一些垂直线段构成，建筑物多边形可以看做是一系列矩形的并差运算结果。这一特点使得建筑物多边形可以运用计算几何中"分治"（divide and conquer）思想进行多边形的矩形分解与组合，见图 4-68。通过基础矩形的差分组合表达建筑物的形状结构，建筑物矩形的差分组合可以有多种形式，合理的组合反映出建筑物综合中由整体到细节的逐步化简过程（郭仁忠和艾廷华，2000）。

图 4-68 建筑物多边形的矩形差分组合

多边形合并是建筑物群综合的另一个重要环节，而邻近关系是该合并过程中的重要依据。制图综合中的邻近概念与空间拓扑关系中的邻近不同，在 4 元组或 9 元组拓扑描述中只有当多边形共享弧段相切时，才能算作是邻近(Egenhofer and Franzosa，1991)。而在制图综合中，邻近关系是以视觉距离感来认知的。比例尺缩小后，当视觉难以分辨其距离差(尽管几何表达上仍存在缝隙)时，也视为邻近，这种关系称为视觉邻近(Peng，1997)。视觉邻近的探测要基于距离计算实现，目前主要通过 Buffer 探测、Delaunay 三角网和栅格扩充算法来完成。这里针对拓扑邻近与视觉邻近两种空间关系(图 4-69)，分别提出基于矢量拓扑结构的"剪枝扩展"算法和基于栅格结构的两垂直方向的扫描填充算法。

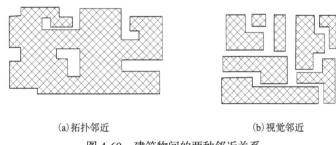

(a)拓扑邻近　　　　　　　　　　　　(b)视觉邻近

图 4-69　建筑物间的两种邻近关系

1)拓扑邻近多边形的合并

在结点-弧段-多边形矢量拓扑结构中，通过数据库公用弧段检索即可派生出多边形间拓扑邻近关系。例如，在 ArcInfo 中借助弧段 AAT 属性表的左多边形 $LPOLY$、右多边形 $RPOLY$ 很容易判断两多边形是否邻近。常规算法中，合并拓扑邻近多边形采用异或位运算。

如图 4-70 所示，多边形 I (f,a,d)；多边形 II (a,g,c,b)；多边形 III (d,b,e)。多边形合并采用弧段的异或运算，去掉多边形共享重合边：

$$\text{I XOR II XOR III} = (f, c, g, e)$$

位运算虽然简单，但只找出了组成合并后多边形的弧段号，而弧段的连接顺序、在连接中坐标串的方向及环与环之间的岛屿关系，尚需进一步处理。实际上，合并前各基础多边形与弧段的关系、弧段之间的邻接顺序已经蕴含着合并后结果多边形需进一步处理的信息内容，采用下面的"剪枝扩展"算法，通过一步搜索即可得到完整的多边形结构。

建立算法实施的数据结构：多边形的存储采用闭合弧段链，待合并多边形的弧段链方向保持一致，均调整为顺时针或逆时针，弧段的正负号用于表达该弧段坐标串的存储方向与闭合弧段链方向的一致性与否。为叙述方便，引入"补链"概念。对于闭合链 $(a_1, a_2, \cdots, a_i, \cdots, a_n)$，将 $(a_1, a_2, \cdots, a_i, a_{i+h} \cdots, a_n)$ 称作 $(a_{i+1}, a_{i+2}, \cdots, a_{i+k-1})$ 的补链。待合并的多边形为 $|P_i|$ $(i=0,1,2,\cdots, n)$，合并后的结果多边形为 C_i，多边形"剪枝扩展"的算法叙述如下。

(1)赋初值 $C_0 = P_0$。

(2)i 从 1 到 n 循环，反复执行下列过程：①查找获取 C_{i-1} 与 P_i 的共用弧段链 $(a_1, a_2, \cdots, a_k)$；②生成 P_i 多边形闭合链中，子链 $(a_1, a_2, \cdots, a_k)$ 的补链 $(b_1, b_2, \cdots, b_m)$；③用 $(b_1, b_2, \cdots, b_m)$ 置换 C_{i-1} 中的弧段子链 $(a_1, a_2, \cdots, a_k)$，得到合并 P_i 后的新的合并多边形链 C_i。

(3)对 C_n 进行分解，将链中不相邻的且方向相反的同名弧段之间的子链分解出来，得到

$$C_n = S_1 \bigcup S_2 \bigcup \cdots \bigcup S_j$$

(4)计算 S_1，S_2，$\cdots$，S_j 闭合链对应的多边形面积，取面积最大者作为多边形外环，其余则为多边形岛屿。

如图 4-71 所示，多边形 Ⅰ $=(a_1,a_6,a_5,a_4,a_3,a_2)$；多边形 Ⅱ $=(a_9,-a_2,-a_8,-a_4,-a_7,-a_6)$。扫描 Ⅰ 的弧段最先得到共用弧段 $|a_6|$，剪弃它：多边形 Ⅰ $\bigcup$ Ⅱ $=(a_1,a_9,-a_2,-a_8,-a_4,-a_7,a_5,a_4,a_3,a_2)$，分解 Ⅰ $\bigcup$ Ⅱ，提取 $-a_2$ 与 a_2 间的弧段链得

$$(a_1,a_9)\bigcup(-a_8,-a_4,-a_7,a_5,a_4,a_3)$$

进一步分解，提取 $-a_4$ 与 a_4 间的弧段链得

$$(a_1,a_9)\bigcup(-a_8,a_3)\bigcup(-a_7,a_5)$$

通过多边形的面积计算可探测到 (a_1,a_9) 为外环，而 $(-a_8,a_3)$ 和 $(-a_7,a_5)$ 为多边形的岛屿。该算法给予多边形间的拓扑邻近关系，"剪开"公用弧段，将另一侧的多边形弧段链加入进来逐步扩展。内部岛屿与外环之间则由一进一出的不相邻且方向相反的同名弧段"架桥"连接。依据这一性质，岛屿的探测不需要其他搜索过程。

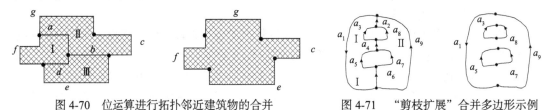

图 4-70　位运算进行拓扑邻近建筑物的合并　　　　图 4-71　"剪枝扩展"合并多边形示例

2)视觉邻近多边形的合并

视觉邻近多边形是建筑物多边形群间另一种空间关系，在制图综合中扮演着重要的角色。视觉邻近多边形的合并即寻找包围多边形的边界，且尽可能保证合并多边形的形状与原多边形相似。多边形外接矩形、最小外接矩形(minimum bounding rectangle，MBR)、凸壳是对建筑群的不同拟合(Papadias et al.，1997)，如图 4-72 所示，但综合程度过大，不能表达建筑物的内部空间分布结构。

(a)外接矩形　　　　　　(b)最小外接矩形　　　　　　(c)凸壳

图 4-72　建筑物群的三种拟合

本书给出一种基于栅格扩展的算法对视觉邻近多边形进行合并，合并的条件通过栅格之间的距离来控制，既保证建筑物覆盖区域的范围轮廓不失真，又能将相互间距离小的空白区域填充，图 4-73 描述了该方法的基本过程。

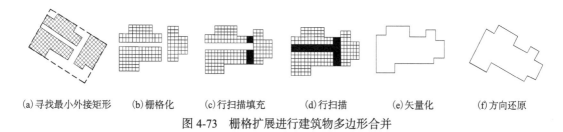

| (a)寻找最小外接矩形 | (b)栅格化 | (c)行扫描填充 | (d)行扫描 | (e)矢量化 | (f)方向还原 |

图 4-73　栅格扩展进行建筑物多边形合并

（1）对待合并的多边形进行旋转，使得旋转后栅格沿水平和垂直方向扩展时，在最短距离内碰到邻近多边形栅格，且在一定程度上保持多边形合并后的矩形化特征。与各多边形的每一条边平行，作包围多边形的旋转外接矩形，其中面积最小者表明该矩形对建筑物群的范围拟合最佳，能代表建筑物空间分布的主方向，该最小矩形相邻两边的垂直方向即栅格扩展的方向。运用该方法寻找 MBR，在理论上是不严密的，但在实践上对建筑物多边形而言是适用的，ESRI 正在研制的 ArcInfo 下的地图综合模块运用了类似的方法进行建筑物多边形形状的拟合分析。

（2）对旋转后的各多边形进行栅格化，采用二维行程编码对栅格化的结果存储。

（3）按行扫描对行程编码结构的栅格扩展，填充空白间距小于阈值的区域。如图 4-74 所示，第 i 行的栅格为 $(C_1, C_2) \bigcup (C_3, C_4)$。当 $C_3 - C_2 < w$（w 为用栅格数表示的间距阈值）时，表明 C_2 与 C_3 具有视觉邻近关系，其间的空白区域可以被填充，合并结果变为 (C_1, C_4)。

3）建筑物多边形的化简

不仅原建筑物多边形形状要化简，合并后的多边形形状局部细节也要化简。制图综合中，多边形化简涉及凹部细节的填充、小岛屿的删除、保留凹部的夸大等，化简的指标表现为凹部弯曲的面积、弯曲的深度、岛屿的面积等。而对建筑物而言，化简后的形状应能体现矩形化特征，垂直棱角应能保留。如图 4-75 所示对建筑物 A 的化简，C 保持了垂直角特征，化简效果好，而 B 则不可取。

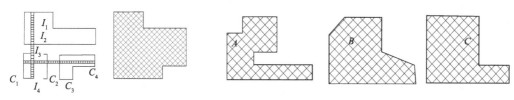

图 4-74　按行扫描进行填充　　　　　　　　　图 4-75　矩形特征保持与否的比较

对多边形分解建立差分组合是计算几何中分析的一种常用方法，建筑物形状的化简也可采用这种方法。可以认为，既存建筑物多边形是在某外接矩形基础上通过多层次的矩形差分组合实现的，每个层次下的矩形组合状态对应着一定比例尺下建筑物综合化简的结果。

图 4-76 描述了该化简过程的基本思想，建筑物在外接矩形 A 上分解 B、C、D 之后，差分组合 $A—C—B—D$ 到 $A—C—B$ 到 $A—C$ 到 A，综合程度逐步加大。矩形差分组合可以与多边形化简的规则建立联系，如保留面积大于阈值 a 的凹部，优先填充面积小的凹部矩形。按面积大小排序 $D<B<C$，该顺序即反映出凹部填充的优先级。

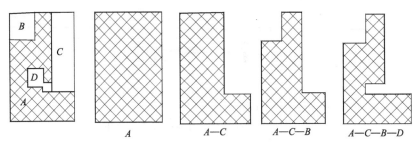

图 4-76　基于矩形差分组合的形状化简层次化过程
每一状态对应一定分辨率下的综合结果

下面结合图 4-77 讨论对建筑物多边形 B 建立差分组合的方法。

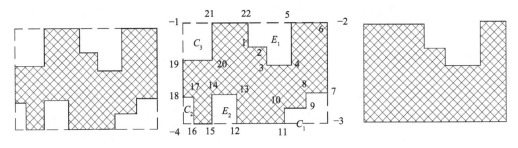

图 4-77　矩形差分分解、形状化简

(1)按视觉邻近多边形的合并中的方法寻找多边形最小外接矩形 R，由于数字化采集的多边形数据存在误差，通过外接矩形按距离阈值对建筑物多边形的顶点进行几何修正，使得靠近外接矩形角、边的顶点吸收到角、边上。

(2)按顺时针方向对矩形和建筑物多边形顶点编号，其矩形顶点用负号表示。

(3)寻找落在矩形 4 条边上的多边形顶点，并与矩形 4 个角顶点一起按顺时针方向排序，如图 4-77 所示，得到顶点序列为 $P(-1,21,22,5,6,-2,6,7,-3,11,12,15,16,-4,18,19,-1)$。

(4)提取与外接矩形边相切的局域凹多边形 E_i。对顶点序列 P 扫描，当符号为正的相邻顶点 P_i、P_{i+1} 满足 $P_{i+1} \neq P_i +1$（当 P_i 为多边形最大顶点编号时，P_{i+1} 取 1），由 P_i、P_{i+1} 及两者之间的序列号顶点构成该凹多边形。图 4-77 中，$E_1 = (22,1,2,3,4,5)$，$E_2 = (12,13,14,15)$。

(5)提取外接矩形角上的凹多边形 C_i。对顶点序列 P 考察与负号顶点前后相邻的顶点，即当 $P_k < 0$ 时，考察 P_{k-1}、P_{k+1}，当 $P_{k+1} \neq P_{k-1}+1$ 时，由 P_k 及 P_{k-1} 与 P_{k+1} 在多边形顶点序号之间的顶点构成该凹多边形 $(P_k,[P_{k-1},P_{k+1}])$。图 4-77 中，$C_1 = (-3,7,8,9,10,11)$；$C_2 = (-4,16,17,18)$；$C_3 = (-1,19,20,21)$。

至此，建筑物多边形在外接矩形 R 基础上分解后，表示为 $B = R - \sum_{i=1}^{n} E_i - \sum_{i=1}^{m} C_i$。建筑物多边形 B 由最小外接矩形 R 与 $(n+m)$ 个多边形求差运算得到。

在差分组合上对建筑物化简，设填充空白区域的面积阈值为 a，则填充 E_i，表现为从原建筑物多边形顶点序列 B 中删除 E_i 的不位于矩形边上的顶点。如图 4-77 所示，当 $E_2 = (12,13,14,15)$ 的面积小于阈值 a 时，则从 B 中删除顶点 13、14 得到化简多边形 $B' = (1,2,3,4,5,6,7,8,9,10,11,12,15,16,17,18,19,20,21,22)$。化简 C_i 表现为从建筑物多边形顶点序列中删除不位于矩形边上的为正的顶点，且将负号顶点追加到多边形顶点序列中。当

$C_1 = (-3, 7, 8, 9, 10, 11)$，$C_2 = (-4, 16, 17, 18)$ 的面积小于阈值 a 时，在 B' 的基础上继续化简得到 $B'' = (1, 2, 3, 4, 5, 6, 7, -3, 11, 12, 15, 16, -4, 18, 19, 20, 21, 22)$。两种局域凹多边形的化简，通过链表的结点删除、置换、插入实现，在此不再赘述。

但上述算法只对小面积的凹部细节通过填充实现形状细节化简，面积大于阈值的多边形保留下来后形状细节并没有化简，为此需进一步考察保留的 E_i、C_i 的化简问题，即进入第二层次的岛屿矩形差分组合。按签署相同方法，填充其外接矩形的凹部细节，结果使岛屿夸大而建筑物面积缩小，这对第一层次的扩大式的化简在一定程度上起到面积平衡作用。如图 4-78 所示，保留岛屿 E_1 分解为 $E_1 = R_1 - (C_{11} + C_{12} + C_{13}) - E_{11}$，根据面积阈值填充 C_{11}、C_{12}、C_{13} 后得到最终化简结果。

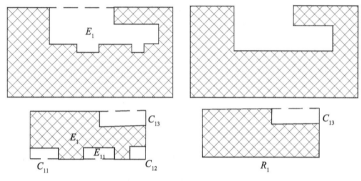

图 4-78　第二层次的形状化简

自动化制图综合算子的设计应充分考虑面向目标的几何特征、地理特征，建筑物(群)多边形的矩形化特点使得化简合并与一般多边形综合处理不同。这里提出的基于栅格邻近关系的多边形合并和基于矩形差分组合的形状化简对于直角化特征的建筑物具有很强的针对性。依据本书的思想，艾廷华开发了一套软件系统 AutoMap 进行 1:1000～1:5000 建筑物的综合实验，图 4-79 为实验的部分硬拷贝成果。实验中部分面积特别小的建筑物被删除，哪些建筑物参与合并由交互式选取决定，而怎样合并、化简由程序自动实现，解决了建筑物综合的 How 问题，而综合的 When、Where、Who 问题(Shea and Mcmaster, 1989)，即在什么时机下、何处、哪些建筑物自动参与合并、化简具有较强的智能推理过程(Regnauld, 1996)，研究的体系不能限制在建筑物单一环境中，需与道路、街区、水系等各种要素层综合分析，这些问题有待进一步研究。

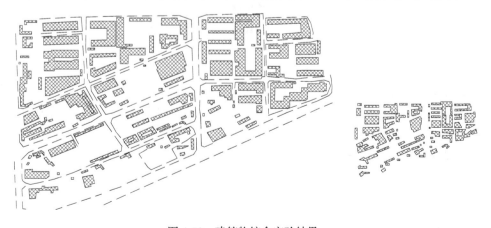

图 4-79　建筑物综合实验结果

　　此方法（郭仁忠）主要顾及建筑物形状结构的保持，而忽略了面积大小的保持，理想的综合方法应当是两者都保持。建筑物合并前根据多边形的分布聚类先对建筑物移位，使得其间的空白区域最小，Regnauld 提出了 MST 最小支撑树法，但结果具有不确定性，这方面的研究是地图综合的难点，有待于深化。

3. 考虑上下文的居民地聚类及综合一体化方案

　　基于格式塔心理学和城市形态学的居民地聚类和综合一体化方案（Li et al.，2004）把道路、水系等上下文信息纳入了居民地综合过程中，比较成功地解决了居民地的聚类、算法匹配、自动综合等，使居民地综合实现了自动化。

　　下面详细论述该综合方案，内容包括：①居民地综合的操作和约束条件；②基于城市形态学的居民地全局约束条件；③基于格式塔理论的局部约束条件；④基于城市形态学和格式塔原理的居民地聚群；⑤居民地聚群的综合操作的选择和实例。

　　1）居民地综合的操作和约束条件

　　a. 居民地综合的操作类型

　　在数字化环境中，综合过程已经分解成许多操作（McMaster and Shea，1992），如化简、聚集、合并及降维等。特别是，当仅考虑居民地要素时，可能的操作集有聚集、融合、降维、移位、夸张、有选择性的删除、化简和典型化。这些操作所表示的意义，在 McMaster 和 Shea（1992）的著作中有详细的论述。表 4-4 用图解来说明这些操作。

表 4-4　对居民地综合可能操作

操作类型	原图（比例尺 S），缩小后图（比例尺 $S/2$），综合后图（比例尺 $S/2$）
融合	
聚集	
降维	
移位	
夸张	
消除	
化简	
典型化	

　　融合（amalgamation）：街区式居民地的合并。

　　聚集（aggregation）：散列式居民地的合并。

　　降维（collapse）：用更低维的符号表示地物要素，如小比例尺地图上将原来的面状城市表示为点要素。

　　移位（displacement）：将居民地移动一定的距离，用以解决比例尺缩小后地物在地图空间上冲突的问题。

　　夸张（exaggeration）：将地物太小而不能表示在小比例尺地图上的居民地要素放大，从而使其在小比例尺地图上满足可视化的要求。

消除(elimination)：删除尺寸小且不重要的居民地。

化简(simplification)：使居民地形状得到简化。

典型化(typification)：把大比例尺地图上居民地的一种分布方式，在小比例尺地图上以一种更简化的方式表达出来，而又不改变原来的主要特征。例如，用更少的排数(如 3 排)表示多排(如 5 排)联合而成的居民地群。

b. 居民地聚群的约束条件：全局条件和局部条件

根据认知理论，视觉信号的认知涉及两个步骤，即预注意(preattentive)阶段和注意(attentive)阶段。前者是通过全局搜索操作无意识地从影像中提取信息。后者是一个局部性的过程，是指把特定的要素从全局中分离出来。

不难理解，在地图认知中视觉信息的处理过程也是与上述过程相似的。在居民地要素的综合中，制图工作者也要经过这样的两个过程。换句话说，在居民地聚群和综合中，也有全局和局部约束条件。在约束条件的约束下后，综合操作才能执行。

2) 基于城市形态学的居民地全局约束条件

如前所述，在居民地的地图综合中有两种约束条件，即全局约束条件和局部约束条件。此处介绍全局约束条件。

a. 城市形态学的基本概念

城市形态学是一门发展比较完善的学科，主要处理一个城市的结构或模式。所以，一些城市形态学原理能够指导地图综合中的城市居民地聚群。

城市形态学主要论述的是一个城市的层次结构。城市形态学中的经典邻区模型(Adams et al.，1929；Perry，1929)提出，本质上，一个城市是一种分级结构的层次式模型，共包含由大到小的四个层次，分别是地块(enclave)、街区(block)、大街区(superblock)和邻区(neighbourhood)。

图 4-80 是层次式城市模型的一个划分示例：其基本的组成单元是由 20 个左右的房子形成的地块；3 个或 4 个地块连接在一起形成一个街区；多个街区聚集并与中心公园道路一起组成一个大街区；几个相邻的大街区形成一邻区，邻区由大路或自然要素分割而成。邻区是一个城市的基本单元。

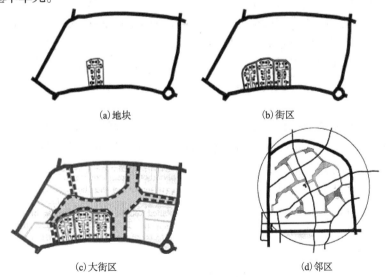

(a)地块　　　(b)街区

(c)大街区　　　(d)邻区

图 4-80　城市分级结构

· 146 ·　　　　　　　　　计算机地图制图：原理与算法基础

b. 基于城市形态学的全局约束条件

邻区模型在居民地聚群和综合全局约束条件的形成过程中扮演着两个角色。

(1)邻区模型用于全局划分。在这一阶段，对整幅图的面积进行分析。分析的要素主要是道路和河流而不是居民地本身。首先提取出道路和河流的轴线，然后构建道路和河流交叉线形成的拓扑多边形。每个多边形代表居民地全局群的一个划分。由于比例尺变化幅度不同，生成相应于地块、街区、大街区或邻区的群。图 4-81 就是一个运用邻区模型全局划分的一个例子。从街道中提取中轴线并不是一个复杂的过程(Gold，1991；Klein and Meiser，1993；Albert and Christensen，1999)，所以这里就不详细说明。需要强调的是，与人工综合一样，在地图自动综合的处理过程中，与居民地相比道路和河流有更高的优先权。换句话说，只有道路或河流综合后，在同一区域的居民地的全局划分才能正确地计算。下面的研究中，居民地的联合(alignment)被限制在同一个街区范围内。

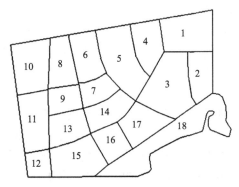

(a)城市的街道图　　　　　(b)基于由街道轴线形成的拓扑多边形的全局划分

图 4-81　运用邻区模型进行全局划分

(2)拓扑一致性检验。将基于邻区模型产生的拓扑多边形用作检测标准，检测居民地之间的关系和线要素(河流和道路)是否保持得很好，只有这样才能保证整幅图的协调性。

3)基于格式塔理论的局部约束条件

全局约束条件对居民地进行了全局式的划分，可以得到街区、大街区或邻区等。但是，在这些划分后的区域中，居民地的排列尚没有被识别出来，因此，确定哪个操作应用于综合哪一个特定的居民地群是比较困难的。所以，有必要继续进行检测、分析和组成局部聚群。

这一阶段是由两个过程组成的：形成基本的群和重组基本的群。格式塔原理是该阶段的理论基础。

a. 格式塔原理

众所周知，多年来在数字化和手工综合中，格式塔原理已经被运用于空间分布模式的认知(Weibel，1996)。Wertheimer (1923)提出的格式塔心理学原理主要包括邻近性(proximity)、相似性(similarity)、闭合性(closure)、连续性(continuity)和同一性(common fate)等原则。近年来的研究又将两个规则加入其中，即共区域性(common region)(Palmer，1992)和元素连通性(element connectedness)(Palmer and Rock，1994)。为了检测居民地联合，还需要加入同方向规则。这些因子的定义如下。

邻近性：距离相邻的目标容易形成一个整体。

相似性：相似的目标(如颜色一致、形状的相近等)易于组成一个群体。

同一性：如果对目标物进行操作，那么执行了相同操作的目标，容易形成一个群体。

共区域性：在同一区域的要素更容易组织在一起，形成一个群体。

闭合性：一个有闭合趋势的群很容易在视觉上被看做一个整体。

连续性：连续的目标一般不受外界的干扰，容易形成一个整体，如两个交叉的曲线各自保持它们的连续性。

连通性：拓扑连通的多个目标容易形成一个聚群。

同向性：沿着相同或相似方向分布的目标容易形成一个整体。

表 4-5 描述了这些因子。事实上，这些因子为聚群提供了局部约束条件。局部约束条件与全局约束条件共同在居民地聚群和综合的不同阶段起着各自的作用。

表 4-5　格式塔因子的图解说明

格式塔因子	举例
邻近性	
相似性	
同一性	向上移动操作改变了原始群体
共区域性	
闭合性	
连续性	
连通性	

b. 为约束条件建立格式塔参数

为了对居民地进行局部聚群，应将格式塔因子形成方便在计算机程序中使用的参数，而且要为这些参数建立阈值。

在阐明这些参数之前，需要先进行部分术语的定义。

长轴(major axis of a polygon)：居民地多边形两边中点连线的最长者定义为长轴(如图 4-82 粗线所示)。

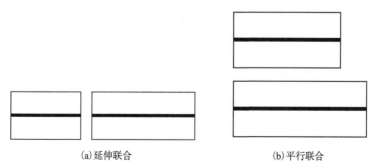

(a) 延伸联合　　　　　　　(b) 平行联合

图 4-82　两类直接联合

短轴(minor axis of a polygon)：正交于长轴并且通过长轴中点的轴线，其长度等于多边形面积和长轴的比。

偏离角(deviation angle)：是由两条相交直线形成的锐角或直角，此处的两相交直线除非特殊说明指的是居民地群中的长轴。

近似平行(approximate parallel)：假如两直线的偏离角小于10°(经验值)，那么，这两条直线可看成是近似平行。

近似等长(approximate equal-length)：假如 $L_{max}-L_{min}<L_{limit}$ 或 $(L_{max}-L_{min})/L_{max}<0.5$，那么，这两条线被定义为长度上近似相等。此处，$L_{max}$ 表示较长线段的长度，L_{min} 表示较短线段的长度。

表 4-6 给出了这些参数和阈值的图解说明。

表 4-6　居民地格式塔参数的图解说明

参数	示例
间隔阈值	0.5mm
长度阈值	0.3mm
面积阈值	0.4mm×0.6mm
相似大小	
相似形状	
相似方向	

间隔阈值(separation threshold)D_{limit}：两个居民地能被清晰表示的最小距离，一般为 0.5mm。

长度阈值(length threshold)L_{limit}：可在图面表示的居民地的最短边的长度，一般为 0.3mm。

面积阈值(area threshold)A_{limit}：能表示在地图上的最小居民地的面积，一般为 $(0.6×0.4)\ mm^2$。

相似大小(similar size)：假如 $A_{max}/A_{min}<2$ 或者 A_{max} 和 A_{min} 都小于 A_{limit}，那么，两居民地被认为具有相似的大小。其中，A_{max} 表示最大居民地的面积；A_{min} 表示最小居民地的面积。

相似形状(similar shape)：假如 $E_{max}/E_{min}\leqslant1.5$，那么，两居民地被认为有相似的形状。$E_{max}$ 表示边数较大者；E_{min} 表示边数较小者。

相似方向(similar orientation)：如果以下两个法则满足其中之一，两居民地可看作具有相似的方向。这两个法则：一是两个居民地的长轴近似平行；二是居民地的长轴和它的短轴近似相等，此居民地的长轴或短轴与另一居民地的长轴近似平行。

4) 基于城市形态学和格式塔原理的居民地聚群

a. 局部聚群

聚群或聚类的目的是居民地的综合。由于居民地综合中，比例尺变换幅度不同，聚类的结果一般有较大的差异，所以这里把聚类分为两类：一类是针对相邻比例尺地图综合的聚类；另一类是针对非相邻比例尺地图综合的聚类。相邻比例尺是指两个比例尺之间的比率为 2 或 2.5。例如，1∶25000 和 1∶50000 就是相邻比例尺，而 1∶25000 与 1∶100000 就是非相邻比例尺。此处，设地图比例尺序列为 $S_s, S_1, S_2, \cdots, S_n, S_t$。$S_s$ 表示源地图比例尺，而且是这一系列中的最大比例尺；S_t 是目标比例尺，且为这列中的最小比例尺；S_1 是 S_s 的相邻比例尺，S_2 是 S_1 的相邻比例尺，$\cdots$，S_n 是 S_t 的相邻比例尺。

相邻比例尺地图的居民地局部聚群思想如下。

(1)借助 Delaunay 三角网检测居民地的拓扑邻近关系，通过拓扑邻接关系提取出居民地之间的街道中轴线。两个邻接关系的居民地直接相连，没有邻接关系的分离开来。

(2)依据格式塔原理将每两个拓扑邻接的居民地之间的直接联合(alignment)识别出来(图4-82)。在直接联合的基础上建立居民地行或列之间的间接联合(图4-83)关系。

(3)把每一非直接联合中的具有较强视觉关系的居民地与其他居民地群分离开。

(4)把非联合的居民地和那些具有较弱视觉关系的联合，根据它们的距离、形状、大小和空地关系聚集在一起得到最终的集群。把一些有用的信息，如居民地面积总和、空地面积总和、两居民地之间的最小距离及居民地群之间的平均距离等附在每个群上。

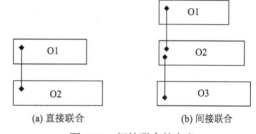

(a) 直接联合　　　　　(b) 间接联合

图 4-83　间接联合的定义

如果源地图与目标地图比例尺不相邻，则聚群思想如下。

(1)检测和记录各群之间拓扑邻近关系，这一步与具有相邻比例尺地图的局部聚群的方法一样。假设当前比例尺等于 S_i(最初 i=1)。

(2)计算空地面积和每两个相邻群之间的距离。

(3)如果空地面积小于 A_{limit} 或者相邻群的距离小于 D_{limit}，合并相邻的群。设当前的比例尺等于 S_{i+1}。

(4)如果 $S_{i+1} = S_t$，结束程序；否则重新计算并对每一新群附加信息，然后返回(1)。

b. 检测拓扑邻接关系

基于计算几何的基元，如凸壳(convex hull)、Voronoi 图和 Delaunay 三角网等检测多边形之间的拓扑邻接关系。这些基元多年来已经在 GIS 领域(Gold, 1991；Tsai, 1993；Herbert and Tan, 1993；Zhao et al., 1999；Li et al., 2002)得到广泛应用。下面主要讨论检测的过程和原则，而非计算几何的算法。这一过程是由以下四个程序组成的。

(1)三角化：运用增长算法(Klein and Meiser, 1993)构建居民地之间的三角网，形成两种三角形。如果一个三角形的三个点属于同一居民地，则称此三角形为居民地三角形(building triangle)；如果三角形像"桥"一样连接两个或三个不同的居民地，则称其为连接三角形(connection triangle)。居民地三角形在居民地内部或者在居民地多边形的凹部，对于检测居民地的邻接关系是没什么用的。所以三角形序列中，只保留连接三角形。为检测居民地聚群，仅研究连接三角形。

(2)邻接关系的检测：如果两个居民地拥有同一个连接三角形，则称它们拓扑邻接，即具有邻接关系。

(3) 提取街道轴线：由检测出的居民地之间的连接三角形，可以构造出街道轴线，其代表图上的分离，而逻辑上表示两个有邻接关系的居民地是相连的。街道轴线对于居民地的聚群是非常重要的。

(4) 构建邻接关系矩阵：如果一个居民地群是由 N 个居民地组成的，那么，可以用一个 $N \times N$ 的矩阵 $\boldsymbol{A}$ 来记录居民地之间的邻接关系。如果居民地 m 和居民地 n（m 和 n 是居民地序号）是邻接的，定义：

$$A_{m,n} = 1$$
$$A_{n,m} = 1$$

否则

$$A_{m,n} = 0$$
$$A_{n,m} = 0$$

显然，$\boldsymbol{A}$ 是对称矩阵，所以，该矩阵的下三角矩阵可以全部赋 0。所以下面只讨论上三角矩阵。在这一阶段，两邻接居民地之间的空地面积、间隔距离（最小距离）同时被计算出来，并保存在相应的矩阵中。

c. 检测居民地联合

居民地联合是把相似方向、相似大小、相似形状和近似等间距的居民地组织在一起。有两种类型的联合：直接联合与间接联合（图 4-83）。如果两邻接居民地视觉上"相同"，它们形成一个直接联合。直接联合存在于两邻接居民地之间。相似性用格式塔原理中的三个参数，即居民地的大小、形状和方向来衡量。

一般来说，如果两邻接居民地有相似的大小、形状和方向，它们之间形成一直接联合。但是，这些因素各自对联合认知的贡献有多大是很难量化表达的。为简单起见，这里考虑邻接关系和方向。

可以定义两种方式的居民地直接联合，它们是延伸联合（extension alignment）与平行联合（parallel alignment）。

(1) 延伸联合：如果连接两居民地质心的连线与两居民地中任意一长轴近似平行，则这一联合称为延伸联合，如图 4-82 (a) 所示。

(2) 平行联合：如果一个联合不是延伸联合，则连接两长轴的四个端点形成一个简单四边形。选择较短长轴的两个端点作为起始点，过两起始点作该长轴的两条垂直线，如果都与另一长轴不相交，这就是一个伪联合。否则，如果：

$$M_{\max} - M_{\min} < L_{\text{limit}}$$

或者

$$(M_{\max} - M_{\min}) / M_{\min} < 1$$

将这个联合定义为一个平行联合，如图 4-82 (b) 所示。此处，$M_{\max}$ 为较长的长轴的长度；$M_{\min}$ 为较短的长轴的长度。

检测直接联合后，构建一个 $N \times N$ 矩阵 $\boldsymbol{D}$ 记录有 N 个居民地的集合中每两个居民地之间的直接联合关系。元素 $D_{i,j}$ 可能等于 0、1 或 2，分别表示非联合、延伸联合和平行联合关系。

由于每个直接联合仅由同属性的两个居民地组成，此时的聚类很"零碎"，因此还不适合对它们直接进行综合。所以，需要进一步形成大的居民地群。这就要求对许多具有较强关系的居民地联合进一步进行探测，其结果就产生了间接联合。实际上，一间接联合是由同类直接联合(延伸或平行)组成的。间接联合关系矩阵很容易由直接联合矩阵 D 建立起来。图 4-83 图解说明了间接联合的构建过程。

d. 居民地联合的后续处理

间接联合是一种潜在的群，将它们运用于综合操作仍然不合适，因为它们中的有些联合具有共同的居民地(common buildings)(图 4-84)。要确定在综合中某一共有居民地属于哪个联合，应考虑三个因子，即一个居民地联合的居民地个数、平均距离和距离的标准差。首先，需要把这三个因子排序，方法是按照居民地个数的增序和其他两个因子的减序对所有联合进行排序。显然，经过排序后，视觉上的强间接联合排在弱联合之前。下面的步骤用于决定某一共有居民地属于哪一个联合所有，同时把无用的联合从联合队列中删除。

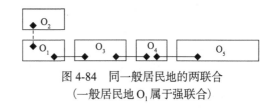

图 4-84　同一般居民地的两联合
(一般居民地 O_1 属于强联合)

第一步，从已排序的联合列中取出第一个联合。

第二步，在这一序列中，假如这个联合和其他联合具有共同的元素，从其他的联合中删除共同的元素，并且重新计算其他联合的附加信息，然后重排列这些序列。假如一个联合仅有一个元素，则将此联合从序列中删除。

第三步，假如序列非空，返回第一步重复以上过程。

图 4-84 描述了这一处理过程。共有居民地 O_1 属于联合 $\{O_1, O_3, O_4, O_5\}$ 和联合 $\{O_1, O_2\}$。经过分离处理以后，O_1 属于前一聚群，而后一个仅有一个元素的聚群从联合序列中删除。

保留下来的一个联合就是最终的一个群，这样的群在视觉上有强的连接关系。一个群的形成意味着把该群所属的居民地与其他群的居民地分离开来。为了记录这种分离引起的邻近关系改变，必须改变邻接关系矩阵中的相应元素，并检查矩阵 A。如果居民地 m 和 n 不在保留下来的联合中，而 $A_{m,n} = 1$，则令 $A_{m,n} = 0$，$A_{n,m} = 0$。

进行联合检测后，将形成局部聚群。然而，由于居民地排列的多样性，仍有许多居民地可能未被聚群。为了这些居民地的综合，须进一步的处理将它们集群在一起。这一步中，用到了两条原则，即

如果 $d \geqslant D_{\mathrm{limit}}$，$A_{m,n} = 0$，$A_{n,m} = 0$；否则 $A_{m,n} = 1$，$A_{n,m} = 1$。

如果 $a \geqslant A_{\mathrm{limit}}$，$A_{m,n} = 0$，$A_{n,m} = 0$；否则 $A_{m,n} = 1$，$A_{n,m} = 1$。

此处，d 为居民地 m 和 n 之间的距离；a 为居民地 m 和 n 之间的空地面积。

e. 局部聚群的形成

本质上，一个居民地集可以看成以居民地为结点，居民地之间的关系(包括拓扑邻接、分离、空地、大小、形状和方向等)为边的连通图。居民地的联合与非联合检测完成后，群信息，也就是两居民地之间的连通性信息将会记录在邻接关系矩阵 A 中。通过这一矩阵，将连通图分成几个子图。每个子图就是一个居民地群(局部聚群)。在图论中，将一个矩阵分割成几个子图是很常见的操作，这一点在很多论文中已经有详细的讨论(George et al., 1993)。

附加在最终群上的信息，是为群综合选择适当的综合操作和算法(算子)服务的。下面列

出附加在每个群上的信息项（以 Visual C++表达）。

```
Struct tagAttachedInfo
{
    int          ID;              //群的 ID 号
    int          Num;             //群中居民地的个数
  short      AlignType;           //群联合的类型，0、1、2 分别表示非联合、延伸联
                                  //  合、平行联合
      double SumBArea;            //群的居民地总面积
      double SumFArea;            //群的空地总面积
      double MeanDis;             //群之间的平均距离
      double DisDev;              //群之间距离的标准差
      double FareaDev;            //群的空地面积的标准差
      double MiniDistance;        //两邻近群之间的最小距离
}AttachedInfoStruct;
```

因为在邻接关系检测中，已经得到了空地面积和居民地间距的值，所以这些附加项的计算并不困难。记录所有群的附加信息的数组 G 定义为一个具有 m（m 是群的个数）个元素的结构体数组。

f. 居民地群的分级结构：从地块到邻区

如果 $S_1 = S_t$，局部聚群过程中的群是最终的群；否则，还需要如下的工作，形成群的层次式结构。

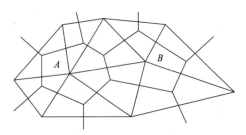

图 4-85 三角网和 Voronoi 区域之间的关系

（1）检测和记录群之间的拓扑邻近关系：为了处理拓扑一致性，应首先从三角网中提取出每一个群的 Voronoi 区域。三角网与 Voronoi 区域的关系如图 4-85 所示。如果两个群的 Voronoi 图有一条共同的 Voronoi 边（如图 4-86 中的粗线所示），就定义这两个群为拓扑邻接。从居民地之间的邻接关系很容易导出群之间的拓扑邻近关系。

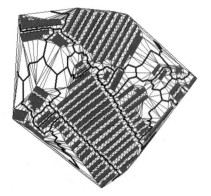
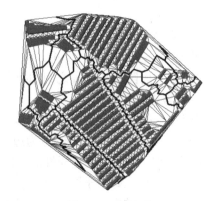

(a) 1：25000 的组群　　　　　　(b) 1：50000 的组群

图 4-86 从 1：10000 比例尺到不同比例尺为综合目的的居民地组群

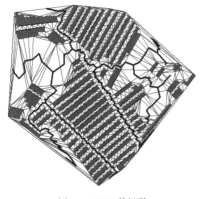 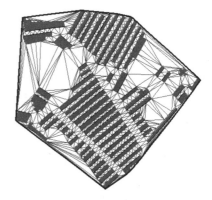

(c) 1 : 100000 的组群　　　　　　　　(d) 1 : 250000 的组群

图 4-86（续）

（2）合并邻近群：如果两个群是拓扑邻近的并有相同的联合类型，它们之间的最小距离小于 D_{limit}（D_{limit} 的逻辑值由当前比例尺计算得来，而当前比例尺首先是 S_2）或者空地面积小于 A_{limit}，那么，将这两个群进行合并生成一个新群。

（3）如前所述，对每个群附加上其信息。

（4）如果当前比例尺等于 S_t，终止程序。否则，令当前比例尺等于 S_3，重新计算 D_{limit} 和 A_{limit} 的值，并返回到（2），重复以上步骤。

这个实验中，Voronoi 图是在连接三角形骨架线的基础上形成的。根据计算几何的严格定义，上面所构建的不是严格意义上的 Voronoi 图。但是，它具有与 Voronoi 图相似的性质。例如，它对居民地间的空白区域的划分是等分。从应用的观点来看，其能够支持居民地聚群的检测。事实上，为多边形聚群而定义一个为点群而定义的那种 Voronoi 图是困难的。通常，为多边形定义的 Voronoi 图是近似的，如栅格扩展法（Chen，1999）中定义的 Voronoi 图。

5）居民地聚群的综合操作的选择和实例

联合的居民地群一般使用典型化操作来综合；非联合的居民地根据附加信息，使用化简、删除或者聚集等操作来综合。

a. 为非联合的居民地群选择综合算子

对于非联合的群 G_i，确定综合算子的规则如下。

如果 $G_i.\text{Num} = 1$，$G_i.\text{MiniDistance} < D_{\text{limit}}$ 且 $G_i.\text{SumBArea} < A_{\text{limit}}$，那么，其操作是"删除"；如果 $G_i.\text{Num} = 1$ 且 $G_i.\text{SumBArea} \geqslant A_{\text{limit}}$，操作为"化简"；如果 $G_i.\text{MeanDis} > D_{\text{limit}}$，或者 $G_i.\text{MeanArea} > A_{\text{limit}}$，操作选择"化简"；否则，操作为"聚集"。

b. 为联合的居民地群选择综合算子

如果 $G_i.\text{MeanDis} > D_{\text{limit}}$ 或者 $G_i.\text{MeanArea} > A_{\text{limit}}$，选择"化简"操作；否则，如果 $G_i.\text{Num} > 2$，其综合操作选择"典型化"。

为了保证典型化前后每个居民地群的局部外形和特点的一致性，可运用如下的迭代过程计算 N 个居民地组成的居民地群的间距、长度和宽度。具体步骤如下。

（1）计算线性分布的居民地群的总长度。

（2）假设群内居民地的个数为 N，计算居民地的平均间距、长度和宽度。

（3）如果间距大于等于 D_{limit}，并且长轴的方向与原居民地的方向一致，终止程序。否则，令居民地的个数等于 $N–1$，重复(2)，直到满足(3)为止。

当对一个群组居民地进行典型化操作时，排列在第一与最后的居民地要保持原位置不变，以保持群结构。其他的居民地依次在它们之间填充。

当所有的居民地群的综合完成后，综合所得的居民地之间仍然有可能存在空间冲突问题。为了探测和解决这种冲突，可以将综合后的居民地重新三角化，以检测居民地之间的空间关系。然后，选择适当的位移算法，解决此问题。

6) 实例

下面给出了上述居民地聚群和综合方法的一个应用实例。

本实验的地图数据集取自中国大陆一发展中的城市。源地图的比例尺为 1：10000，有66 个居民地。目标地图比例尺是 1：25000、1：50000、1：100000 和 1：250000。图 4-86 显示了聚群的过程。综合的结果如图 4-87 所示。

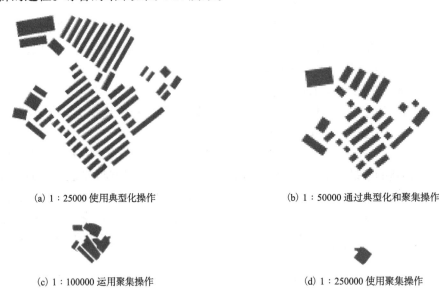

(a) 1：25000 使用典型化操作　　　　　　　　(b) 1：50000 通过典型化和聚集操作

(c) 1：100000 运用聚集操作　　　　　　　　(d) 1：250000 使用聚集操作

图 4-87　不同比例尺的居民地群的综合

综合结果由三级参数来评价，这三级评估参数为各个群的特征、群之间关系的变化及综合前后整幅图的协调一致性。

使用好的综合方法，可以使每个群的居民地在综合前后，其居民地面积与空地面积之间的比率、方向关系及距离关系都得到很好的保持。

综合前后，群之间的关系保证了邻区(地块、街区和大街区)的和谐性。这种和谐一致性是在高层次上评价综合质量的一个重要指标。为评估居民地综合结果而设计的一种全局评价因子为 SumDev，即

$$\text{SumDev} = \sum \text{abs}(i - j)$$

式中，$\text{abs}(k)$ 为 k 的绝对值；i 为在列 G 中 G_i.ID 的位置；j 为在列 H 中 G_i.ID 的位置。

G 记录了综合前群的信息，在 G 中所有的元素按居民地面积的总和、空地面积的总和、平均距离及每个群的居民地数目的升序排列。与 G 相对应，H 记录了综合后的所有群的同类信息。

假如 SumDev=0，显然结果是理想的，否则，SumDev 的值越大，综合结果越不好。

使用这些参数作为评价地图综合方法好坏的标准，对实例的综合方法进行评价。结果表明，综合方法比较理想(表 4-7)。

表 4-7　实例的评价

比例尺	群组数	居民地数	居民地群		群组顺序	全图协调性
			居民地面积与空白面积关系	居民地间距关系		
1：25000	19	53	无变化	微有变化	无变化	好
1：50000	11	29	无变化	微有变化	无变化	好
1：100000	6	6	微有变化	微有变化	无变化	好
1：250000	1	1	微有变化	变化	无变化	好

4.8　地图自动注记算法

注记就是地图上的说明性文字，如地物的名称、等高线的高程、河流的属性等，它们要么独立地作为地图符号存在，要么属于地图符号的一部分。传统纸张地图注记用手工的方法完成，计算机制作的电子地图则逐步发展为半自动或自动化的方式进行地图注记。

计算机地图的自动注记在本质上是用计算机程序来模拟地图制作人员的手工注记过程。计算机程序根据地图数据库中获得的地图注记的字体、字号、字色、文字排列方式、注记倾角、被注记对象的几何特征、地图类型、地图比例尺等参数，按照地图制作规范中的注记配置原则进行计算，做出全局或局部的最优判定，来自动确定地图注记位置。

计算机地图自动注记与人类的手工地图注记方式存在着较大的差异，主要体现在二者依赖的原则不同。手工地图注记的配置规则通常是指导性的、概略性的或者定性的；计算机地图自动注记需要的规则必须是定量的、精确的，可以用非二义性的程序来实现的。在具体实践中，手工注记的对象多为纸质地图，地图幅面大小和比例尺固定，能够容纳的信息量也相对稳定，编图规范对地图注记的字体、字号等都作了详细而严格的规定。计算机地图自动注记的对象则可以是屏幕显示的地图或图纸输出的地图两种。图纸输出地图可以采用手工注记的规定来完成，当然也可以借助于计算机自动注记。屏幕输出的地图因为可以灵活地变动窗口的大小和地图的比例尺，所以通常期望提供更为灵活多变的注记配置规则，即实现注记配置的自动化和智能化。

下面分别讨论地图注记自动配置要考虑的因素、遵循的原则和实现方法等问题。

4.8.1　地图自动注记要考虑的因素

由于计算机自动注记与手工注记存在的差异，以及计算机自动注记处理具有的特点和优势，在确定自动配置原则时要考虑下列新因素。

(1)被注记要素的几何类型。在进行地图注记时，不区分地物要素，而是区分地物、地貌的几何特征，把要注记的对象分为点、线、面三类。点要素的注记通常是环绕点位进行，主要考虑与注记点结合的紧密程度，与其他注记是否冲突、压盖。线要素的注记则以沿线要素形状分布为宜，当然也要考虑与其他注记冲突和与其余要素压盖的问题。面状要素又可以分为面团状(如居民地)、小面积面状、大面积面状和条形面状。各种情况要进行不同的处理。面团状要求沿着外轮廓线注记；小面积面状宜作点状要素处理；大面积面状需要沿主骨架线注记；条形面状宜沿着条状的外沿形状注记。

(2)不同几何类型对象在注记时的优先级。在多要素地图的注记中，需要综合考虑和平衡各类型要素的注记次序。一般而言，应该先注记点要素，其次注记线要素，最后注记面要素。当然，根据不同的输出要求，可以有不同的优先级的规定。需要说明的是，注记中不同优先级将导致不同的地图注记结果。

(3)地图注记的空间冲突避让优先级。由于地图上地物、地貌要素分布不均匀，出现地图符号在空间上的冲突、压盖在所难免。因此，在地图注记中就需要考虑注记相互之间的避让问题，此即为地图注记的空间冲突避让优先级。当需要权衡地物、地貌的注记避让优先级时，一般遵循"重要地物、地貌优先"的原则。例如，省级、市级、县级政府所在地要比一般居民点更重要，一般居民点注记要避免与其注记冲突。

(4)输出介质。对于图纸输出，注记参数应有更严格的规定；对于屏幕输出，由于计算机屏幕输出可以方便地缩放、漫游，注记的参数可以更为灵活处理，可给出一个系统缺省值，再提供方便的交互式手段让用户根据自己的需要进行设定和改变。

4.8.2　地图自动注记应遵循的原则

根据经验，良好的地图注记应遵循如下三个原则。

(1)指代无歧义的原则：地图注记应与被注记目标结合紧密，读者应容易确定注记与被注记目标之间的所属关系，不会被误认为是附近其他目标的注记。

(2)阅读清晰性的原则：注记不会相互压盖和拥挤，注记文字也不与被注记的地物、地貌或者邻近的地物、地貌相互压盖、拥挤从而影响地图的易读性。

(3)尊重认知习惯的原则：注记的字位、字色、字号、字序、排列方式要尽量符合人们的读图习惯、文化传统、思维趋向等。

4.8.3　地图自动注记的实现方法

下面把地图上的要素按照其几何特征分为点、线、面三类，分别叙述其自动注记的规则和方法。

1. 点状要素的注记配置规则及实现方法

在中国基本比例尺的地形图上，点状要素通常包括独立地物、居民地、高程点等，其注记配置遵守如下规则。

(1)注记位置的选取以点目标的正右位置为优先。在非正方向上，见图 4-88，又按照右、上、左、下的优先级顺次选取。为简化问题，以注记的中心点为定位点来考虑自动注记问题，假定 Width 和 Height 分别是当前注记的宽度和高度，字号大小为 5 个单位，注记是矩形，它的宽度和高度分别是 15 和 5，每个方向位置的选择可由下列一组同心椭圆来确定，见图 4-89。每个选择位置由两个参数 r 和 a 来决定；其中，r 决定注记定位点与待注记地物点的距离，a 是注记定位点与待注记地物点的连线与水平线的偏角。改变 r 和 a 值，可以改变每个方位待选点的数量。假定每个方位的待选点以偏离正方向角度大小为标准，偏离角度越小，优先级越高。例如，选取 r 值为 1~3，a 以 22.5° 为角差变化，由此在每个方位将选取 12 个点作为待选点。

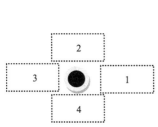

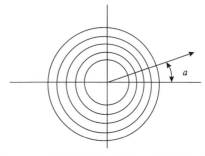

图 4-88　点状要素注记位置的优先级　　　　　图 4-89　点状要素注记位置自动确定的方法

(2)点状注记不能压盖被注记要素和其他点状要素。

(3)点状注记不能彼此压盖。

(4)点状注记尽可能不要压盖其他同颜色线状和面状地物。在无法避让的情况下，应选择尽可能压盖不同颜色的地物或者等级较低或与主题无关或关系不大的地物、地貌要素。系统根据以上原则给出缺省的压盖优先级，并提供对由用户指定压盖优先级的支持。

(5)点状注记最好与被注记点位于道路、河流、境界的同侧。点状要素的注记主要考虑避免冲突和减少压盖。避免冲突是指避免注记与注记之间的重叠，这种重叠是不允许的。但自动注记算法可能无法完全解决这个问题，所以仍然需要辅以交互式配置注记的方法解决少量由自动过程残留的未解决问题。与冲突不同的是，注记与其余地物之间的压盖是无法完全避免的。这时就有一个优先级和权重的问题。通常认为，在地形图中不同颜色的地物、等级较低或与主题无关或关系不大的地物优先级较低。

点状注记通常有矢量或栅格数据方式。解决冲突和压盖有回溯和神经元网络求取全局最优两种方法。回溯的方法，一般采取下列过程：①根据压盖情况，选取注记点位；②进行冲突检测，如有冲突，进行回溯，解决冲突。采用神经元网络方法时，一般执行这样的过程：①考虑压盖的冲突情况，选择全局较优点位；②进行冲突与压盖检测，解决冲突，减少压盖。

2. 线状要素的注记配置规则及实现方法

线状要素配置规则如下。

(1)线状要素沿其平行线进行注记。

(2)注记的方向依线状要素的倾斜角而定。设线状要素的倾斜角为 a，当 a 介于 45°～135° 时，应从上往下注记，右侧为先，左侧为后；当 a 介于 0°～45° 及 135°～180° 时，应从左往右注记，上侧为先，下侧为后。

(3)注记点与线距离允许值为 1～2 mm。

(4)对于较长河流，应该分段注记。设 Length 代表河流长度，当 Length≤30 cm 时，注记 1 次；当 30 cm<Length≤60 cm 时，注记 2 次；当 60 cm<Length≤90 cm 时，注记 3 次。

(5)注记字之间宜取 3～5 个字大小的间距。为便于实施，拟定下列规则：设 Length 代表河流长度，当 Length≤20 cm 时，取 3 个字间隔；当 20 cm<Length≤40 cm 时，取 5 个字间隔。

(6)不允许一组注记的字分放在河流的两侧。线状要素注记的主要难点在于提高平行线生成的精确性及处理冲突和压盖时的搜索速度。

以河流为例，线状要素注记的一般步骤是：①提取河流空间点位及相应注记的参数数据；②计算河流长度，对河流进行分段；③为各段求取左、右(或上、下)平行线；④沿着平行线搜索第一组（下一组）可选位置；⑤检测该组位置是否与已有注记发生冲突，如有，则该组位置作废，转到④；⑥记录该组位置及与已有地物的压盖情况；⑦选出 N 组位置，转到下一步，否则转去执行④；⑧比较已经选出各组位置的压盖情况，选取最佳位置，输出结果。

3. 面状要素的注记配置规则及实现方法

面状要素包括团状居民地、面状湖泊、双线河流、面状水库等。面状要素注记的配置规则如下：①团状居民地的注记，在提取外轮廓线后作为点状要素注记，注记要求和方法同点状要素；②小的湖泊、面状水库，根据其形状和大小作为点状或线状要素注记；③双线河流和狭窄而细长的湖泊、水库等作为线状要素注记；④大的面状湖泊、行政区域，在提取骨架线后，沿其主骨架线注记。面积太小、主骨架线太短、容纳不下注记时作为点状要素注记，注记要求和方法同点状要素。

面状要素注记的问题可归结为求面状多边形主骨架线的问题。目前，较常用的求主骨架线的方法有求扫描线中点法和数学形态学两种方法。求出主骨架线后，其余处理过程与线状要素方法类似。

思 考 题

1. 矢量符号库制作有哪些方法？

2. 试用土堤符号产生的程序块原理，设计地形图上双线公路、建筑中公路和大车路的符号绘制算法。

3. 专题地图符号有哪些特征？试述一种构建专题地图符号库的方法。

4. 为什么要开窗？实现开窗的关键算法有哪些？地图数据库开窗的特点是什么？

5. 如何把 n 个高等点组成的点群划分为三角网？如何内插等高线？

6. 运用 Grid 内插等高线的原理是什么？

7. 什么是拓扑关系？二维空间的拓扑关系有哪些？

8. 如何判断一点与一个多边形的位置关系？

9. 描述一种自动构建拓扑多边形的算法。

10. 为什么要进行地图综合？

11. 程序实现 Douglas-Peucker 算法。

12. 程序实现 Delaunay 三角网的一种构建算法。

13. 程序实现 Voronoi 图的一种构建算法。

14. 说明矩形法实现居民地综合的原理。

15. 目前地图注记方法的自动化、智能化程度如何？你认为实现地图注记高智能化的难点是什么？

第5章 计算机地图制图栅格数据处理算法

栅格数据是一类基本的空间数据，在当前的地图制图技术中应用极其广泛。对于栅格数据的应用而言，算法是其基础，栅格数据处理算法的优劣直接决定了数据处理的效率甚至功能的实现与否。经过专家、学者们多年研究，近年来已经使栅格数据处理的许多算法日益成熟、实用，如区域填充算法、距离变换图算法、骨架图生成算法、褶积滤波算法等。

下面将分别介绍这些算法及其应用。

5.1 区域填充算法

区域填充算法是指给出一个区域的边界，要求在边界范围内对所有像素单元赋予指定的颜色代码。区域填充算法在计算机地图制图、建筑物交互式图形设计、动画设计及计算机辅助设计/制造等领域中有着广泛的应用。

5.1.1 区域填充算法简介

目前，区域填充算法中最常用的是多边形填色，因此本节以多边形填色算法为例来介绍区域填充算法。常用的多边形填色算法有两种：递归种子填充算法和扫描线种子填充算法。在应用中，鉴于这两种算法都有一定的缺陷，近几年，一些学者基于这两种算法，提出了一些改进算法和特殊的区域填充算法，本节一并予以介绍。

1. 递归种子填充算法

递归种子填充算法，又称边界填色算法。这种宏运算的原理是让单个像元作为填充胚，在给定的区域范围内，通过某种方法进行蔓延，最终填充满整个多边形区域。为了实现填充胚的蔓延，可采用四邻法或八邻法进行填充。下面以四邻法为例详细阐释该算法的实现过程。

如图 5-1 所示，设"1"为区域范围线上的像元，"2"为填充胚。依据四邻法，第一步考察原图填充胚的上、下、左、右四邻，凡是不属于范围线上的像元，均置成与填充胚同样的灰度值"2"，即让它们成为新的填充胚，并将新填充胚放入一个栈中。第二步是在经上述对填充胚加粗的基础上，从栈中弹出一个填充胚，考察它的四邻，只要不属于范围线上的像元，均被置成"2"，并作为新填充胚记入栈。这样反复进行下去，直到栈空为止。由于在加粗过程中，不能对灰度值为"1"的像元置"2"，因此该逐步加粗算法又叫做带有边界约束条件的逐步加粗法(徐庆荣等，1993)。

利用四邻法进行多边形区域的填充，其优点是算法简单、易于实现，但该方法有时不能通过狭窄区域，从而不能填满整个多边形。这时可以选择八邻法，即以填充胚为中心，据此向周围八个方向扩散、填充，具体操作同四邻法相似，但这种方法有时会造成填充溢出边界的现象。因此，针对不同的多边形区域，可视情况选择四邻法或八邻法进行填充。

递归种子填充算法突出的优点是能对具有任意复杂边界的区域进行填充；其缺点是该算法存在一个点多次进出堆栈的情况，需要比较大的堆栈空间，且系统堆栈反复进出，耗费了大量的内存和时间，所以填充较大一些的图形就会出现堆栈溢出现象。因此，该算法一般用于细小区域的填充。

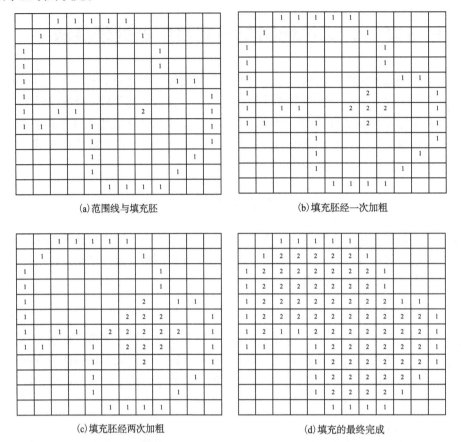

(a)范围线与填充胚　　　　　　　　　　　(b)填充胚经一次加粗

(c)填充胚经两次加粗　　　　　　　　　　(d)填充的最终完成

图 5-1　用带有约束条件的逐步加粗法填充

2. 扫描线种子填充算法

1) 扫描线种子填充算法简介

扫描线种子填充算法的对象是一个个扫描线段。扫描线段是指区域内同值相邻像素在水平方向的组合，它的两端以具有边界值的像素为边界，即一段扫描线段的中间只有同一种像素。扫描线种子填充算法适用于边界定义的区域。区域可以是凸的，也可以是凹的，还可以包含一个或多个孔(余腊生和沈德耀，2003)。

扫描线种子填充算法的实现方法如下。

第一步，建立一个存放每条扫描线各填充区段右端点的堆栈，最初把种子像素压入堆栈。

第二步，沿扫描线对出栈像素的左、右像素进行填充直至遇到边界像素为止，即每出栈一个像素就对区域内包含该像素的整个连续区段进行填充。

第三步，检查与当前扫描线相邻的上下两条扫描线的有关像素是否全为边界像素或已填充的像素。若存在非边界、未填充的像素则把未填充的每一连续区段最右像素作为新种子像素入栈。

第四步，重复第一～第三步，直到所有的区域都填充完成。

与种子填充算法不同的是，在使用扫描线种子填充算法填充时，每一条连续未被填色的扫描线段只取一个种子进栈，从而使栈空间大大减小。如图 5-2 所示，填充时，定义"1"为区域范围线上的像元，"2"为填充胚。第一步，建立存放扫描线填充区段右端点的堆栈，并将填充胚放入一个栈中。第二步，弹出一个填充胚后，以此为起点向左、向右尽可能将其所在行用同一灰度"2"填满，直至左右两端均受到范围线"1"像元的阻挡。第三步，在新近被填充的行的上下两侧，搜索新的胚位置，对于同一行中相互连通的"0"像元，只要在栈中放入一个填充胚就够了。第四步，从栈中弹出一个新的填充胚，重复第二、第三步操作，直到填充完成。图 5-2 中，"·"为当前存于栈中的填充胚位置。

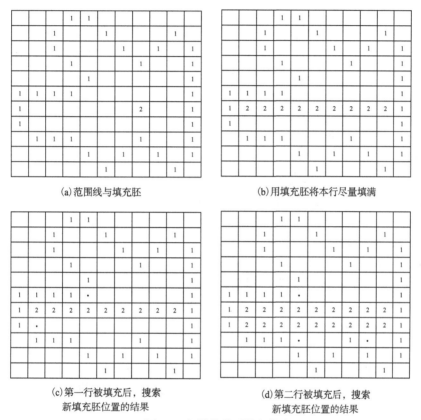

　(a)范围线与填充胚　　　　　　　　　　(b)用填充胚将本行尽量填满

　(c)第一行被填充后，搜索　　　　　　　(d)第二行被填充后，搜索
　　新填充胚位置的结果　　　　　　　　　　新填充胚位置的结果

图 5-2　扫描线种子填充算法

2)扫描线种子填充算法的改进

为了避免在后续填充时重复检查内部像素点的问题，倪玉山和林德生(2000)在种子填充算法和扫描线种子填充算法的基础上，提出了一种扫描线种子填充算法的改进算法，该算法一定程度上提高了区域填充的效率。改进算法的基本思想是每找到一个新的内部区段时，不仅将新区段的 y 值(yn)和左右列值 xnl, xnr 压入堆栈，还把当前区段的 y 值和左右列值 xl, xr 也压入堆栈，以保存和传递有关的信息。改进算法的操作步骤如下。

第一步(找出种子点所在的区间)：从给定的种子点 (x, y) 出发，向左右两个方向进行填充，直至遇到边界；记这一个区段为 $[xl, xr, y]$，它是当前区段。

第二步(初始化堆栈)：在 $[xl, xr]$ 内，对当前区段所在扫描线的上下两条相邻的扫描线分别执行第七步规定的操作。

第三步(出栈)：栈顶元素出栈，产生新的当前区段 $[xl, xr, y]$，它的前一区段是 $[xpl, xpr, yp]$。

第四步(处理第 yp 条扫描线)：找出第 yp 条扫描线中在[xl，xr]内与区间[$xpl-1$, $xpr+1$]不相重叠的部分，在不重叠的区间范围内对第 yp 条扫描线执行第七步规定的操作。

第五步(处理另一条相邻扫描线)：对当前区段的另一相邻扫描线在[xl，xr]内执行第七步规定的操作。

第六步：当栈非空时，转第三步；否则，算法结束。

第七步(搜索并填充指定区间)：在给定的区段[xl，xr, y]内进行搜索，每搜索到一个新的内部区段即填充它，并将这一新区段的信息[xnl, xnr, yn]和给定的区段信息同时压入堆栈；搜索完毕，返回调用处。

改进后的扫描线种子填充算法可用 C 语言来描述(倪玉山和林德生，2000)，如下所示，定义：

```
seed(x, y);        /*最初给定的种子像素点*/
nc;                /*要填的颜色值*/
bc;                /*边界像素点的颜色值*/
push( );           /*将一栈元素压入堆栈*/
pop( );            /*弹出栈项元素*/
getpixel( );       /*返回指定像素点的颜色值*/
putpixel( );       /*设定指定像素点的颜色值为给定的颜色值*/
search( );         /*在指定区段内完成搜索和填充新区段的功能*/
```

程序源代码(部分)如下：

```
seed(x, y);
xsave=x;           /*设置堆栈并置堆栈为空*/
    do{            /*开始填充当前扫描线*/
        putpixel(x,y,nc);
    x=x-1;
        }while(getpixel(x,y)!=bc)      /*从种子点向左填充，直至遇到边界*/
    xl=x+1;                            /*用 xl 返回左端点列值*/
x=xsave+1;
/*当前扫描线填充完毕，下面初始化堆栈*/
search(xl,xr,y-1,bc,nc,xl,xr,y);   /*搜索当前扫描线的上一条扫描线*/
search(xl,xr,y+1,bc,nc,xl,xr,y);   /*搜索当前扫描线的下一条扫描线*/
while(堆栈非空)
{       pop(xl,xr,y,xpl,xpr,yp);
    if(xl<xpl-1))
    /*搜索第 yp 条扫描线的指定区段[xl,xpl-2]*/
        search(xl,xpl-2,yp,bc,nc,xl,xr,y);
        if(xr>(xpr+1))
    /*搜索第 yp 条扫描线的指定区段[xpr+2,xr]*/
        search(xpr+2,xr,yp,bc,nc,xl,xr,y);
        /*搜索与当前扫描线相邻的另一条扫描线*/
```

```
              search(xl,xr,2*y-yp,bc,nc,xl,xr,y);
        }
    /*整个区域填充完毕，程序结束*/
   /*下面是在指定区段内完成搜索并填充新区段功能的子过程*/
    search(xl,xr,y,bc,nc,xpl,xpr,yp)
    {
        xsave=xr;
        while(x<=xsave)
        {
            color=getpixel(x,y);
            if(color!=bc&&color!=nc)
/*从新的种子点(x,y)出发，向左右填充至边界，并用xl,xr返回左右端点列值*/
                push(xl,xr,y,xpl,xpr,yp);
                x=xr;
            }
          x=x+1;
        }
    }
```

综上所述，扫描线种子填充算法很好地利用了区域在扫描线上的连贯性和相邻扫描线之间的连贯性，从而克服了递归种子填充算法的缺点；但这种算法需重复判断大量像素点的颜色，并存在不必要的回溯操作。对此，改进的算法通过对原算法中堆栈结构的修改来避免重复操作，从而达到更好的填充效率。

3. 基于曲线积分的区域填充算法

基于曲线积分的区域填充算法是邓国强和孙景鳌(2001)提出的一种以格林公式求区域面积为基本原理进行区域填充的特殊算法。该算法具有运算速度快、对图形的适应性强、填充结果重复性好等优点；它从根本上克服了区域形状对多边形填充法的限制，种子填充法要求知道区域内一点(填充胚)及对区域内像素点进行重复判断等弊端；而且该算法适用于任何一种可以准确描绘出边界曲线的区域填充处理。因此，这是一种比较适用的区域填充算法，其基本思想如下。

第一步：根据图像处理技术中有关区域及区域边界像素点的精确定义，构造区域边界像素点序列。

第二步：把二维平面集合中求区域面积的格林公式推广到离散平面中，在二维离散平面中求取区域面积。

第三步：区域填充算法的具体实现过程。

根据上述思想，区域填充是在利用曲线积分计算区域面积的过程中完成的，根据格林公式给出的区域面积算法规则，计算区域的面积之前要先求出边界像素点序列。所以，该算法的区域填充处理分两个主要内容：①对一个区域进行轮廓跟踪，求出区域的边界像素点序列 L；②利用面积计算公式识别出区域像素集的内点。

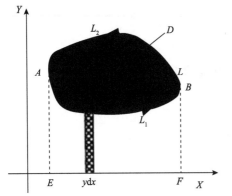

图 5-3　格林公式求面积(邓国强和孙景鳌，2001)

因而基于曲线积分的区域填充算法的核心问题是：怎样利用边界像素点序列根据面积计算公式识别出区域的内点。

由于在数学上，对区域及区域的边界是有明确定义的，因此基于曲线积分的区域填充算法的关键是根据面积计算公式识别出区域的内点。在离散的二维平面中，区域的面积实际上就是连通像素点集 D 中元素的个数，所以，要计算出区域的面积就要先从图像中识别出像素集 D 的所有内点，然后统计它的数量。如图 5-3 所示，设在连续的二维平面中有一区域 D，其边界封闭曲线为 L，由曲线积分的格林公式可得到 D 的面积为

$$S = \iint_D \mathrm{d}x\mathrm{d}y = \frac{1}{2}\oint_L x\mathrm{d}y - y\mathrm{d}x \tag{5-1}$$

由于 x, y 的对称性，该公式可进一步推导为

$$S = \oint_L x\mathrm{d}y \ \text{或} \ S = \oint_L y\mathrm{d}x \tag{5-2}$$

如果以 x 作为积分自变量，式(5-2)的几何意义则可以这样来描述(图 5-3)：设 A、B 为区域 D 在 X 轴方向的左右两个端点，以这两个端点为分界点将环绕区域 D 的边界曲线 L 分为上下两条曲线 L_1、L_2。设上曲线 L_1 的方程为 $y=y_1(x)$，而下曲线 L_2 的方程为 $y=y_2(x)$。这两条曲线与 X 轴及虚线 AE 与 BF 所围面积分别可以表示为 S_1 和 S_2。由于积分方向相反，S_1 与 S_2 符号相异，所以它们的代数和就是区域 S 的面积，可以表示为

$$S = S_1 + S_2 = \int_a^b y_1(x)\mathrm{d}x + \int_b^a y_2(x)\mathrm{d}x \tag{5-3}$$

依据离散几何中对区域及区域边界的精确定义，利用轮廓跟踪处理方法得到区域边界离散像素点序列 $L=\{A_k : k=1, 2, \cdots, n\}$，以此表示区域的边界曲线，且 $A_k=(x_k, y_k)$，则在离散平面中区域 D 的面积表达式可以表示为

$$S = \sum_{i-2}^n y_i(x_i - x_{i-1}) = \sum_{i-2}^n y_i \mathrm{d}x \tag{5-4}$$

式中，$|x_i - x_{i-1}|=1, |y_i - y_{i-1}|=1, \mathrm{d}x_i = \begin{cases} 1, & x_i > x_{i-1} \\ -1, & x_i < x_{i-1} \\ 0, & x_i = x_{i-1} \end{cases}$

据此，通过格林公式获取区域内点的同时，利用轮廓跟踪处理方法得到了一个描述区域 i(指 i 近邻，详细定义可参照参考文献)边界曲线的像素点序列 $L=\{(x_k, y_k) : k= 1,2,\cdots,n\}$。设图像在 x 和 y 方向的宽度分别为 w_x 和 w_y，单位为像素，则整幅图像就可以用一个二维矩阵表示为 $M[j, i]$：$i=0,1,2,\cdots,w_x$，$j=0,1,2,\cdots,w_y$。这里，j 为矩阵的行，对应于图像的纵坐标 y；而

i 为矩阵的列，对应于图像的横坐标 x，矩阵 j 行 i 列处元素的值则代表了坐标 (x,y) 处像素点的灰度值。为了标记出图像中某一个像素点是否是区域的内点，定义一个与 M 大小完全相等的整型矩阵 $S[i,j]$：$i=0,1,2,\cdots,w_x$；$j=0,1,2,\cdots,w_y$，为了方便，可把它叫做标识矩阵。在矩阵 S 中标出 M 中所有像素点的特性，即如果二维离散平面 (i,j) 处的像素点是区域的内点，则令 S 中的元素 $S[j,i]=1$，否则令 $S[j,i]=0$。最后，只要通过检查矩阵 $S[j,i]$ 中元素值的状态就可以知道图像中哪些是内点，哪些是外点，这样就完成了对图像的区域填充操作。

5.1.2　区域填充算法在地图制图中的应用

区域填充算法在地图制图及其他领域中有着广泛的应用，如图案的填充、距离和多边形面积的量算、栅格图形的局部删除及动画片和图形艺术处理等。下面以计算机制图中的图案填充和多边形面积的量算为例介绍其应用。

1. 填充图案

区域填充算法在计算机辅助地图制图中得到了广泛的应用，利用设置好的图案来填充多边形区域就是一例。如图 5-4 所示，基于区域填充算法的原理，利用选定的多边形填充图案[图 5-4(a)]，对图 5-4(b) 中轮廓范围已经确定的多边形区域进行图案填充，然后进行逻辑运算，可得到如图 5-4(c) 和图 5-4(d) 所示的填充效果。

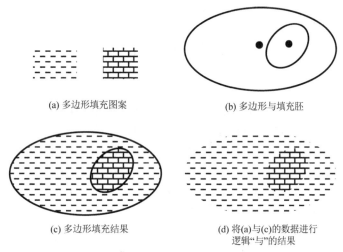

(a) 多边形填充图案　　　　　　　(b) 多边形与填充胚

(c) 多边形填充结果　　　　　　(d) 将(a)与(c)的数据进行
　　　　　　　　　　　　　　　　逻辑"与"的结果

图 5-4　填充技术用于按指定图案填充多边形

2. 计算多边形面积

区域填充技术除了用于多边形填充外，还可用于面积量算。由于每个像元的面积是固定的，因此在栅格地图上量算面积有其独特的方便之处。

如图 5-5 所示，假定一幅栅格地图布满了 A、B、C 三种像元，只要计算出三种属性的栅格数，再各自乘以栅格单位面积就得到多边形 A、B、C 的面积 S_A, S_B, S_C。若地图的比例尺为 $1:M$，则实地对应的面积为

$$S_A=M^2 \cdot Sa \qquad S_B=M^2 \cdot Sb \qquad S_C=M^2 \cdot Sc \qquad (5\text{-}5)$$

实际计算时，栅格面积的单位与实地面积的单位还需要进行换算。

如果扫描原图上只有多边形边界的图像(如图 5-5 中的"1"像元)，则可通过给每个多边形置入一个内点的属性，然后在各多边形的边界线范围内，以内点作为填充胚进行填充。

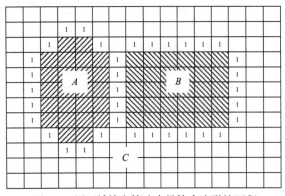

图 5-5　用区域填充算法来量算多边形的面积

在填充的过程中记录被填充的格网数目，也就得到了被填充多边形的面积累加值。如图 5-5 所示，"A"有 24 个单位，"B"有 30 个单位，"C"有 103 个单位，"1"有 35 个单位，且 A、B 之间的公共边由 5 个"1"组成，A、C 之间由 13 个"1"组成，B、C 之间由 17 个"1"组成。计算时，将组成相邻两个多边形公共边界的栅格面积平分给这两个多边形，则各多边形的栅格面积为

$$S_A = 24 + \frac{1}{2} \times 5 + \frac{1}{2} \times 13 = 33$$

$$S_B = 30 + \frac{1}{2} \times 5 + \frac{1}{2} \times 17 = 41$$

$$S_C = 103 + \frac{1}{2} \times 13 + \frac{1}{2} \times 17 = 118$$

5.2　距离变换图和骨架图生成算法

5.2.1　距离变换图算法

距离变换图算法是一种针对栅格图像的特殊变换，是把二值图像变换为灰度图像，其中每个像素的灰度值等于它到栅格地图上相邻物体的最近距离。距离变换图算法的基本思想就是把离散分布在空间中的目标根据一定的距离定义方式生成距离图，其中每一点的距离值是到所有空间目标距离中最小的一个。对于距离的量度是通过四方向距离（又称"城市块距离"或"出租车距离"）的运算来实现的，即只允许沿四个主方向而不允许沿对角方向进行跨栅格的最小路段的计数。因此，每个路段为一个像元边长。

目前，在不同专业领域的应用中，距离变换图算法的实现各有差异，本节主要介绍计算机地图制图中常用的基于欧几里得距离公式和基于栅格图像间运算来实现距离变换图的两种算法。

1. 基于"欧几里得距离"公式的距离变换图算法

矢量空间中，距离就意味着"欧几里得距离"，两点之间的距离可直接用标准公式来计算，但在栅格空间中，实现距离变换图算法要解决的核心问题就是怎样定义栅格空间中两点之间的距离。在栅格图像中，单位是像素，坐标值都是整数，因此两点之间的"欧几里得距离"公式可表示为

$$D(P_1, P_2) = f(i, j, m, n) = \sqrt{(m-i)^2 + (n-j)^2} \tag{5-6}$$

式中，点 $P_1(i, j)$ 和 $P_2(m, n)$ 的坐标值 i, j, m, n 都是整数（李成名和陈军，2001）。但是在计算中，得到的结果往往会出现小数值，对此一般都采取用整数近似代替，因此该算法存在一定的误差。为了降低这种误差，通常采用邻近像元的局部距离来近似欧几里得距离。在栅格图像中，

每一个像元都有八个邻元,如图 5-6 所示。一般情况下,东、西、南、北四个主方向上的邻接像元称作四邻元,见图 5-6(a);东南、东北、西南和西北四个对角线方向上的邻接像元称作八邻元,见图 5-6(b)。为了避免对角线引起的误差,通常只采用四邻元来量算栅格间的距离。

为了方便计算,经常采用的模板有 3×3、5×5 或 7×7,如图 5-7 所示。只要图中 a、b、c 的取值满足 $1<b/a<2$,$1<c/b<2$,它就是欧几里得距离的一个在栅格空间中的整数近似值(李成名和陈军,2001)。但这种近似值具有不确定性,还需进行误差分析。经分析,可看出误差存在一定的规律,即无论 a、b、c、d、

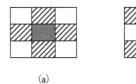

图 5-6　邻元定义

e 的取值如何变换,最大距离偏差总是与最大偏差(某一固定距离下,任意方向上的整数近似距离与欧几里得距离的差)成正比,且采用 7×7 模板要比采用 3×3 模板的计算精度高。

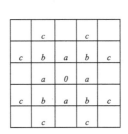

图 5-7　常用局部模板(李成名和陈军,2001)

综上所述,基于"欧几里得距离"公式实现距离变换图算法时,应根据精度需求和实际情况选择合适的模板,采用四邻元来量算栅格图像间的距离。由于算法本身的缺陷,误差是不可避免的,为了提高计算精度,该算法还有待改进。

2. 基于栅格图像间的运算获取距离变换图的算法

基于栅格图像间的运算获取距离变换图算法的基本方法是:反复对原图进行"减细"和将减细结果与中间结果作算术"叠加"两种基本运算。其终止条件是:若对原图再减细,则将成为全零矩阵(徐庆荣等,1993)。例如,利用图 5-8(a)中的原始二值影像图,经反复减细和叠加运算,最终可获得如图 5-9 所示的距离变换图。

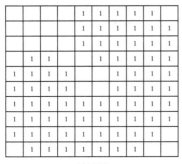
(a)原图

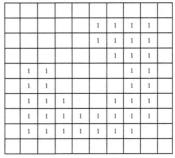
(b)原图的第一次减细

图 5-8　距离变换图形成过程

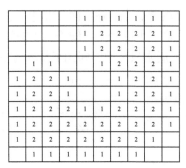 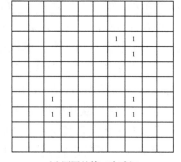

(c)原图＋第一次减细结果　　　　　　　(d)原图的第二次减细

图 5-8(续)

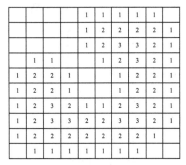

原图＋减细结果(第一次＋第二次)

图 5-9　距离变换图

通过对上述两种距离变换算法的研究可知，距离变换的精度受栅格尺寸大小的限制，栅格尺寸越小，计算结果的精度就越高。

5.2.2　骨架图算法

骨架图就是从距离变换图中提取出具有相对最大灰度值的那些像元所组成的图像。骨架图算法是一种简洁、直观的目标表示方法，它综合利用了目标的外部轮廓和内部区域信息，在描述目标形状方面具有传统表示方法不可比拟的优势，且骨架图"山脊线"的连接关系保留了空间拓扑结构的完整性，从而极大地扩展了骨架图算法的应用领域。目前，在不同的领域中，骨架图算法有着广泛的应用，如在制图综合中双线河流的简化、面状地物注记的自动配置及栅格数据的压缩等。

骨架图算法实现的途径主要有两条：其一是基于灰度图像的骨架图算法；其二是直接从灰度图像提取目标骨架的算法。其中，基于灰度图像的骨架图算法主要有三类：①从距离变换中提取骨架，即通过计算灰度图像的距离变换，从距离变换图中检测并连接骨架点得到目标的骨架，其缺点是难以设计恰当的邻域条件，需要较多的后处理。②采用边界模型提取骨架，即采用离散边界模型在逼近真实形状的同时提取骨架，可得到在噪声环境下稳健的骨架。但是，运用该方法时因构造离散边界模型比较困难，提取出的骨架有时可能是不连通的。③基于区域标记的方法。其典型代表是 Liu 和 Wang(2000)提出的基于 Arcelli 的"非脊点下降"算子的骨架提取算法。该算法通过并行地对图像中的所有非脊点进行下降，将图像分别标记为骨架点和背景点，可以获得单像素宽的、与原始图像同伦的骨架。但该算法有时不能提取一些规则目标的完整骨架，而且算法对边界噪声比较敏感(陈晓飞和王润生，2003)。由于基于灰度图像的骨架图算法存在一定的缺陷，因此越来越多的学者把注意力转向直接从灰度图像中提取目标骨架的算法研究。

1. 基于距离变换的骨架图生成算法

利用距离变换来获取目标骨架的算法是基于灰度图像骨架图算法中广为使用的一种。该骨架图就是从距离变换图中提取出具有相对最大灰度值的那些像元所组成的图像。

以图 5-9 为例，算法的实现过程就是将图 5-8(a)经两次减细操作，获取图像的主骨架，从而生成如图 5-10(a)所示的骨架图。若将该骨架图中比其灰度值小 1 的像元予以加粗，就得到图 5-10(b)。可以看出，其结果几乎等同于原始图像。因此可以认为，这种骨架图是原始图像的简记，没有破坏其拓扑结构的完整性。

基于距离变换的骨架图具有算法简单、直接的优点，但由于难以合理地确定其邻域条件，且易受成像、噪声等的影响，因此使用范围受到了一定的影响。

(a)骨架图　　　　　　　　　　　　　(b)骨架图的两次加粗结果

图 5-10　骨架图形成过程(徐庆荣等，1993)

2. 基于非脊点下降算子的多尺度骨架图算法

基于对传统骨架图算法的研究，陈晓飞和王润生(2003)认为性能良好的骨架图算法应能满足下面的基本条件：保持原始形状的拓扑属性不变；对目标边界噪声不敏感；能够提取出发生在多尺度上的骨架；骨架具有单像素宽度。

基于以上考虑，在 Liu 和 Wang(2000)提出的算法基础上，他们提出了基于非脊点下降算子的多尺度骨架化算法。该算法用于二值图像和灰度图像，可以满意地检测到与人视觉感知相一致的目标骨架，其特点是：①对 Arcelli 的脊点概念进行补充描述，可以提取所有规则目标和不规则目标完整的骨架；②组合利用目标的轮廓和区域信息，克服了边界噪声对提取过程的影响；③采用逐层扩展背景的方法，最终能够稳健地提取出目标的多尺度骨架。

基于非脊点下降算子的多尺度骨架化算法的实现要依据非脊点下降算子定理。设：$I = \{I(p), p \in G\}$ 为定义在八连通的正方形有限网格 G 上的灰度图像，G 中的任意像素 p 取值于递增整数序列 $\{I_k\}_{k=0}^{N}$(其中，$I_k < I_{k+1}$)，分别以 $I_k(k = 1, \cdots, N)$ 为门限二值化灰度图像 I，可得到一个二值图像列 $\{O_k\}_{k=1}^{N}$。非脊点下降算子定理为：设 p 不是脊点，M 为它的灰度小的直接邻居中的最小灰度值，将 p 的灰度下降到 M 将会保持 G 的拓扑性质不变，即非脊点下降算子不改变图像的拓扑性质。

基于非脊点下降算子的多尺度骨架化算法的主要思想是：当逐层地将图像中的非脊点 p 的灰度下降到 M 时，这些非脊点最终将变为某个底的像素，从而使该底的范围逐渐扩大，直到图像中所有像素都处理完毕为止，此时仅有表征图像骨架信息的脊点被保存下来。

基于非脊点下降算子的多尺度骨架化算法主要包括三个处理阶段：目标的多尺度滤波、非脊点下降和局部底标记。该算法处理流程如图 5-11 所示。

其中，多尺度滤波过程是为了解决常用骨架化算法对下边界上局部的噪声敏感而对其上的全局凸结构不敏感的问题。解决的有效途径是用低通滤波器对曲线进行平滑，并通过改变滤波器的带宽，获得曲线在不同尺度下的表示。

图 5-11　骨架化算法的流程

非脊点下降过程综合考虑轮廓和区域的特性，首先，用多尺度的高斯函数逐层对目标的轮廓进行滤波，并对其上的点作出判断。其次，针对不同性质的点采取不同的处理策略，迭代直至所有像素处理完毕。最后，当下降过程结束时，结果图像由图像的全骨架和以这些全骨架为边界的底构成。

局部底标记过程是为了消除上述结果图像中的局部底，从而仅获得目标的全骨架。标记过程为：①将结果图像减去其最小灰度值，对于结果图像中的每个非 0 的像素，将其添加到队列中；②当队列不空时，对其中的每个像素，依据灰度相同的规则将其四邻元添加到队列中，若某个四邻元不是必要点，则整个队列中的元素不能构成一个底；③若队列中所有像素均为必要点，则该队列代表一个局部底，需要将其标记为全局底。

综上所述，非脊点下降算子的多尺度骨架化算法可得到目标连通的、单像素宽度的、与原始图像拓扑一致的骨架。骨架对噪声稳健性高，而且能够充分体现边界上的全局凸结构。同时，算法的结果对于图像灰度的严格单调变换具有不变性质。因此，这是一种比较适用的骨架图算法，该算法的详细介绍可参照有关文献。

5.2.3　距离变换图和骨架图的应用

距离变换图和骨架图在许多领域有着广泛的应用。下面分别作以简单介绍。

距离变换图常用于地图制图、地理空间的各种量度(如面积、密度、坡度、坡向等)及空间分析(如缓冲区分析、Voronoi 分析、DEM 分析等)等方面。

例如，在地图制图和地图综合中，当需要考虑相邻地图物体间的距离时，可利用距离变换图算法解决相邻的物体是否由于间距较小而应当合并及什么地方还有可以配置符号的自由空间等问题。

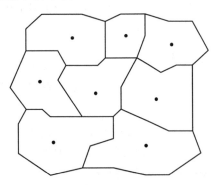

图 5-12　用距离变换法得到泰森多边形

另外，利用距离变换可以较容易地进行泰森多边形的计算，如图 5-12 所示。其中，各泰森多边形的边是通过把地图图面要素作为前景进行距离变换而算出的。在此图中，以发生点作为中心点，采用八方向栅格扩张运算，两个邻近发生点扩张运算的交线为泰森多边形的邻接边，三个邻近发生点扩张运算的交点为泰森多边形的顶点(郭仁忠，2001)。

骨架图算法基于骨架的目标表示和识别系统的核心内容，在地图制图、光学字符识别、医学图像识别等领域有着广泛的应用。

此外，可以利用距离变换和骨架化生成坡度图。此时，输入的数据必须是带有相等高程间隔的栅格图像，其中每一点所处地形的坡度可直接通过那一点附近相邻两根等高线间的距离来表示。实现的步骤如下：第一步，将阳像等高线版栅格数据反转成阴像数据；第二步，进行距离变换，从而得到距离变换图；第三步，根据骨架灰度值及等高线走向分段；第四步，在各段内用骨架灰度值填充，直到碰到等高线和分段分界线为止。

此时，灰度值越小的地方，表示周围相邻的等高线越密，坡度就越大；反之亦然。但须注意，上述方法用的是"城市街区量度"，而不是欧几里得距离量度。因此，越是接近栅格像元的对角线，距离变换图上灰度值所反映的距离与欧氏距离相差就越大。若不经调整计算，这种坡度图只可作近似的参考图(徐庆荣等，1993)。

5.3　褶积滤波算法

滤波是对以周期振动为特征的一种现象在一定频率范围内予以减弱或抑制的过程。在图像范畴中，也可以引用振动的概念。此处的振动是指随着在图像上抽样点位置的逐渐变化而呈现变化的不同图像亮度(灰度值)。因此，可以把在通信技术中所使用的滤波公式简单地转用于数字图像处理。此时，可以将栅格像元的位置坐标(即行、列号)代替时间坐标，用灰度值幅度代替电压幅度或声学音强幅度(徐庆荣等，1993)。在制图的栅格数据处理中，一般采用褶积滤波算法来实现图形图像增强处理的目的。

在褶积滤波中，每个像元的原始灰度值 $G_{y,x}$ 被其邻域 U 中灰度值 $G_{y+k,\,x+l}$ 的加权平均值所取代。例如，对于一个 $n \times n$ 矩阵的栅格图形(n 为奇数)，在该邻域中，每个像元被赋予一个"权数" $W_{i,f}$：

$$权矩阵 U = \begin{bmatrix} W_{11} & W_{12} & \cdots & W_{1n} \\ W_{21} & W_{22} & \cdots & W_{2n} \\ \vdots & \vdots & & \vdots \\ W_{n1} & W_{n2} & \cdots & W_{nn} \end{bmatrix} \tag{5-7}$$

$$G'_{y,x} = \frac{1}{\sum_{i=1}^{n}\sum_{j=1}^{n} W_{i,j}} \sum_{k=1}^{\frac{n-1}{2}} \sum_{l=1}^{\frac{n-1}{2}} G_{y+k,x+l} \cdot W_{k+\frac{n+1}{2},l+\frac{n+1}{2}} \tag{5-8}$$

将该邻域的每一像元灰度值乘以其权矩阵中对应的分量 $W_{i,j}$，然后算出在此邻域内的加权平均灰度值 $G'_{y,x}$，放入结果矩阵中，取代原始的灰度值 $G_{y,x}$，从而达到栅格图像处理的目的。原始灰度值与加权平均灰度值之间的转换关系见式(5-8)(徐庆荣等，1993)。

而对于形如

$$U_1 = \begin{bmatrix} 0 & 1 & 0 \\ 1 & 1 & 1 \\ 0 & 1 & 0 \end{bmatrix} \quad 或 \quad U_2 = \begin{bmatrix} 1 & 1 & 1 \\ 1 & 2 & 1 \\ 1 & 1 & 1 \end{bmatrix} \tag{5-9}$$

之类的权矩阵，褶积滤波算法也可以通过"矢量化"算法来实现。其结果与用上述的褶积公式计算结果是等价的。实现该算法时，要注意根据栅格图像处理的不同目的选择合适的滤波方法。

低通滤波可以抑制高频信息，消除或减弱图像边缘及孤立地物点等噪声对制图的影响，从而实现图像平滑的效果。如图 5-13 和图 5-14 所示，在权矩阵 U_1 和 U_2 中，权数均为正，因此所产生的是"低通滤波"效应。经过低通滤波，原栅格图像灰度值分布的高频率部分(即由黑到白的快速变化)被滤掉了，原图上明显的边棱已变为灰度值的逐渐变化。

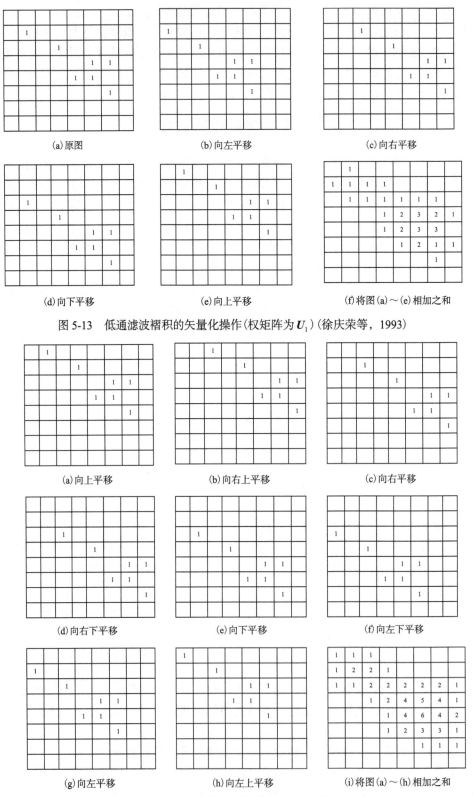

(a)原图　　　　　(b)向左平移　　　　　(c)向右平移

(d)向下平移　　　　　(e)向上平移　　　　　(f)将图(a)～(e)相加之和

图 5-13　低通滤波褶积的矢量化操作(权矩阵为 U_1)(徐庆荣等，1993)

(a)向上平移　　　　　(b)向右上平移　　　　　(c)向右平移

(d)向右下平移　　　　　(e)向下平移　　　　　(f)向左下平移

(g)向左平移　　　　　(h)向左上平移　　　　　(i)将图(a)～(h)相加之和

图 5-14　低通滤波褶积的矢量化操作(权矩阵为 U_2)

高通滤波可以衰减或抑制低频信息，增强边缘及变化地物信息，从而实现图像锐化的效果。例如，对于权矩阵为 U_3 的栅格图像，进行高通滤波褶积矢量化处理(图 5-15)。U_3 的周边部分包含有负的权数，在高通滤波过程中，栅格图像的频率灰度分布，即大块面积中带有的相同灰度值被滤掉了，只保留了原图中相应物体的边缘[图 5-15(f)]。

$$U_3 = \begin{bmatrix} 0 & -1 & 0 \\ -1 & 4 & -1 \\ 0 & -1 & 0 \end{bmatrix} \tag{5-10}$$

综上所述，在制图学中，低通滤波可以应用于制图综合中破碎地物的合并表示；而高通滤波可以用于边缘的提取和区域范围、面积的确定。所以，某种现象出现的频率很大时(即代表这种现象的单次出现所提供的信息量就很小)，这时适于采用低通滤波。反之，罕见现象的出现则含有很高的信息量(如森林中的独立房、沙漠中的泉眼等)，为了从其他信息中分离出这种"稀有信息"，就不能使用低通滤波，而应考虑采用高通滤波。

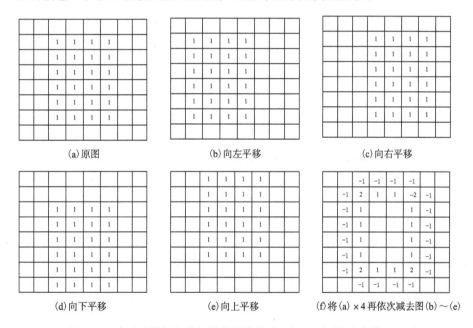

图 5-15　高通滤波褶积的矢量化操作(权矩阵为 U_3)(徐庆荣等，1993)

思 考 题

1. 什么是区域填充？其在计算机地图制图中有什么作用？

2. 对比说明递归种子填充算法和扫描线种子填充算法的优缺点。

3. 区域填充算法在制图中有哪些用途？

4. 简述距离变换图算法的概念及常用算法的类型？

5. 距离变换图和骨架图有什么联系和区别？

6. 如何在栅格空间中使用"欧几里得距离"公式？与在矢量空间中有何差别？

7. 结合你所学的专业，举例说明距离变换图和骨架图的应用。

8. 在利用栅格数据进行制图综合时，何时该用低通滤波？何时该用高通滤波？

第6章　网络地图制图

网络地图制图学是数字地图学的进一步发展，是在网络环境下，政府、企业、志愿者制图并存，集多源制图数据获取、处理(生产)、服务于一体的信息流或流水线，整体效率提升，以提供基于网络电子地图服务为主要服务方式(王家耀，2013)。

网络地图制图时代，传统地图制图借助于网络服务(Web Service)，数据来源获取更加多元，网络制图效率更加高效，网络地图服务范围更加广泛。

6.1　网络服务关键技术

基于网络服务的地理信息共享和空间数据互操作正在成为信息时代地理信息服务的主流模式(王家耀，2010)。本节主要介绍网络服务的一些关键技术。

6.1.1　面向服务体系结构

面向服务体系结构(service oriented architecture，SOA)作为一种分布式信息架构，对以往封闭式软件应用程序进行重新组织，将应用程序的不同功能单元(称为服务)通过这些单元之间的接口和消息传输协议联系起来。接口定义遵循相应的标准，独立于实现服务的硬件平台、操作系统和编程语言。这使得构建在各种系统上的服务可以以一种统一和通用的方式进行交互(Papazoglou，2003)。SOA 结构提供了三种角色：服务提供者(Service Provider)、服务代理(Service Broker)、服务请求者(Service Requester)。服务提供者发布自己的服务，并对使用自身服务的请求进行响应。服务代理注册已经发布的服务提供者，对其分类并提供搜索服务。服务请求者利用代理查找所需的服务，然后使用该服务。SOA 体系结构中的组件必须具备上述一种或多种角色。这些角色之间存在三种操作：发布(Publish)、查找(Find)、绑定(Bind)。发布是使服务提供者可以向服务代理注册自己的功能及访问接口。查找则是使服务请求者通过服务代理查找特定种类的服务。绑定是使服务请求者能够使用服务提供者。将多个服务提供者组合在一起就构成了服务链(Chain)。SOA 结构如图 6-1 所示。SOA 的实现可以采用 CORBA、DCOM、J2EE 或 Web Services 等。

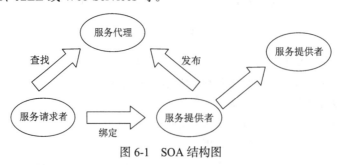

图 6-1　SOA 结构图

6.1.2　Web Services 核心技术

网络服务技术，作为面向服务体系架构的一种实现，极大地推动了空间信息共享与应用服务的发展。Web Services 是一个网络环境下支持多台计算机交互操作的软件系统。它提供不同软件系统之间能够进行互操作的标准接口，使不同的组织提供的网络服务可以组合实现用户的请求。

Web 服务技术的核心是各种 Web 服务技术标准。各项 Web 服务技术规范和协议共同构成了建立和使用 Web 服务的协议栈。由于不同的技术厂商和标准化组织对于 Web 服务的理解有所差异，因此所提出的 Web 服务架构栈也不尽相同。Web Services 主流的标准主要有 SSL、HTTP、WSDL、UDDI 等(图 6-2)。Web Services 的核心技术主要有 HTTP、XML、WSDL、SOAP 和 UDDL/EBRIM。WSDL 用来描述 Web Services 的编程接口，UDDL/EBRIM 用来注册 Web Services 的描述信息，其他应用程序可以通过 UDDI/EBRIM 来查找到需要的服务，SOAP 则是提供应用程序和网络服务之间的通信手段。

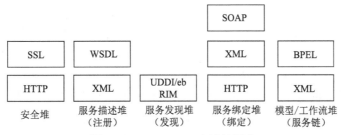

图 6-2　Web Services 主流的标准

此外，为扩展 Web 服务能力，已经或正在开发一些新的标准。这些标准通常冠以 WS 字头(Web Service 的简称)，例如，WS 安全(WS-Security)定义了如何在 SOAP 中使用 XML 加密或 XML 签名来保护消息传递，可作为 HTTPS 保护的一种替代或扩充。WS 信赖性(WS-Reliability)是一个来自 OASIS 的标准协议，用来提供可信赖的 Web 服务间消息传递。WS 可信赖消息(WS-Reliable Messaging)同样是一个提供信赖消息的协议，由 Microsoft、BEA 和 IBM 发布。目前 OASIS 正对其实施标准化工作。WS 寻址(WS-Addressing)定义了在 SOAP 消息内描述发送/接收方地址的方式。WS 事务(WS-Transaction)定义事务处理方式。

1)HTTP

超文件传输协议(hypertext transfer protocol，HTTP)是互联网上应用最为广泛的一种网络传输协议(W3C，2011)。所有的 WWW 文件都必须遵守这个标准。设计 HTTP 最初的目的是提供一种发布和接收 HTML 页面的方法。目前的应用除了 HTML 网页外还被用来传输超文本数据，如图片、音频文件(MP3 等)、视频文件(RM、AVI 等)、压缩包(ZIP、RAR 等)，基本上只要是文件数据均可以利用 HTTP 进行传输。

HTTP 是一个客户端和服务器端请求和应答的标准(TCP)。通常，由 HTTP 客户端发起一个请求，建立一个到服务器指定端口(默认是 80 端口)的 TCP 连接。HTTP 服务器则在对应端口监听客户端发送过来的请求。一旦收到请求，服务器(向客户端)发回一个状态行(如"HTTP/1.1 200 OK")和响应的消息，消息的消息体可能是请求的文件、错误消息或者其他一些信息。尽管 TCP/IP 协议是互联网上最流行的应用，但是 HTTP 协议并没有规定必须使用它和(基于)它支持的层。事实上，HTTP 可以在任何其他互联网协议上或者在其他网络上实现。HTTP 只假定其下层协议提供可靠的传输，任何能够提供这种保证的协议都可以被其使用。HTTP 在 Web 的客户程序和服务器程序中得以实现。运行在不同端系统上的客户程序和服务器程序通过交换 HTTP 消息彼此交流。HTTP 定义这些消息的结构，以及客户和服务器如何交换这些消息。HTTP/1.1 协议规范定义了 8 种用于操作与获取资源的方式，包括 OPTIONS、GET、HEAD、POST、PUT、DELETE、TRACE 与 CONNECT。目前 OGC 规范定义的空间信息服务所支持的HTTP操作包括GET和POST。表 6-1 列出了 GET 和 POST 方法在 HTTP/1.1 协议规范中的语义描述。

表 6-1　HTTP/1.1 GET 与 POST 方法语义描述

方法	语义描述
GET	用于获取任意由统一资源标识符(URI)所指定的资源
POST	用于请求由统一资源标识符(URI)所指定的目标资源(服务)对请求中所包含的数据进行处理

当客户端向网络目录服务发送请求时，有两种方式对请求所包含的信息进行编码：关键字/数值(key value pair，KVP)和XML。KVP 适合对较为简单的数据信息进行编码，而 XML 则适合于简单或者复杂的数据信息。对于 HTTP GET 方法，由于所有的请求信息都包含在请求统一资源标识符(uniform resource identifier，URI)中，所以所采用的信息编码方式只有 KVP。而对于 HTTP POST 方法来说，其 Request URI 只包含所请求目标服务的基本 URI，所有的请求信息作为载荷(Payload)附加到 HTTP POST 请求中。HTTP POST 的载荷可以包含大量的数据信息，所以 HTTP POST 方法可以采用简单的 KVP 方式对数据信息进行编码，也可以采用 XML 的方式对较为复杂的数据信息进行编码。

2) XML

可扩展标记语言(extensible markup language，XML)是 W3C 为了补充超文本标记语言(hyper text markup language，HTML)的不足而制定的一种类似于 HTML 的标记语言(W3C，2011)。和 HTML 一样，XML 也来自于标准通用标记语言(standard generalized markup language，SGML)。XML 继承了 SGML 的扩展性、文件自我描述特性及强大的文件结构化功能。

XML 是当前最热门的网络技术之一，其结合了 HTML 和 SGML 的优点并消除了它们的缺点。用户可以自己定义 XML 的标记，每个标记可以具有明确的语义，所以 XML 的结构嵌套可以复杂到任何程度，具有良好的结构化特性和扩展性。XML 还具有自我描述的特性，适合数据交换和共享，具有很强的开放性。XML 把数据和表达分离，因而同一个数据可以有不同的表达。XML 具有良好的交互性，它可以在客户机上进行操作，不需要与服务器交互，极大地减轻了服务器的负担。XML 与应用程序和操作系统的无关性，确保了结构化数据的统一。XML 是基于开放标准的一种网络可用语言，可以实现互操作。

在 XML 标准的基础上，为了定位 XML 结构中的元素、属性等，W3C 进一步制订了 Xpath 规范(W3C，1999)，该规范为以下规范奠定了基础：①XSLT(可扩展样式表语言转换，extensible stylesheet language transformations)，将 XML 原本的树状结构转换为另外一种树状结构；②XML Link(Xlink)，一种能在 XML 文档中建立超文本链接的语言；③XML Pointer(Xpointer)，让超文本链接指向 XML 文档中特殊的部分；④XML Query，查询 XML 数据源的规范。

3) SOAP

SOAP 是 Internet 中交换结构化信息的轻量级机制，基于 HTTP 协议，用于实现异构应用系统之间的信息交换和互操作(Mitra，2001)。SOAP 本身并没有定义应用程序语义，而是通过提供有标准组件的包装模型和对模型中用特定格式编码的数据进行重编来实现表示程序应用语义的，这使得 SOAP 能用于从消息传递到远程过程调用的各种系统。

SOAP 组成部分包括三个：封装结构、编码规则——XML、RPC 机制。封装结构定义了一个整体的框架，描述消息中包括内容、内容属性和由谁处理这些内容等信息。编码规则定义了用来交换应用程序数据类型的一系列机制，支持 Xml Schema 中定义的全部简单数据类型及结构和数组。RPC 机制定义了远程过程调用和应答的协定。

一个 SOAP 消息通常是由一个强制信封（SOAP Envelope）、一个可选的消息头（SOAP Header）、一个强制的消息体（SOAP Body）构成（表 6-2）。其中，SOAP Envelope 表示 SOAP 消息 XML 文档的顶级元素；SOAP Header 是为了支持在松散环境下通信方（如 SOAP 发送者、SOAP 接受者或者是一个或多个 SOAP 的传输中介）之间尚未预先达成一致的情况下为 SOAP 消息增加特性通用机制；SOAP Body 是提供消息的容器。

表 6-2　典型 SOAP 消息结构示例

```
< ? xml version = is . a ? >
<soap : Envelope xmlns : soap = " help://www.w3.org / 2003/05/soap - envelope" soap : encodingStyle = http:// www. w3.org /2003/05/soap - encoding>
< soap : Header >
    ...
< soap : Header >
< soap : Body >
    ...
<soap : fault >
    ..
</soap fault >
< /soap : Body >
</soap Envelope >
```

HTTP 协议绑定定义了在 HTTP 上使用 SOAP 的规则。SOAP 请求/响应自然地映射到 HTTP 请求/协议模型。如表 6-3 所示，HTTP 请求和响应消息的 Content type 标头都必须设为 text/xml（在 SOAP1.2 中是 application/soap + xml）。对于请求消息，它必须使用 POST 作为动词，而 URI 应该识别 SOAP 处理器。SOAP 规范还定义了一个名为 Soapaction 的新 HTTP 标头，所有 SOAP HTTP 请求（即使是空的）都必须包含该标头。Soapaction 标头旨在表明该消息的意图。对于 HTTP 响应，如果没有发生任何错误，它应该使用 200 状态码，如果包含 SOAP 错误，则应使用 500。

表 6-3　HTTP 上使用 SOAP 的请求和响应

Post/Temperature http/1.1	HTTP/1.1 200 OK
Host:www.weather.com	Content-Type:text/xml
Content-type:text/xml	Content-Length:<whatever>
Content-length : whatever>	<s:Envelope
Soapaction:"urn:StockQuote#GetQuote"	Xmlns:s ="http://www.w3.org/2001/06/soapenvelope">
< s : Envelope	<s:Body>
xmlns:s =http://www.w3.org/2001/06/soapenvelope>	... ...
<s:body >	</s:Body>
....	</s:Envelope>
</s:body>	
</s:Envelope>	

4）WSDL

网络服务描述语言（web service description language，WSDL）是 W3C 通过的用于描述服务接口的一个规范（W3C，2007）。它描述一个网络服务可以做什么、如何调用该服务及该服务在什么地方等内容。WSDL 能够描述基于 HTTP 协议上的 GET、POST 和 SOAP 绑定，其中 GET 和 POST 绑定可以支持对 OGC 网络服务的描述。

WSDL 文档包含了服务 URL 和命名空间、网络服务的类型、有效函数列表、每个函数的参数、每个参数的类型，以及每个函数的返回值和数据类型等信息，其结构框架由 XML Schema 定义。WSDL 文档中各元素之间的关系见图 6-3（Dhesiaseelan，2004）。在抽象定义部分里，WSDL 通过类型系统描述了网络发送和接收的消息，消息通常使用 W3C 的 XML Schema（XML 模式）来进行描述，另外消息交换模式（Message Exchange Patterns）定义消息的序列和多重性。操作（Operation）将消息交换模式与一个或多个消息（Messages）关联到一起。而接口（Interface）以独立于传输协议和交换格式的方式将这些操作组织起来。在概念描述的具体实施部分，绑定（Bindings）指定了接口（Interface）具体的消息交换格式和传输协议。服务端点（Endpoint）将服务的网络地址和绑定关联在一起。最后，服务将实现了一个共同接口的服务端点聚合起来。

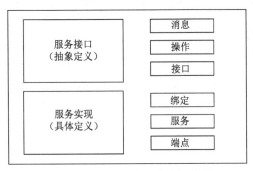

图 6-3　WSDL 文档各元素之间的关系

5）UDDI

统一描述、发现和集成（universal discovery description and integration，UDDI）是一套基于 Web 的、分布式的、为 Web 服务提供的信息注册中心的实现标准规范，同时也包含一组使企业能将自身提供的 Web 服务注册以使得别的企业能够发现的访问协议的实现标准（OASIS，2004）。UDDI 标准定义了 Web 服务的发布与发现的方法。

UDDI 标准包括了 SOAP 消息的 XML Schema 和 UDDI 规范 API 的描述，两者一起建立了基础的信息模型和交互框架，具有发布各种 Web 服务描述信息的能力。UDDI 注册使用的核心信息模型由 XML Schema 定义。UDDI XML Schema 定义了四种主要信息类型，它们是技术人员在需要使用合作伙伴所提供的 Web 服务时必须了解的技术信息。

（1）业务实体（Business Entity）。记录了有关提供服务的所有者信息和联系方式。这些信息包括了业务实体的名称和一些关键性的标识，该业务实体属于哪个具体工业分类之中的分类信息，以及联络方法（包括 Email、电话、URL）等。Business Entity 中的信息支持"黄页"分类法。每个业务实体信息结构包含一个或多个业务服务。

（2）业务服务（Business Service）。记录了所有者提供的一个或多个特定的服务。业务服务描述是由企业提供的经过分类的一组服务。它与绑定信息一起构成了"绿页"信息。

（3）绑定模块（Binding Template）。明确了服务的接入（访问）终端点。绑定信息包含了有关如何调用服务的说明，包括 Web 应用服务的地址、应用服务器和调用服务前必须调用的附加应用服务等。

（4）服务调用规范（TModel）。服务调用规范描述了 UDDI 技术信息，包括服务遵循的规范、行为、概念甚至共享的设计等。每个服务可以有一个或多个 TModels 来帮助描述服务的特性。因此，服务的能力如功能、输入、输出等可以使用相应的 TModels 来记录。

然而，UDDI 技术的前景并不令人乐观。除了 IBM 等的 UUDI Registry 外，并没有其他大型公开 Registry 的出现。也有研究者认为"UDDI 没有被认可，并有可能被其他技术取代"。

6.2　OpenGIS 网络服务框架和公共规范

开放地理空间信息联盟(Open Geospatial Consortium，OGC)对如何利用 Web 服务及其相关技术解决地理信息领域互操作问题进行研究，其目的是提供一个可进化、基于各种标准的、能够无缝集成各种在线的空间处理和位置服务的框架，使得分布式空间处理系统能够通过 XML 和 HTTP 技术进行交互，并为各种在线空间数据资源、空间处理服务和位置服务提供基于 Web 的发现、访问、整合、分析和可视化操作框架。OGC 提出的网络服务框架及一系列规范，被广为接受并作为相关网络服务发布的标准规范。

6.2.1　OpenGIS 网络服务框架

国际开放地理空间信息联盟(OGC)从 1999 年开始，通过分阶段的网络服务实验(web service tested，WS tested)，制定了空间信息服务的抽象规范(OGC abstract service architecture)及一系列的实现规范。OWS 的服务开发遵循 OWS 服务框架(OWS service framework，OSF)(图 6-4)。OSF 定义了标准化的服务、接口和交换协议，这些标准适用于任何应用程序。OpenGIS 服务是遵循 OpenGIS 实现规范的服务实现。与规范兼容的应用程序，称为 OpenGIS 应用程序，可以插入 OWS 服务框架中，作为运行环境的一部分。通过在公共的接口上建立应用，各个应用程序的开发可以不需要预知或依赖于其他的服务和应用程序。同时，服务工作流的运行可

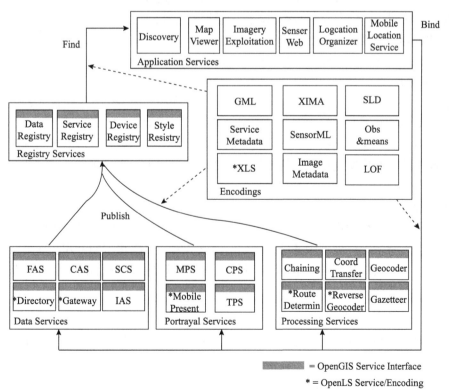

图 6-4　OpenGIS 网络服务规范

以动态变化，在紧急状况时可以快速响应。基于这种松散耦合、基于标准的方法进行开发可以实现非常灵活的系统，这些系统能够灵活地适应变化的需求和技术。

OpenGIS 服务框架服务可以分为应用服务（Application Services）、注册服务（Registry Services）、数据服务（Data Services）、绘制服务（Portrayal Services）和处理服务（Processing Services）五类。注册服务、数据服务、绘制服务和处理服务都遵循 OpenGIS 规范的服务接口。数据服务、绘制服务和处理服务发布（Publish）在注册服务中，应用服务通过注册服务查找（Find）服务，然后根据查询结果绑定（Bind）执行服务。在发布—查找—绑定等基本操作中使用相关的空间信息编码规范（Encodings）。

1. 应用服务

应用服务能够通过搜索和发现机制查找地理空间服务和数据资源，并能够访问这些服务，以图形、影像和文本的形式呈现地理信息内容，支持用户在用户终端的交互。代表性的应用服务包括发现服务、地图浏览器、增值服务、传感器服务等。

2. 注册服务

注册服务为网络上资源的分类、注册、描述、搜索及维护和访问提供一个公共的机制。这里的资源是指具有网络地址的数据或服务实例。注册服务向用户提供服务的元数据，使用者可以通过查询元数据来搜索所需的地理信息服务。

3. 数据服务

数据服务是提供访问存放在数据库中的数据集的功能，数据服务可访问的资源一般可以按照命名（如标识符、地址等）来引用。根据一个名字，数据服务就可以找到对应的资源。数据服务通常会维护索引以加快根据命名或其他属性定位资源的速度。服务框架定义了公共的编码和接口，使网络环境中分布的各种数据能够以互操作的信息模型面向其他服务。OGC 中已经制定的数据服务规范有网络覆盖服务（web coverage service，WCS）、网络要素服务（web feature service，WFS）、传感器观测服务（sensor observation service，SOS）等。

4. 绘制服务

绘制服务提供地理空间信息可视化的功能。绘制服务根据一个或多个输入，生成相应的描绘输出，如制图符号化后的地图等。绘制服务可以与其他服务，如数据服务或处理服务，紧密耦合或者松散耦合，转换、合并或者生成描绘输出。绘制服务也可以串到增值服务链中为信息产品工作流和决策支持提供特定的信息处理结果。OGC 中已经制定的描述服务规范有网络地图服务（web map service，WMS）。

5. 处理服务

处理服务对空间数据进行处理，提供了增值服务。处理服务能够与数据服务和绘制服务紧密耦合或者松散耦合。处理服务可以构建增值服务链，以搭积木的方式实现复杂的空间信息处理功能。服务链构建服务、坐标转换服务、地理编码服务、地名解析服务、路径服务等都可以划分为处理服务。

6.2.2　网络服务公共规范

网络服务公共规范（web service common，WSC）规定了其他空间信息服务接口规范中共有的部分规范。这部分主要描述了其他服务操作接口所共有的参数及数据结构。

WSC 部分内容结构如图 6-5 所示。

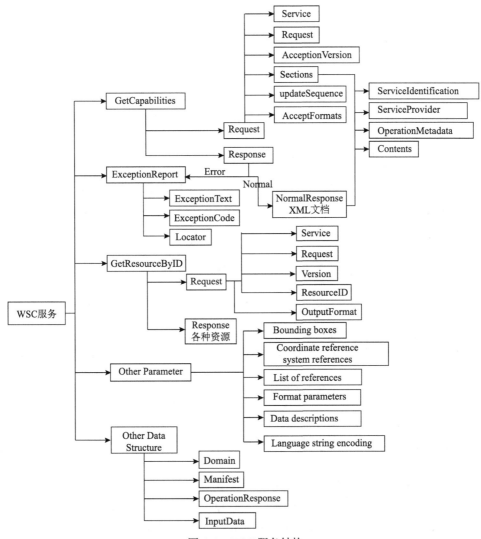

图 6-5　WSC 服务结构

下面择其中主要的几个接口、参数或操作进行说明。

1. GetCapabilities 请求

GetCapabilities 操作是必选操作，它支持客户端获取服务器端性能的元数据。GetCapabilities 操作的标准响应是一个返回给客户端的服务元数据文档。该文档包含了服务性能的元数据。

GetCapabilities 请求参数如表 6-4 所示。

表 6-4　GetCapabilities 请求参数

名称	描述	数据类型	可选/必选
Service	服务类型	string	必选
Request	操作名	string	必选
AcceptVersions	客户端支持的版本	string	可选
Sections	完整元数据服务文档中所请求的部分	string	可选

续表

名称	描述	数据类型	可选/必选
UpdateSequence	服务元数据文档版本	string	可选
AcceptFormats	客户端请求的响应结果格式	string	可选

GetCapabilities 请求可以通过 KVP（Key-Value-Pair）的 UML 格式发送到服务器，也可以通过 XML 格式的编码发送至服务器。

KVP 的 UML 编码请求参数如表 6-5 所示。

表 6-5　GetCapabilities 请求操作 URL 参数

名称及示例	可选/必选及描述	定义及格式
Service = WCS	必选	OGC Web Service 类型简写文本
Request=GetCapabilities	必选	操作文本
AcceptVersions=1.0.0,0.8.3	可选（当该参数被忽略时，默认返回最新支持的版本）	
Sections=Contents	可选（当该参数被忽略或服务器不支持时，返回服务完整的元数据文档）	
UpdateSequence=XXX（XXX 是前面服务器所提供的字符串）	可选（当该参数被忽略或服务器不支持时，返回最新的服务元数据文档版本）	服务元数据文档版本，任何对服务元数据文档所做的更改都会导致该值增加
AcceptFormats= text/xml	可选（当该参数被忽略或者服务器不支持时，返回服务元数据的 MIME 类型"text/xml"文档）	
AcceptLanguages=en-CA,fr-CA	可选（当服务器不支持时，返回服务器选择的语言的可阅读文本格式）	客户端需求的语言列表

如下是一段 KVP 编码格式的 GetCapabilities 请求：

http://hostname:port/path?SERVICE=WCS&REQUEST=GetCapabilities&ACCEPTVERSIONS=1.0.00.8.3&SECTIONS=Contents&UPDATESEQUENCE=XYZ123&ACCEPTFORMATS=text/xml&ACCEPTLANGUAGES=en-CA fr-CA

GetCapabilities请求也可以以 XML 文档的形式发送给服务器，XML 格式的 GetCapabilities请求如下。

```
<?xml version="1.0" encoding="UTF-8"?>
<GetCapabilities xmlns="http://www.opengis.net/ows/2.0"
xmlns:ows="http://www.opengis.net/ows/2.0"
xmlns:xsi="http://www.w3.org/2001/XMLSchema-instance"
xsi:schemaLocation="http://www.opengis.net/ows/2.0
fragmentGetCapabilitiesRequest.xsd" service="WCS"
updateSequence="XYZ123" acceptLanguages="en-CA">
<!-- Maximum example for WCS. -->
<AcceptVersions>
<Version>1.0.0</Version>
<Version>0.8.3</Version>
```

```
</AcceptVersions>
<Sections>
<Section>Contents</Section>
</Sections>
<AcceptFormats>
<OutputFormat>text/xml</OutputFormat>
</AcceptFormats>
<AcceptLanguages>
<Language>en-CA</Language>
<Language>fr-CA</Language>
</AcceptLanguages>
</GetCapabilities>
```

2. GetCapabilities 响应

当服务器遇到一个错误的 GetCapabilities 操作请求时，它将返回一个异常报告，该异常码如表 6-6 所示。

表 6-6　GetCapabilities 操作的异常码

exceptionCode 值	exceptionCode 含义	"locator" 值
MissingParameterValue	操作请求缺失一个参数	缺失参数的名称
InvalidParameterValue	操作请求包含了一个无效的参数	无效参数的名称
VersionNegotiationFailed	AcceptVersions 参数值不包含服务器支持的任何版本	空值，无"locator"参数
InvalidUpdateSequence	updateSequence 参数值比当前的服务元数据 updateSequence 值大	空值，无"locator"参数
NoApplicableCode	服务未规定的异常	空值，无"locator"参数

GetCapabilities 操作的正常响应是一个服务元数据文档，该文档用 XML 编码，并以 XML 模式规定其内容和组织。该服务元数据文档参数如表 6-7 所示。

表 6-7　服务元数据文档中的参数

名称	描述	数据类型	可选/必选
Version	操作的版本	string	必选
UpdateSequence	服务元数据文档版本	string	可选

6.3　网络地图服务

网络地图服务(WMS)是传统地图制图在网络制图时代的主要服务方式。

WMS 网络地图服务是根据地理信息动态地生成具有空间参考数据的地图的服务。一个地图并不代表数据本身，是对数据绘制后的图片，可以是 PNG、GIF 或 JPEG 格式，也可以是基于矢量图形元素的格式，如 SVG。

WMS 请求的内容包括请求的操作、地图显示的信息、要显示地球上的哪块区域、需要的坐标参考系统、输出图片的高度和宽度，以及不同来源地图的图片叠加等。WMS 可以划分为基本 WMS 和可查询 WMS。基本 WMS 提供了 GetCapabilities 和 GetMap 操作，而可查询 WMS 在基本 WMS 的基础上提供了 GetFeatureInfo 操作。

在 WMS 的三个操作中，GetCapabilities 和 GetMap 是必选的，而 GetFeatureInfo 是可选的，WMS 的操作具体阐述如下。

WMS 的请求与响应是在客户端和服务器端实现的，客户端既可以是普通的浏览器，也可以是应用系统或组件。图 6-6 是一个用 UML 时序图描述的客户端与服务器端的交互过程。客户端通过 HTTP 协议向服务器端发送请求并完成空间数据的可视化。服务器端要响应三种基于 URL 的请求，即 GetCapabilities、GetMap 和 GetFeatureInfo。客户端接收 GIF、JPEG、PNG 格式的图像文件或 XML 格式的元数据文件、GML 文件。

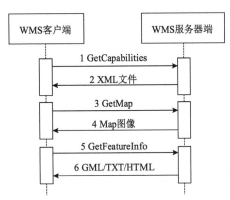

图 6-6　WMS 客户端与服务器端交互的过程

6.3.1　GetCapabilities 请求

客户端在请求一个 Web 地图服务之前，必须了解 WMS 服务器所能提供地图的相关信息，这些信息包含在地图元数据文件中。在 OGC WMS 规范中，通过发送 GetCapabilities 请求获得描述服务器端所能提供服务的元数据。该操作最终返回的是描述了服务的名称、服务的操作等元数据信息。

下面是采用 HTTP Get 请求进行 GetCapabilities 操作的一个例子。

http://localhost/MapServiceHandle.ashx?version=1.1.0&REQUEST=GetCapabilities&SERVICE=WMS。

元数据是以 XML 文档的形式返回的。XML 文档中提供的信息包括：WMS 服务器支持的所有功能接口列表；所能提供的图像格式；从服务器端传送地图数据的可用的空间参照系列表；从服务器端返回的所有异常的列表；特定与某一软件商的 WMS 服务器修改和控制功能的专用元数据的列表；某一 WMS 服务器的可用图层及可选属性的列表；该 WMS 是否支持可选的 GetFeatureInfo 操作等。

客户端解析元数据描述文档，从中检索到需要的信息，然后发出相应格式的 GetMap 请求。

6.3.2　GetMap 请求

GetMap 请求操作通过参数的设定来指定要返回数字栅格地图的内容和表达形式，这些参数包括图层、空间坐标参考系、图像范围、像素宽度和高度等。WMS 的三个操作中，该操作接口是最为重要的。

服务调用者调用函数 GetMap(VERSION,REQUEST,LAYERS,STYLES,SRS,BBOX,WIDTH,HEIGHT,FORMAT,TRANSPARENT,BGCOLOR,EXCEPTIONS,TIME,ELEVATION),Layers 参数是要显示图层的列表，从 GetCapabilities 函数中返回得到，图像的显示范围通过 BBOX 参数进行设置,生成图像的格式通过 FORMAT 参数设置,该系统一般提供的图像格式包括 GIF、PNG 和 JPEG。每一个地图都可以来自不同的服务器，因此 WMS 的 GetMap 操作支持分布式的地图网络服务。

表 6-8 为 WMS GetMap 的参数列表。

表 6-8　WMS GetMap 参数列表

请求参数	是否可选	描述
VERSION	可选	请求的版本号
SERVICE	必需	服务类型
LAYERS	必需	用逗号隔开的图层列表
STYLES	必需	用逗号隔开的渲染样式列表，和图层列表一一对应
SRS	必需	空间参照系，即投影类型
BBOX	必需	地图显示区域的最小包围框，使用相应投影的长度单位
WIDTH	必需	地图图片的宽度，像素
HEIGHT	必需	地图图片的高度，像素
RORMAT	可选	地图输出格式
TRANSPARENT	可选	地图是否透明
BGCOLOR	可选	地图背景颜色
EXCEPTIONS	可选	当发生异常时，报告的格式可以是文本或图片
TIME	可选	时间
ELEVATION	可选	评估
Vendor-specific Parameters	可选	软件供应商指定的参数
SLD	可选	图层样式描述
WFS	可选	WFS 的链接地址

下面是采用 HTTP Get 请求进行 GetMap 操作的一个例子。

http://localhost/MapServiceHandle.ashx?version=1.1.0&REQUEST=GetMap&SRS=EPSG&
BBOX=97.105,24.913,78.794,36.258&WIDTH=256&HEIGHT=256$LAYES=rivers,guojie&STY
LES=default&FORMAT=image/png&BGCOLOR=0xFFFFFF&TRANSPARENT=TRUE&EXCE
PTIONS=application/vnd.ogc.se_inimage

该例对 WMS 服务器请求 GetMap 操作，空间参考系为 EPSG4326，地图的边框范围
（BBOX）为 97.105，24.913，78.794，36.358，图像的宽度为 256，高度为 256，图层名称为
rivers,guojie，显示样式为缺省，地图输出格式为 PNG，背景颜色为白色且透明显示。

WMS 服务器处理来自用户的请求，通过访问数据库或文件获得需要的数据，以图像的
方式返回给用户请求的地图。由于每个 GetMap 请求将返回对应地图的一个或多个图层，多
个图层在构成一个新的地图时就有可能相互覆盖，解决方法就是将它们设置成透明的。用户
不仅可以请求单个 WMS 服务器上的多个图层，还可以向多个 WMS 服务器发出请求，由于
每个服务器有不同的元数据描述文件，客户端就需要向每个 WMS 服务器发送 GetCapabilities
请求获取各自不同的元数据描述文档。当用户选择的图层分别位于不同的 WMS 服务器上时，
每个服务器将返回一个或多个图层，这些图层有可能使用不同坐标参照系、显示范围等参数，
只有参数相同的图层才可以进行叠加。

6.3.3　GetFeatureInfo 请求

GetFeatureInfo 请求操作用于获取数字栅格地图上某个地理要素的详细信息，包括查询的
地理要素数目、查询点位的像素坐标、查询结果的输出格式等参数。因此，只有具有可查询

属性的图层才能进行该步操作。

选定地图上的某一点，发送 GetFeatureInfo 请求可以获得该区域的更详细的信息，WMS 服务器的响应将是以下三种格式的一种：GML 格式、文本格式和 HTML 文件。由于 GML 是基于 XML 的，所以客户端可以通过编程的方式解析 GML 文件，转化为可以在浏览器上显示的 SVG 矢量格式。

6.3.4　WMS 调用示例

目前，互联网上有许多基于 OGC WMS 标准开发的网络地图服务。可以利用 ESRI 的 Geoportal Server 发现并调用网络上存在的 WMS 服务。关于 ESRI Geoportal Server 可以参考后文 8.1 节。图 6-7 和图 6-8 所示是在桌面软件 ArcMap 中调用美国环境保护署的水资源信息的 WMS 服务。

图 6-7　ArcMap 中查看 WMS 服务属性

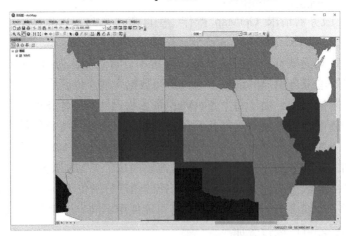

图 6-8　ArcMap 中加载 WMS 并显示

OGC 提出的 WMS 规范可以灵活响应用户的各种制图请求。WMS 客户端每发出一个请求，WMS 服务端都可以实时对数据进行可视化成图，然后将结果以图片的方式返回给客户端。WMS 客户端可以实现对地图的无级平滑缩放，还可以自由打开或关闭特定的地理信息要素图层，具有非常高的灵活性。

但 WMS 服务器端对每个请求都需要占用大量的计算资源，导致随着访问量增大，响应能力急剧恶化的情况，因此 WMS 通常适用于并发访问量较少和不需要客户端与服务器端频繁交互的情况。

为了提高响应能力，减少服务器端响应请求时花在地图可视化处理上的时间，出现了通过在服务器上按照特定比例尺系列和分块大小预生成地图并通过缓存大量规则的地图图片以响应客户端请求的解决方案。这种方式虽然大大降低了响应客户端请求的灵活性，但可以显著提高地图服务的并发响应能力。这种解决方案即下文将要讲到的网络地图切片技术。

6.4　切片地图及网络地图切片服务

2005 年，谷歌公司推出了基于互联网的谷歌地图（Google Map）为代表的网络地图，它采用了切片地图（Tile Map）技术，也称为 Slippy Map，意为非常灵活和流畅的地图。切片地图的原理设计巧妙，它预先设定缩放等级，然后在每个等级上只需要数量有限的几个地图片。因此，地图显示、移动和缩放非常流畅。这使得计算机地图在 HTML 还没有矢量地图处理功能情况下就已经被普及使用，使用效果非常好。目前，大多数基于互联网的地图系统，如必应地图、百度地图，以及"天地图"等都采用了这种图形清晰、具有多个预设的缩放级别、使用方便的技术。

6.4.1　切片地图原理

1. 切片地图组织

切片地图是由地图切片组成的。地图切片也称为地图瓦片（Map Tile）。每个地图瓦片是 256 像素×256 像素的图像，它们是经过墨卡托投影后形成的正方形图像。切片地图按照缩放等级决定地图瓦片的数量。第 1 级切片地图由 1 个地图瓦片组成，它覆盖整个地图范围，地图大小为 256 像素×256 像素。第 2 级切片地图由 4 个地图瓦片组成，地图大小为 512 像素×512 像素。第 3 级切片地图由 16 个地图瓦片组成，地图大小为 1024 像素×1024 像素。第 2 级将第 1 级放大 1 倍，第 3 级将第 2 级放大 1 倍……如图 6-9 所示。

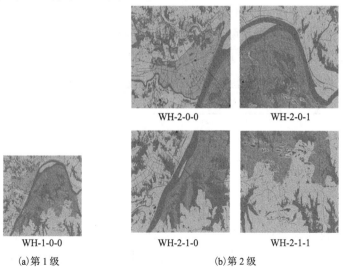

WH-2-0-0　　　　　　　　WH-2-0-1

WH-1-0-0　　　　　　WH-2-1-0　　　　　　WH-2-1-1

(a)第 1 级　　　　　　　　　　　(b)第 2 级

图 6-9　地图切片示例

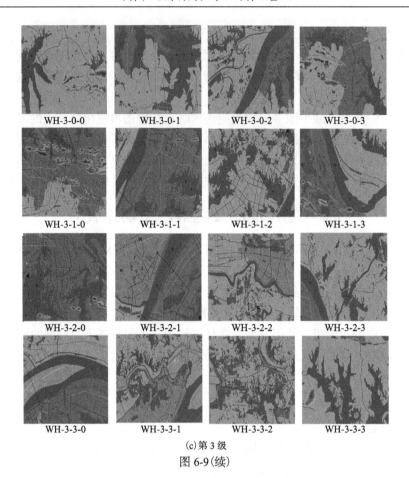

WH-3-0-0　　WH-3-0-1　　WH-3-0-2　　WH-3-0-3

WH-3-1-0　　WH-3-1-1　　WH-3-1-2　　WH-3-1-3

WH-3-2-0　　WH-3-2-1　　WH-3-2-2　　WH-3-2-3

WH-3-3-0　　WH-3-3-1　　WH-3-3-2　　WH-3-3-3

(c)第 3 级

图 6-9(续)

以此类推，切片地图定义缩放级别与地图瓦片数量及地图图像之间的计算公式如下：

$$\text{第}n\text{级地图瓦片数量} = 2^{2\times(n-1)}$$
$$\text{第}n\text{级地图图像边长} = 256\times 2(n-1)$$

(6-1)

根据式(6-1)，切片地图每个缩放级别的地图瓦片数量及地图边长见表 6-9。从表 6-9 可以看出，切片地图的地图瓦片数量随着缩放级别的增加按几何级别迅速增加。到了第 7 级时全球地图瓦片数量超过 1 万。而到了第 10 级时全球地图瓦片数量已经超过了 100 万。

表 6-9　切片地图缩放级别、地图瓦片数量及地图瓦片边长对照表

缩放级别	地图瓦片数量	地图边长(像素)
1	1×1	256
2	2×2	512
3	4×4	1024
⋮	⋮	⋮
n	$2^{(n-1)}\times 2^{(n-1)}$	$256\times 2(n-1)$

切片地图具有数量庞大的地图片。为了有效地组织和方便获取这些地图片，切片地图中的每个地图瓦片需要有统一的编号方法。一般可以用 map-zoom-row-column 的方法(如图 6-9 中的 WH-3-2-0.png)来命名。孙以义等(2015)总结了常用的地图瓦片编号方法有 $X/Y/Z$ 编号

法、TMS 编号法及四叉键编号法，具体可以参考相应文献。

2. 切片地图坐标正反算

切片地图中，行列号是从左上角为原点坐标(0,0)，一次以一个瓦片为单位向下向右增加；而地图坐标是以左下角点位坐标原点向右向上增加。这是建立地图瓦片坐标和地图坐标之间对应关系时要注意的，如图 6-10 所示。

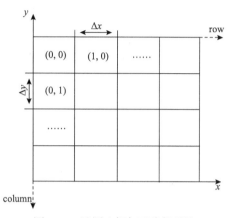

网络地图切片中很重要的一个环节是切片地图坐标的正反算，即根据地图瓦片所在等级(level)、行列号计算出其对应的地图坐标，以及根据对应的地图坐标(如地图漫游时鼠标拖动的坐标范围)计算出某一缩放级别下对应的地图切片的行列号。

约定：

(1)地图等级为从 1 开始、行列数为从 0 开始的整数；

(2)地图范围的极值用 $X_{min}, X_{max}, Y_{min}, Y_{max}$ 表示；

(3)用 Δx 表示横坐标差，Δy 表示纵坐标差；

(4)地图瓦片的命名一般采用包含地图等级、行列数的方式，如"zoomlevel_row_column"，其中，

图 6-10　地图坐标与瓦片行列号

zoomlevel 表示当前地图缩放等级，row 和 column 分别表示当前瓦片所处的行数和列数。

1)由当前缩放级别下的地图瓦片的行列号计算其对应的地理坐标

输入：行列对 (i,j)

输出：Extent 范围 currentX$_{min}$, currentX$_{max}$, currentY$_{min}$, currentY$_{max}$

第 level 级下第 i 行 j 列位置切片的坐标范围计算公式如下：

$$\text{current}X_{min} = X_{min} + j \times \frac{\Delta x}{m \times 2^{level-1}}$$

$$\text{current}X_{max} = X_{min} + (j+1) \times \frac{\Delta x}{m \times 2^{level-1}}$$

$$\text{current}Y_{min} = Y_{max} - (i+1) \times \frac{\Delta y}{n \times 2^{level-1}}$$

$$\text{current}Y_{max} = Y_{max} - i \times \frac{\Delta y}{n \times 2^{level-1}}$$

2)由当前缩放级别下的地理坐标计算其对应的地图瓦片的行列号

输入：x, y 坐标值

输出：i, j 地图瓦片的行列号

$$i = \text{Math.floor}\left[\frac{Y_{max} - y}{\Delta y} \times n \times 2^{level-1}\right]$$

$$j = \text{Math.floor}\left[\frac{X - X_{min}}{\Delta x} \times m \times 2^{level-1}\right]$$

为了提高地图的显示速度，可以利用浏览器中图片的多线程下载功能，将地图在客户端以多块图片的形式拼接起来。

如图 6-11 所示，Outer DIV 是地图块上可见的窗口，也就是浏览器中所有可见的区域。而 Inner DIV 是 Outer DIV 的父节点，包括了所有的地图块，它的大小比可见的空间大得多。

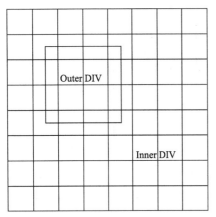

图 6-11　网格化的地图块

地图显示时，只需要下载 Outer DIV 中可见的地图块及周围少量用于保证平稳滚动的区域之外的图像即可。当拖动地图时，改变的是 Inner DIV 相对于 Outer DIV 的位置。缩放时，改变的是 Inner DIV 中的地图块的数量及各个地图块的 URL 地址。

在需要显示某个范围（extent）的地图时，根据前述坐标与图片位置正反算公式即可计算出需要哪些图片，然后借助客户端技术将这些图片无缝拼接在一起，即可得到用户所需要的地图。

目前，主流的 Web 地图服务商都采用这种办法显示地图，视觉上感觉是连续的地图在后台都是一张张按照命名规则的尺寸相同的预先切好的图片，虽然格式各不相同（如 Jpeg、PNG 等）、客户端显示各不相同（有的基于 JavaScript，有的基于 Flash），但都借助预生成技术和界面友好的客户端提高了地图浏览速度，增加了用户体验。

6.4.2　网络地图切片服务

网络地图切片是指通过在服务器上按照特定比例尺系列和分块大小预生成地图瓦片并通过缓存大量规则地图瓦片以响应客户端请求的解决方案。这种方式虽然大大降低了响应客户端请求的灵活性，但可以显著提高地图服务的并发响应能力。因此，许多机构都制定了自己的切片地图规范。OGC 在参考众多前期工作的基础上，制定了 OGC 的网络地图切片服务（web map tile service，WMTS）。

WMTS 是 OGC 为 Web 描绘服务新制定的一个规范，作为空间数据的图形显示和可视化服务的完善和补充。WMTS 是按照接口规范返回特定地理空间位置内数据制作的地图瓦片，允许用户访问瓦片地图，并将瓦片地图作为最小的操作单元。图 6-12 为 WMTS 客户端与服务器端交互的过程。与 WMS 的交互过程类似，所不同的是 WMTS 由于服务器端有地图切片缓存，从而可以有效缓解 WMS 请求中服务器实时生成地图的压力，大大提高响应速度。

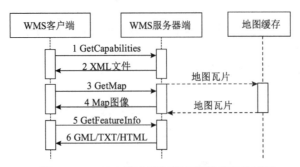

图 6-12　WMTS 客户端与服务器端交互的过程

WMTS 服务标准接口主要定义了三种基本请求操作接口：GetCapabilities 操作、GetTile 操作和 GetFeatureInfo 操作。其操作接口描述如表 6-10 所示。

表 6-10　WMTS 操作接口描述

操作名称	说明
GetCapabilities	获取数据的元数据描述信息，其中包含服务中的要素类及支持操作的请求参数的描述。元数据以 XML 文档格式返回给客户端
GetTile	根据客户端发送的请求参数，返回对应的切片地图，返回的地图图像格式可以是 JPEG、PNG 等
GetFeatureInfo	根据用户请求的 X、Y 坐标和图层名，返回地图上特定位置的要素属性信息

与网络地图服务 WMS 类似，WMTS 的三个操作接口中，GetCapabilities 操作、GetTile 操作必选，GetFeatureInfo 操作则为可选。

1）GetCapabilities 操作

GetCapabilities 操作返回服务的元数据描述信息，它是对服务信息内容和可接收参数的一种描述。该参数具体描述见表 6-11。

表 6-11　GetCapabilities 操作请求参数描述

请求参数	必选/可选	说明
SERVICE	必选	服务名称，默认为 WMTS
REQUEST=GetCapabilities	必选	请求的操作名称，当前操作为 GetCapabilities

2）GetTile 操作

GetTile 操作请求服务器返回具有确定地理位置坐标范围的切片地图，按照 WMTS 规范的要求，该操作需要明确地指定操作遵循版本号及需要显示的具体图层、图像的地理坐标范围、返回图像的格式和大小等。GetTile 操作的请求参数见表 6-12。

表 6-12　GetTile 操作请求参数描述

请求参数	必选/可选	说明
SERVICE	必选	服务名称，默认为 WMTS
REQUEST=GetTile	必选	请求的操作名称，当前操作为 GetTile
VERSION	必选	请求的版本号
LAYER	必选	以逗号分隔的图层列表
STYLE	必选	请求的图层描绘样式，与图层相对应，逗号分隔
FORMAT	必选	返回地图的格式
TILEMATRIXSET	必选	不同切片参数下切片矩阵的集合，其值为对应标识符
TILEMATRIX	必选	不同切片参数下切片的集合，其值为对应标识符
TILEROW	必选	切片所在矩阵的行序号
TILECOL	必选	切片所在矩阵的列序号
SAMPLE DIMENSION（S）	可选	其他维的请求参数

3）GetFeatureInfo 操作

GetFeatureInfo 是一个可选操作，只有当前图层的属性为真时才能进行操作。GetFeatureInfo 是用以查询特定图层在某一空间位置上的详细信息的操作。GetFeatureInfo 操作的请求参数见表 6-13。

表 6-13　GetFeatureInfo 操作请求参数描述

请求参数	必选/可选	说明
SERVICE	必选	服务名称，默认为 WMTS
REQUEST=GetFeatureInfo	必选	请求的操作名称，当前操作为 GetFeatureInfo
VERSION		请求的版本号
GETTILE REQUEST PART		GETTILE 操作的请求参数
I		切片上像素的纵向排列值
J		切片上像素的横向排列值
INFOFORMAT		要素信息的返回格式

6.4.3　WMTS 调用示例

利用 ESRI 的 Geoportal Server 发现并调用网络上存在的 WMTS 服务。关于 ESRIGeoportal Server 可以参考后文 8.1 节。图 6-13 是在桌面软件 ArcMap 中调用 ArcGIS Online 的世界地形图的 WMTS 服务，显示的是该 WMTS 的具体信息，图 6-14 是加载 WMTS 并在 ArcMap 中显示。

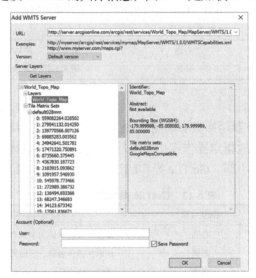

图 6-13　ArcMap 中调用 WMTS 服务

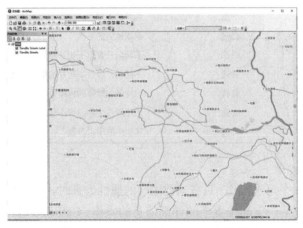

图 6-14　ArcMap 中加载 WMTS 并显示

6.4.4 矢量切片地图简介

矢量地图具有栅格地图所不具备的一些优点，更加适合于动态定义符号、进行查询、交互甚至空间分析(孙以义等，2015)。传统栅格切片地图虽然得到了广泛应用，但是也面临一些问题，如切图体积过大、切图效率低、不同颜色的配图需要重新切图、对高分辨率地图支持不足等。地图分级分块传送地图瓦片是一种有效的传送地图数据的方法，随着矢量图形已经形成 Html5 的标准，人们开始想象将栅格切片传统地图片的原理用于矢量地图上。矢量切片地图就是在该背景下产生的。

与比较成熟且已经形成 OGC 标准的传统栅格切片地图不同的是，矢量切片地图相对比较新，还没有形成 OGC 标准。目前，比较流行的标准是 OpenStreetmap 和 MapBox 公司主导的社区标准。Mapzen、百度和超图等公司也都有相应的矢量切片格式。其中，MapBox 提出的标准应用相对比较广泛，已经为 ESRI 公司所采纳。本节简单介绍 MapBox 的矢量切片地图编码规范。

MapBox 的矢量切片编码规范(vector tile specification)运用 Google Protocol Buffers 进行编码(Google Protocol Buffers 是一种兼容多语言、多平台、易扩展的数据序列化格式)。矢量瓦片文件的后缀为 MVT。矢量瓦片表示的是投影在正方形区块上的数据，不应该包含范围和投影信息。解码方被假定知道矢量瓦片的范围和投影信息。Web Mercator 和 Google Tile Scheme 是默认的投影方式和瓦片编号方式。两者一起完成与任意范围、任意精度的地理区域的一一对应。矢量瓦片可以用来表示任意投影方式、任意瓦片编号方案的数据。

MapBox 矢量瓦片 protobuf 编码方案如下所示。

```
package vector_tile;
option optimize_for = LITE_RUNTIME;
message Tile {
        enum GeomType {
            UNKNOWN = 0;
            POINT = 1;
            LINESTRING = 2;
            POLYGON = 3;
        }
        message Value {
                optional string string_value = 1;
                optional float float_value = 2;
                optional double double_value = 3;
                optional int64 int_value = 4;
                optional uint64 uint_value = 5;
                optional sint64 sint_value = 6;
                optional bool bool_value = 7;
                extensions 8 to max;
        }
        message Feature {
```

```
                    optional uint64 id = 1 [ default = 0 ];
                    repeated uint32 tags = 2 [ packed = true ];
                    optional GeomType type = 3 [ default = UNKNOWN ];
                    repeated uint32 geometry = 4 [ packed = true ];
            }
            message Layer {
                    required uint32 version = 15 [ default = 1 ];
                    required string name = 1;
                    repeated Feature features = 2;
                    repeated string keys = 3;
                    repeated Value values = 4;
                    optional uint32 extent = 5 [ default = 4096 ];
                    extensions 16 to max;
            }
            repeated Layer layers = 3;
            extensions 16 to 8191;
    }
```

1. 图层（Layer）

矢量瓦片由一组命名的图层构成。每个图层包含几何要素和元数据信息。每块矢量瓦片应该至少包含一个图层。每个图层应该至少包含一个要素。图层必须包含一个 Version 字段表示此图层所遵守的"矢量瓦片标准"的主版本号。图层必须包含一个 Name 字段。图层中的每个要素可以包含一个或多个 Key-value 作为它的元数据。图层 Keys 字段的每个元素都是字符串。Keys 字段包含了图层中所有要素的 Key，并且每个 Key 可以通过它在 Keys 列表中的索引号引用，第一个 Key 的索引号是 0。图层 Values 字段的每个元素是多种类型的值的编码。Values 字段包含了图层中所有要素的 Value，并且每个 Value 可以通过它在 Values 列表中的索引号引用，第一个 Value 的索引号是 0。为了支持字符串型、布尔型、整型、浮点型多种类型的值，对 Value 字段的编码包含了一组 Optional 字段。每个 Value 必须包含其中的一个字段。

图层必须包含一个 Extent 字段，表示瓦片的宽度和高度，以整数表示。矢量瓦片中的几何坐标可以超出 Extent 定义的范围。超出 Extent 范围的几何要素被经常用来作为缓冲区，以渲染重叠在多块相邻瓦片上的要素。例如，如果一块瓦片的 Extent 范围是 4096，那么坐标的单位是瓦片长宽的 1/4096。坐标 0 在瓦片的顶部或左边缘，坐标 4096 在瓦片的底部或右边缘。坐标 1～4095 都在瓦片内部，坐标小于 0 或者大于 4096 的在瓦片外部。

2. 要素（Feature）

每个要素一般由四个字段组成，包括 Geometry、Type、Tags 和 ID 字段。其中，Geometry 字段和 Type 字段是必选项，Tags 和 ID 字段是可选项。关于 Geometry 请参考下文的"几何图形编码"部分的描述，关于"Type"请参考下文的"几何类型"部分的描述。

3. 几何图形编码

矢量瓦片中的几何数据被定义为屏幕坐标系。瓦片的左上角（默认显示坐标）是坐标系的原点。X 轴向右为正，Y 轴向下为正。几何图形中的坐标必须为整数。几何图形被编码为要素的 Geometry 字段的一个 32 位无符号型整数序列。每个整数是 CommandInteger 或者 ParameterInteger。解码器解析这些整数序列作为生成几何图形的一系列有序操作。指令涉及的位置是相对于"游标"的，即一个可重定义的点。对于要素中的第一条指令，游标在坐标系中的起始位置是$(0，0)$。

指令数 Command Integers。Command ID 以 CommandInteger 最末尾的 3 个比特位表示，即 $0 \sim 7$。Command Count 以 CommandInteger 剩下的 29 个比特位表示，即 $0 \sim \mathrm{pow}(2, 29) - 1$。

Command ID、Command Count、和 CommandInteger 三者可以通过以下位运算相互转换：

$$\text{CommandInteger} = (\text{id \& 0x7}) \mid (\text{count} << 3)$$
$$\text{id} = \text{CommandInteger \& 0x7}$$
$$\text{count} = \text{CommandInteger} >> 3$$

每个 Command ID 表示以下指令中的一种（表 6-14）。

表 6-14　Command ID 指令

指令	ID	参数	参数个数
MoveTo	1	d_X, d_Y	2
LineTo	2	d_X, d_Y	2
ClosePath	7	无参数	0

表 6-15 为指令数示例。

表 6-15　指令数示例

指令	ID	Count	CommandInteger	二进制表示[Count][Id]
MoveTo	1	1	9	[00000000 00000000 0000000 00001][001]
MoveTo	1	120	961	[00000000 00000000 0000011 11000][001]
LineTo	2	1	10	[00000000 00000000 0000000 00001][010]
LineTo	2	3	26	[00000000 00000000 0000000 00011][010]
ClosePath	7	1	15	[00000000 00000000 0000000 00001][111]

4. 参数（Parameter Integers）

MoveTo 和 LineTo 各有两个参数，ClosePath 无参数。跟在指令数 Command Integers 后面的参数 Parameter Integers 的个数等于指令所需要参数的个数乘以指令执行的次数。例如，一条指示 MoveTo 指令执行 3 次的 CommandInteger 之后会跟随 6 个 ParameterIntegers。ParameterInteger 由 zigzag 方式编码得到，以使小负数和正数都被编码为小整数。将参数值编码为 ParameterInteger 按以下公式转换：

$$\text{ParameterInteger} = (\text{value} << 1) \wedge (\text{value} >> 31)$$

参数值不支持大于 $\mathrm{pow}(2,31) - 1$ 或 $-1 \times (\mathrm{pow}(2,31) - 1)$ 的数值。以下的公式用来将 ParameterInteger 解码为实际值：

$$\text{value} = ((\text{ParameterInteger} >> 1) \wedge (-(\text{ParameterInteger \& 1})))$$

5. 指令类型

以下关于指令的描述中，游标的初始位置定义为坐标(c_X, c_Y)，其中，c_X指代游标在X轴上的位置，c_Y指代游标在Y轴上的位置。

MoveTo 指令：n 个 MoveTo 必须紧跟 n 对参数。每对 (d_X, d_Y) 参数：

(1)定义坐标(p_X, p_Y)，其中，$p_X = c_X + d_X$和$p_Y = c_Y + d_Y$。①对于点要素，这个坐标定义了一个新的点要素。②对于线要素，这个坐标定义了一条新的线要素的起点。③对于面要素，这个坐标定义了一个新环的起点。

(2)将游标移至(p_X, p_Y)。LineTo 指令：n 个 LineTo 必须紧跟 n 对参数。每对 (d_X, d_Y) 参数：①定义一条以游标位置(c_X, c_Y)为起点，(p_X, p_Y)为终点的线段，其中，$p_X = c_X + d_X$和$p_Y = c_Y + d_Y$。对于线要素，这条线段延长了当前线要素。对于面要素，这条线段延长了当前环。②将游标移至(p_X, p_Y)。

注意：对于任意一对(d_X, d_Y)，d_X和d_Y必须不能同时为 0。

ClosePath 指令：每条 ClosePath 指令必须只能执行一次并且无附带参数。这条指令通过构造一条以游标(c_X, c_Y)为起点、当前环的起点为终点的线段，闭合面要素的当前环。这条指定不改变游标的位置。

6. 几何类型

要素 Geometry 字段的 Type 取值必须是 GeomType 枚举值之一。支持的几何类型如下：Unknown、Point、Linestring、Polygon，不支持 GeometryCollection 类型。

Unknown 几何类型：Mapbox 标准有意设置一个 Unknown 几何类型。这种几何类型可以用来编码试验性的几何类型。解码器可以选择忽略这种几何类型的要素。

Point 几何类型：用来表示单点或多点几何。

Linestring 几何类型：Linestring 几何类型用来表示单线或多线。如果 Linestring 的指令序列只包含 1 个 MoveTo 指令，那么必须将其解析为单线；否则，必须将其解析为多线，其中的每个 MoveTo 指令开始构造一条新线。

Polygon 几何类型：表示面或多面几何，每个面有且只有一个外环和零个或多个内环。如果 Polygon 的指令序列只包含一个外环，那么必须将其解析为单面；否则，必须解析为多面，其中每个外环表示一个新面的开始。如果面几何包含内环，那么必须将其编码到所属的外环之后。面几何必须不能有内环相交，并且内环必须被包围在外环之中。

7. 几何要素编码示例

1) 多点要素示例

假设多点要素坐标为

● (5,7)
● (3,2)

编码需要两条指令：

● MoveTo(+5,+7)
● MoveTo(-2,-5)

编码：[17 10 14 3 9]

```
       | | || `> 解码: ((9 >> 1) ^ (-(9 & 1))) = -5
       | | |`> 解码: ((3 >> 1) ^ (-(3 & 1))) = -2
```

　| | |=== 相对移动到 MoveTo(-2, -5) == 创建点 (3,2)

　| | `> 解码: ((34 >> 1) ^ (-(34 & 1))) = +7

　| `> 解码: ((50 >> 1) ^ (-(50 & 1))) = +5

　|===== 相对移动到 MoveTo(+5, +7) == 创建点 (5,7)

　`> [00010 001] = command id 1 (MoveTo), command count 2

2) 多线要素示例

假设示例要素的坐标为

Line 1：

- (2,2)
- (2,10)
- (10,10)

Line 2：

- (1,1)
- (3,5)

编码需要以下指令：

- MoveTo(+2,+2)
- LineTo(+0,+8)
- LineTo(+8,+0)
- MoveTo(-9,-9)
- LineTo(+2,+4)

编码：[9 4 4 18 0 16 16 0 9 17 17 10 4 8]

　　　| 　　　| 　　　| 　　　|=== 相对连线至 LineTo(+2, +4) == 连接到点(3,5)

　　　| 　　　| 　　　| 　　　`> [00001 010] = command id 2 (LineTo), command

count 1

　　　| 　　　| 　　　|===== 相对移动到 MoveTo(-9, -9) == 新建一条线从 (1,1)

　　　| 　　　| 　`> [00001 001] = command id 1 (MoveTo), command count 1

　　　| 　　　| 　==== 相对连线至 LineTo(+8, +0) == 连接到点 (10, 10)

　　　| 　　|==== 相对连线至 LineTo(+0, +8) == 连接到点 (2, 10)

　　　| 　`> [00010 010] = command id 2 (LineTo), command count 2

　|=== 相对移动到 MoveTo(+2, +2)

　`> [00001 001] = command id 1 (MoveTo), command count 1

3) 面要素示例

假设示例面要素的坐标为

- (3,6)
- (8,12)
- (20,34)
- (3,6)闭合

编码需要以下指令：

- MoveTo(3, 6)

- LineTo (5, 6)
- LineTo (12, 22)
- ClosePath

编码：[9 6 12 18 10 12 24 44 15]

```
|          |                    `> [00001 111] command id 7（ClosePath），command count 1
|          |          ==== 相对 LineTo（+12, +22）== 连接到点 （20, 34）
|          |==== 相对  LineTo（+5, +6）== 连接到点 （8, 12）
|              `> [00010 010] = command id 2（LineTo），command count 2
|==== 相对 MoveTo（+3, +6）
`> [00001 001] = command id 1（MoveTo），command count 1
```

8. 要素属性

要素属性被编码为 Tag 字段中的一对对整数。在每对 Tag 中，第一个整数表示 key 在其所属的层 Layer 的 Keys 列表的中索引号（以 0 开始）。第二个整数表示 Value 在其所属的层 Layer 的 Values 列表的中索引号（以 0 开始）。一个要素的所有 Key 索引必须唯一，以保证要素中没有重复的属性项。每个要素的 Tag 字段必须为偶数。要素中的 Tag 字段包含的 Key 索引号或 Value 索引号必须不能大于或等于相应图层中 Keys 或 Values 列表中的元素数目。

例如，一个 GeoJSON 格式的要素如下：

```
{
    "type": "FeatureCollection",
    "features": [
        {
            "geometry": {
                "type": "Point",
                "coordinates": [
                    -8247861.1000836585,
                    4970241.327215323
                ]
            },
            "type": "Feature",
            "properties": {
                "hello": "world",
                "h": "world",
                "count": 1.23
            }
        },
        {
            "geometry": {
                "type": "Point",
                "coordinates": [
```

```
                    -8247861.1000836585,
                    4970241.327215323
                  ]
              },
              "type": "Feature",
              "properties": {
                  "hello": "again",
                  "count": 2
              }
          }
      ]
}
```

会被结构化为

```
layers {
    version: 2
    name: "points"
    features: {
        id: 1
        tags: 0
        tags: 0
        tags: 1
        tags: 0
        tags: 2
        tags: 1
        type: Point
        geometry: 9
        geometry: 2410
        geometry: 3080
    }
    features {
        id: 2
        tags: 0
        tags: 2
        tags: 2
        tags: 3
        type: Point
        geometry: 9
        geometry: 2410
        geometry: 3080
```

```
    }
    keys: "hello"
    keys: "h"
    keys: "count"
    values: {
        string_value: "world"
    }
    values: {
        double_value: 1.23
    }
    values: {
        string_value: "again"
    }
    values: {
        int_value: 2
    }
    extent: 4096
}
```
注意：几何要素的实际坐标取决于坐标系和瓦片的范围。

6.5 志愿者地理信息

在互联网 Web2.0 大环境的驱动下，传统的 GIS 技术及其应用发生着革命性的变化，地理信息服务模式从单项的 Web 应用（允许大量用户访问少量 Web 站点提供的地理信息）逐渐向交互式的双向、多向协作（用户可以既是地理信息的使用者，也是地理信息的提供者）转变。这种转变消除了地理信息数据提供者和使用者之间的隔阂，数据的提供者不再局限于专业领域的人员，任何的普通用户都可以参与、协作完成地理信息数据的维护和更新，从而实现大量地理信息数据不断被创建并且交叉引用，极大地缩短了地理信息获取和传播的时间。Turner（2006）将这种用户参与贡献地理数据的现象描述为"新地理"（Neogeography）的重要特征之一。志愿者地理信息（volunteered geographic information，VGI），也叫做"自发地理信息"，这一概念就是在这一背景下于 2007 年由 Goodchild 首次提出的。

6.5.1 VGI 简介

目前，关于 VGI 的概念还没有形成一个统一的定义。Goodchild 认为 VGI 必须集合以下三种元素：Web2.0、集体智慧和新地理。该定义实际上反映了互联网时代地理信息新的获取方式。维基百科的定义是指用户通过在线协作的方式，以普通手持 GPS 终端、开放获取的高分辨率遥感影像，以及个人空间认知的地理知识为基础参考，创建、编辑、管理、维护的地理信息。李德仁和钱新林（2010）从广义和狭义两个角度对 VGI 进行了解释，认为狭义的 VGI 是由大量非专业用户利用 3S 技术自发创建的地理信息；广义的 VGI 是与狭义的 VGI 相关的概念、模式、方法和技术。

在线 VGI 应用系统的基本模式是以高分辨率遥感影像为底图,用户判读地物、创建矢量化的几何对象并添加属性资料,积累形成开放共享的地理信息数据库。目前,代表性的 VGI 平台主要有 OpenStreetMap 和 Google Map Maker 等。各 VGI 项目之间的主要区别在于数据许可证类型和信息可用性。表 6-16 所示为目前主要 VGI 项目之间的比较。

表 6-16　主要 VGI 项目对比

VGI 平台	创建年份	覆盖范围	许可证类型	可否下载数据
OpenStreetMap	2004	全球	ODbL	可
Wikimapia	2006	全球	CC BY-SA	可
Google Map Maker	2008	>220	Google	否
Here Map	2012	>120	Nokia	否
Map Share	2007	>90	TomTom	否

注:ODbL 是开放数据共享开放式数据库许可,允许用户复制、分发、传送、改编现有数据,而且用户在 OSM 之上更改或构建数据集时,结果可以用同一许可证发布。CC BY-SA:CC 指“知识共享”协议,BY-SA 是该协议中的两项权利组合,BY 指“署名权”,SA 指“相同方式共享权”。署名——必须提到原作者,相同方式共享——运行使用原作品,但是必须使用相同的许可证发布。

上述 VGI 平台中,OpenStreetMap(OSM)近年来蓬勃发展,参与的人数众多,影响也越来越大。OSM 项目于 2004 年启动,主要数据库和网络服务托管在伦敦大学的多个服务器。所有创建和共享 OSM 数据的服务器和接口主要由志愿者开发和管理。该项目的主要目标是建立一个免费的全球地理信息数据库。贡献数据前必须注册并创建一个账户。新注册的会员在注册后就可以立即添加、修改或删除OSM数据库中的地理对象。而其他VGI项目,如Google Map Maker,新会员所作的编辑首先要通过审查。最初几年,OSM 地理信息收集大多是应用 GPS 手持设备。2007~2011 年,雅虎地图、微软 Bing Map 均对其进行影像数据支持,这对 OSM 新对象的收集有很大的影响。此外,一些地区通过导入商业或政府数据集获取了大量数据,如荷兰、奥地利、美国、西班牙和法国。一些公司全部或部分地将其地图应用转换为 OSM,如苹果、Flickr 和 Foursquare(美国著名社交媒体定位服务提供商)等,OSM 已经对传统地理行业产生了强大的冲击。

6.5.2　VGI 研究热点

目前关于 VGI 的研究,主要分为对 VGI 数据的研究和对 VGI 应用的研究。对 VGI 数据的研究又可以分为对 VGI 数据获取的研究、对 VGI 数据处理的研究,特别是对 VGI 数据质量的分析评价一直是 VGI 的研究热点。

1. VGI 数据获取研究

当前,VGI 数据可以分为结构化和非结构化两种类型。结构化的 VGI 数据是使用结构化数据格式上报、传输的空间地理信息,如使用 XML 方式上报的点、线、面等矢量要素数据。通常,结构化空间信息是通过专业的 WebGIS 平台进行收集得到的。例如,在 OSM 平台上,公众根据移动 GPS 信息、影像信息、认知经验等,在线标报或编辑点、线、面等空间要素,这些数据以 XML 语法定义并提交到服务器。这种方式吸引大量公众通过该平台上报 VGI 数据。然而,OSM 平台无法自动判断数据质量,并在数据许可方面存在问题。一般而言,上报结构化的 VGI 数据要求公众具备一定的专业知识,所以上报的地理数据质量相对较好。非结构化的 VGI 数据不使用结构化的数据模型,主要来源于互联网各社交网络平台(如 Twitter、Facebook、新浪微博、腾讯微博等)所产生的文字、图片等数据中,如公众在社交平台上发布的包含某事件发生时间和位置的博文，或带有地理位置的图片等。

与结构化 VGI 数据相比，非结构化 VGI 数据包含的信息量更加丰富，同时其处理过程更加复杂。用户在社交平台中产生的大量数据包含了丰富的地理信息，如用户注册位置、网文中的地名等。这些非结构化 VGI 数据可以通过网络爬虫技术或网站 API 获取，进而被处理并加以利用。虽然，这种方式能获取得到大量的 VGI 数据，但是得到的数据质量不高。此外，众多学者对网络社交平台上的非结构化 VGI 数据进行分析、研究的过程中，发现非结构化 VGI 数据虽然包括大量可用的地理信息，但是其数据结构复杂、噪声多，给数据处理和应用带来巨大困难。

结构化 VGI 数据和非结构化 VGI 数据各有特点，其获取方式也有所不同。但是，由于结构化 VGI 数据的数据格式固定，数据质量高，并能够广泛用于地图制作与更新、应急处理、公众安全等众多领域，所以，当前针对结构化 VGI 数据的标报、采集与获取技术的研究相对较多。然而，非结构化 VGI 数据来源广、数据量巨大、获取方法简单、信息涵盖面广，具有广阔的研究和应用前景，已吸引越来越多的学者对其展开研究。但是，因为非结构化 VGI 数据的质量难以保证，所以其数据处理与应用将比结构化 VGI 数据更加困难。

2. VGI 数据处理研究

VGI 数据处理研究集中在数据预处理和数据质量评价方面，主要利用数据清洗、挖掘等手段和技术以提高数据质量，或对数据质量进行评价，从中选取可信度较高的、质量较好的数据进行加工和应用。

如利用 OSM 进行路网评估。OSM 质量分析多为道路网络评价，多数是将政府或商业数据集作为参考数据进行对比。梁发宏和杨帆(2015)对 OSM 路网评估的文献分析研究后得出结论：总体来看，OSM 路网数据在不同区域质量差别较大，城市优于农村，局部地区数据非常详细。通过分析可以发现，VGI 数据在精度、完整性、一致性等方面符合一定的质量规范，适用于空间信息的可视化、路径规划及其他地理信息领域的相关研究应用。但具体是否应该使用 OSM 或其他 VGI 资源，需要针对具体的兴趣区域和项目目标进行评估。

现阶段的 VGI 数据处理方法已有很多且各有特点，其中，数据质量评价主要采用数据比较的方式，结果较为精确，使用比较多，但这种方式在效率和智能化方面仍有扩展空间；而当前的 VGI 数据预处理方法中，利用人工智能方法的比较多，这种方法效率高，得到的处理结果较好，具有较强的可行性，不过该类方法尚未完全成熟。总之，VGI 数据预处理与质量评价的研究尚处于初步阶段，还缺少实际的处理系统，也未在实际中得到充分应用。因此，发展 VGI 数据清洗、数据挖掘、数据质量控制的自动化方法，依然是接下来的研究热点。

3. VGI 数据应用

VGI 数据来源于公众的日常生活，其数据量大、时效性强、信息丰富，内容包含生产生活的各个方面。VGI 已经在许多领域发挥作用，与各行业的结合越来越紧密，尤其在环境监测、灾害评估等方面。

1)构建世界范围地理空间基础数据库

VGI 的优势源于其开放式数据收集方法，可以说 VGI 是最廉价的地理信息来源，有时候也是唯一的来源。尤其是对于世界范围而言，其丰富的数据内容和形式，是对现有地理信息数据的一个很好的补充和完善。

2）应急响应辅助决策支持

OSM 和其他 VGI 项目的另一潜力是危机及灾害等应急响应行动中的辅助决策支持功能。2011 年海地地震期间，志愿者基于 OSM 最新卫星影像和移动 GPS 设备采集道路及兴趣点数据，标注救护站、帐篷和倒塌的大桥，在 48 小时内构建了最完整的"Haiti OpenStreetMap"。VGI 在洪灾损失评估、消防疏散和其他重要的风险及自然灾害管理和响应等方面也已显示出很大潜力。

3）地理监测

地理监测工作量大，现势性要求高。VGI 用户分布广泛，贡献的数据类型多样（矢量数据、图片、视频等），客观性和现势性强，获取周期短，成本低，未来的地理国情监测完全可以借助 VGI 手段。

4）特殊用途地图应用

近年来涌现出许多基于 OSM 的应用程序、在线地图及可打印地图，志愿者协同收集地理信息，满足特殊需求，如货车、自行车、滑雪、轮椅、盲道及公共交通等。

5）三维应用

随着三维应用的日益普及，研究人员测试了 OSM 对三维应用程序或三维基于位置服务的适用性，有文献探讨如何将 OSM 数据转换到规范的城市地理标记语言（CityGML）模型或室内疏散模拟。

6.5.3　海地地震 VGI 应用

2010 年 1 月 12 号，7 级地震袭击海地。应急救灾工作亟须快速制图的支持。但是，作为世界上最为贫穷的国家之一，海地大部分地区并没有常规的网络地图服务（如 Google Map、Bing Map 等）的支持。因此，利用 VGI 平台，汇集众包（Crowdsource）数据采集能力，进行灾害快速制图就成为了首要之选。

地震发生后，首先必须快速弄清两个问题：谁需要帮助，他们在哪里。救援物资和补给需要送给最无助的、真正急需帮助的人手中。但是由于数据缺失，特别是关于资产、设施、人口和位置的综合性数据库的缺失，导致灾前该地区的基础地图很大一部分都是空白，甚至一些十分基础性的信息需求，如详细的道路图、关键设施位置图，都不可用。

如图 6-15 所示，Google 地图上用户生成地标数量，即用户在 Google 地图上所进行的地点标注数量。符号的大小代表着数量的多少。很显然，在海地岛的东部，即多米尼加共和国内的部分，用户生成的地标数量众多，与此形成鲜明对比的是海地岛的西部，即海地国内的部分，用户生成的地标寥寥无几。

图 6-15　2009 年 Google Map 上检索海地岛"用户生成（User-Generated）"的地标数量

　　海地地震后，CrisisCommons 组织和世界银行直接向海地政府提供了大量由志愿者所提供的数据和工具，为数据采集和制图工具提供了坚实的基础数据，如世界银行的航空影像、OSM 的道路数据、验证过的医疗设施信息、人口统计，以及其他核心的可使用的数据。这些工具包括可以直接运行在硬盘上或 USB 中的离线海地地图浏览器。

1. OpenStreetMap

　　来自世界各地的 OpenStreetMap 的志愿者们利用下载的卫星影像（一些是免费的，一些是 Yahoo 和 Google 捐赠的）来对街道、建筑物和其他感兴趣区的轮廓进行追踪和记录。这些记录上传到 OSM 的数据库，并由在海地使用便携式 GPS 设备的志愿者们上传附加的信息以进行补足。在海地地震后的几个星期内，OSM 上太子港地区及其附近就有 10000 多编辑量。这些空间数据最终对灾后第一时间反应、救援工作等起到了至关重要的作用，见图 6-16。

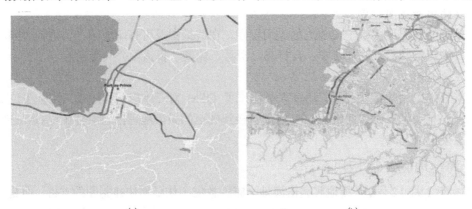

(a)　　　　　　　　　　　　　　　　(b)

图 6-16　OpenStreetMap 上太子港地区地震前(a)后(b)地图对比

2. Ushahidi

　　起源于 2008 年肯尼亚的选举危机的 Ushahidi 是一个开源平台，任何人都可以利用移动短信、电子邮件、网站提供的重要信息、数据向该平台提供信息，Ushahidi 对这些信息进行证实之后，通过可视化的方式呈现在地图上。基于文本的内容可以通过地理标签和特定的地点联系起来，并在地图上显示，以帮助救援机构合理分配其有限的救援资源，见图 6-17。

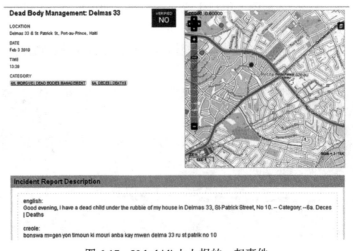

图 6-17　Ushahidi 上上报的一起事件

与其他在线志愿者平台不同的是，Ushahidi 可以通过门槛更低、可达性更高(在海地只有 11%的人能够上网，而将近 1/3 的人能够使用移动电话)的廉价的移动电话来提交数据，极大地扩大了数据的来源。据报道，Ushahidi 在救灾中发挥了重要作用。通过定位如下的紧急短信"我被埋在瓦砾下面了，但我仍然活着"，以及发布相对不是很紧急的信息如"我们的社区用水殆尽"，Ushahidi 可以指导救援力量出现在最需要帮助的地方。

在海地地震救灾中，志愿者地理信息发挥了巨大的作用。同图 6-15 形成鲜明对比的是在 Google Map 上检索到的 2009 年至 2010 年 2 月，海地岛上用户生成地标数量的变化情况(图 6-18)。其中符号的大小代表了变化的百分比。可以看到，岛上西部海地境内的显著变化。

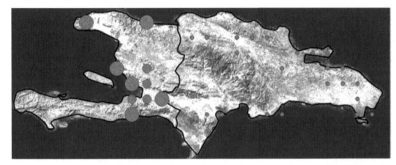

图 6-18　Google Map 上检索到的 2009 年至 2010 年 2 月用户生成地标数量变化情况

思　考　题

1. 什么叫面向服务体系架构(SOA)?

2. 网络服务(Web Services)的核心技术有哪些?

3. 什么是 WMS? 其主要接口有哪些?

4. 试用 Geoportal Server 发现网络上的 WMS 并调用。

5. 什么是 WMTS? 其主要接口有哪些?

6. WMTS 地图切片通常如何组织?

7. 试用 Geoportal Server 发现 WMTS 并调用。

8. 什么是矢量切片地图? 与栅格切片地图相比有哪些优点?

9. 什么是 VGI? 相比于传统地理信息，VGI 有何优点和不足?

10. 目前 VGI 的研究热点有哪些?

11. 试着在 OSM 上注册账号并进行地图编辑。

12. VGI 有哪些应用?

第7章　地图数据数字水印算法

近年来，计算机制图技术不断创新，地图制图生产向数字化和网络化方向发展，对数据安全及数据的版权保护带来了新的挑战。数字水印技术是近年来兴起的，其为数据安全提供了重要的技术手段，在数据版权保护和完整性认证方面得到迅猛发展，已成为信息安全研究领域的一个热点。

本章首先介绍了数字水印技术的理论基础，然后详细描述了数字水印的概念、特征、应用框架、评价指标等基本理论。在此基础上，结合地理空间数据特点和数据的组织，分析了地理空间数据数字水印的特征，介绍了几种典型的地理空间数据数字水印算法。

7.1　数字水印技术概述

7.1.1　从信息安全到数字水印

随着数字化和网络化的飞速发展，电子化的数据在存储、传输、复制时都变得非常方便快捷。人们在享受这一便捷的同时，极易造成数据的非法拷贝和复制。地理空间数据也不例外，其安全面临严峻挑战，版权保护问题更加突出。目前，对地理空间数据的分发管理仍然沿用传统的针对纸质地图的管理方法，还是申请、登记、领取(购买)数据，因此数据下发之后的去向和安全无法控制，无法解决泄密、非法流传、盗版、无偿使用、非法获利等问题。从而导致以下问题：由于地理空间数据的重要性，数据拥有者对数据不得不过度保护，数据拥有者不敢共享，也不愿共享，造成地理空间数据的共享更加困难，同时造成地理空间数据难以发挥更大的作用，应用部门很难得到数据，正常工作受到影响，最终导致整个产业受损，影响 GIS 的发展、应用和效益。

传统的数字加密技术是将数据文件加密成密文，只允许持有密钥的人员使用原文数据，无法通过公共系统让更多的人获得他们所需要的信息，严重妨碍了地理空间数据的共享使用。同时，解密后的数据可以被任意复制和传播，数据就会失控，版权得不到任何保护(朱长青，2009)。另外，盗版者通过购买正版数据产品，使用密钥获得毫无保护的数据副本，然后发行非法数据副本，数据同样失控，数据版权同样得不到任何保护。因此，传统的数字加密技术在保护知识产权方面具有很大的局限性。

在一定的情况下，数字签名技术可以提供数据安全保护的功能。例如，数据源的验证、数据完整性的确认，但数字签名与原始数字产品的内容是完全独立的两个部分，因而比较容易被分离开来，这不会影响数字产品的正常使用，也就不会对数据安全保护起到应有的作用。密码学技术对数字化产品保护能力的局限性，使数字水印技术应运而生，被称为数字化数据保护的最后一道防线(孙圣和等，2004)。

一般认为，数字水印技术起源于传统的"水印"技术，即印在传统载体上的水印，如纸币、邮票上的水印等，这些传统的水印用来证明内容的合法性。700 多年前，纸水印便在意大利的 Fabriano 镇出现。到了 18 世纪，在欧洲国家和美国制造的产品中，纸水印已经变得相当实用。

源于对数字产品保护的需要，1954 年，美国 Muzac 公司的 Emil Hembrooke 申请了名为
"Identification of Sound and Lide Signals" 的专利，该专利描述了将标识码以不可感知的方式
嵌入音乐中，用于证明该音乐的所有权，这是最早出现的电子水印技术(刘小勇，2010)。
直到 20 世纪 90 年代初期，数字水印才作为研究课题受到了足够的重视。1993 年 A.Z.Tirkel
等发表了题为 Electronic watermark 的文章，首次提出了 "watermark" 这一术语，1994 年
Van Schyndel 在 ICIP 会议上发表了题为 A digital watermark 的文章。这两篇文章提出了有
关数字水印的一些重要概念，引起了研究者的极大兴趣，数字水印技术的研究如雨后春笋
般涌现。

7.1.2　数字水印的定义和特征

数字水印是一种信息隐藏技术，它的基本思想是在数字图形、图像、音频和视频等数字
产品中嵌入版权标识、用户序列号或是产品的相关信息，用于保护数字产品的版权、证明产
品的真实可靠性或跟踪盗版行为。

数字水印技术的原理是利用人类视觉系统(human visual system，HVS)的冗余，通过一定
的算法在数字信息中加入不可见标记，起到证明作品的版权归属的作用。加入的标记不能影
响数据的合理使用和价值，并且不能被人的知觉系统觉察到，除非对数字水印具有足够的先
验知识，任何破坏和消除水印的企图都将严重破坏图像质量(李永全，2005)。

标记信息需要经过变换或加密嵌入数字产品，通常称变换后的该标记信息为水印，水印
信号定义如下：

$$W = \{w_i \mid w_i \in O, i = 0,1,2,\cdots,M-1\} \tag{7-1}$$

式中，M 为水印序列的长度；O 为值域，水印信号的值域可以是二值形式，如 $O=\{0, 1\}$，$O=\{-1,$
$1\}$，或是高斯白噪声。

不同的应用对数字水印的要求不同，一般认为数字水印应具有如下特征。

1) 安全性

安全性是指在没有秘钥的情况下，非法使用者不能提取、破坏或者伪造水印信息。

2) 可证明性

数字水印应能为需要版权保护的数字产品提供可靠的证据。水印算法应能够将用户注册
码、产品标志或有意义的文字等标识所有者的有关信息，通过某种方式隐藏到需要保护的数
字产品中，在需要证明版权时，再将这些隐藏信息提取出来(许文丽等，2013)。

3) 不可感知性

在数字产品中隐藏的数字水印应该是不能被感知的。目前的水印算法(零水印除外)大部
分是通过修改载体数据嵌入水印信息的，这在一定程度上会引起载体数据在视觉或者听觉上
的变化。好的水印嵌入算法应该具有良好的不可感知性，即水印嵌入不应该引起载体数据在
感官体验上的变化。

4) 鲁棒性

鲁棒性是指含水印数据在有意(如恶意攻击)或无意(如正常的图像压缩、滤波、裁剪等)
操作之后，能提取和检测到水印信息的能力，也可以理解为水印算法抗水印攻击的能力。不
同用途的水印算法对于算法鲁棒性的要求也不尽相同。例如，通常被用于内容认证的脆弱水
印就要求鲁棒性极低，而用于版权保护和使用跟踪的鲁棒水印算法鲁棒性要求非常高。

7.1.3　数字水印应用的基本框架

数字水印系统包括嵌入和检测两大部分(孙圣和等，2004)。嵌入部分至少有两个输入量：一个是原始水印信息，它通过适当变换后作为待嵌入的水印信号；另一个就是作为水印载体的原始数字产品。水印嵌入的输出结果为含水印信息的数字产品，通常用于发布或传输。数字水印系统的基本框架如图 7-1 所示。

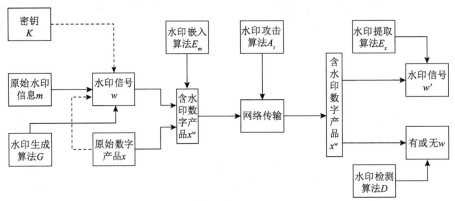

图 7-1　数字水印处理系统基本框架(孙圣和等，2004)

图中虚线部分表示该项不是必需的(后同)

图 7-1 描述了一个完整的数字水印系统涉及的所有元素，从中可以看出，整个水印处理系统框架包括：水印生成、水印嵌入、水印提取与检测三个关键技术。其中，水印提取一般包括了水印检测的过程，而水印攻击虽不是水印系统中必需的元素，但作为水印算法鲁棒性的评价，是水印算法设计中必须要考虑的因素。

1) 水印生成

嵌入载体数据的水印信号可以是无意义水印信号或有意义水印信号。无意义水印信号都是无意义的随机序列，如伪随机实数序列、伪随机二值序列等。一般情况下，给定一个"种子"作为伪噪声发生器的输入，就可以产生具有 Guassian 分布的白噪声信号。这个"种子"可以是数字产品的序列号、分发编号等，也可以是无任何意义的数值，当伪随机信号发生器固定时，"种子"就是产生水印信号的密钥。在进行水印检测时，需要此秘钥来产生与水印嵌入时相同的伪随机实数序列，计算提取到的水印信号与原始水印信号的相关性，用来确定待检测产品中是否含有该水印信号。有意义水印信号是指水印信息代表一定意义的文本、声音、图像或视频信号，使用有意义水印信号的一个显著特点是水印提取后非常直观，可以直接对载体中是否含有水印进行判别，无需计算与原始水印信号的相关性。对于有意义水印信号，在水印嵌入之前，需要进行预处理，如对信号进行混沌置乱、水印扩频等。

2) 水印嵌入

水印嵌入是指把水印信号嵌入载体数据中，得到含水印信息数据的过程。水印嵌入过程如图 7-2 所示。

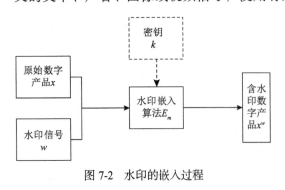

图 7-2　水印的嵌入过程

一般的水印嵌入可描述为

$$x^w = E_m(x, w, k) \tag{7-2}$$

式中，E_m 为水印嵌入算法；x 为原始载体数据；w 为水印信号；x^w 为嵌入水印后的数据，有时在嵌入算法中使用密钥 k 进行水印嵌入。

水印嵌入算法是水印嵌入中最为核心的技术。水印嵌入算法一般需考虑两方面的内容：一是水印的嵌入空间位置，二是水印和载体数据的结合方式。根据水印嵌入的空间位置不同，水印算法分为空间域算法、变换域算法两大类。空间域算法将水印信息直接嵌入原始数据载体中，变换域算法将水印信息嵌入原始数据载体的变换域系数中。对于水印与载体数据的结合方式，目前常用的主要有以下几种：加性规则、乘性规则、LSB 替换、数据替换、直方图平移、QIM、基于统计特征水印嵌入等。加性和乘性规则水印嵌入用在非盲水印算法中，数据替换、直方图平移方法用于可逆水印算法中，LSB 替换、QIM、基于统计特征水印嵌入可实现水印的盲检测。

3) 水印提取与检测

水印的提取是指通过算法把嵌入数据载体中的水印信息提取出来，水印检测是通过算法判断待检测数据中是否含有水印信息，对于有意义水印信息一般可以通过提取到的水印信息判断是否含有水印信息，而对于无意义水印信息，需要进行水印检测才能对数据载体是否含有水印信息做出判断。

水印的提取与检测过程如图 7-3 所示。

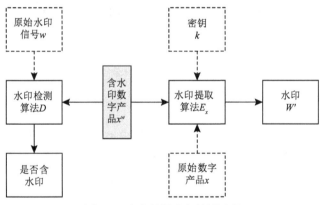

图 7-3　水印的提取与检测过程

水印检测不需要原始数据的算法称为盲水印，否则为非盲水印(朱长青等，2014)。非盲水印需要原始载体数据参与提取，而盲水印则不需要原始载体数据参与提取，因此，盲水印在实际应用中更具有实用性。

水印检测算法主要有：相关性水印检测算法、最优检测算法、统计理论检测算法等。不同水印嵌入算法，水印检测算法不同。例如，对加性规则水印嵌入来说，可以使用相关性检测算法，一般的相关性检测器描述如下：

$$R_{y \cdot w} = \delta(y) = \frac{1}{N} \sum_{i=1}^{i=N} y_i w_i \begin{cases} \geqslant T \Rightarrow w & \text{有} \\ < T \Rightarrow w & \text{无} \end{cases} \tag{7-3}$$

式中，y 为含水印数据；w 为水印信号；N 为水印的长度；T 为设定的检测阈值。

除了通过相关性检测判断有无水印外，有时需要计算提取到的水印与原始水印之间的相似度，水印的相似度一般使用归一化相关系数（normalized correlation，NC）计算，NC 计算公式如下：

$$\mathrm{NC} = \frac{\sum_{i=1}^{i=N} w(i)w'(i)}{\sum_{i=1}^{i=N} w(i)^2} \tag{7-4}$$

式中，w 为原始水印；w' 为提取到的水印；N 为水印长度；NC 值介于[0,1]，越接近于 1，说明提取到的水印与原始水印相似度越高。

7.2 栅格地图数据数字水印算法

7.2.1 水印的置乱算法

为了增强水印的安全性，通常在水印嵌入之前，对水印进行置乱操作，消除水印在空间上的相关性，提高水印算法抗裁剪的能力。由于混沌系统具有良好的初值敏感性，运用混沌方法置乱水印具有良好的随机性和安全性。

水印图像置乱还可以在很大程度上提高水印图像的不可感知性、鲁棒性及安全性。在水印嵌入前，应用混沌系统改变水印图像中像素的空间位置分布，将水印图像转换成一个类似噪声的水印信号再嵌入载体数据，即使水印信号由于攻击或噪声发生污损，损坏的部分也会被平均分配到水印图像的各个部分，这就大大减少了信息丢失对水印提取造成的影响，提高了水印的鲁棒性。

应用混沌系统置乱水印图像可增强水印的鲁棒性和安全性。用于水印置乱的混沌方法主要有：Logistic 混沌映射、Arnold 变换等。

1）Logistic 混沌映射

Logistic 混沌映射模型也称作虫口模型，是一种典型的非线性动力系统。它的特点是对初始值及参数极为敏感，初始值只要有微小的差异，就可能导致完全不同的结果（Pareek et al.，2006）。应用于图像置乱的 Logistic 混沌系统的定义如下：

$$x_{n+1} = \mu x_n (1 - x_n) \tag{7-5}$$

式中，$0 \leqslant \mu \leqslant 4$；$x_n \in (0,1)$（$n$=0,1,2,…）。这样得到的序列 x_n 的取值范围是单极性的。当 $3.569945 \leqslant \mu \leqslant 4$ 时，Logistic 映射工作处于混沌状态，即由不同初始状态 x_0 生成的序列是非周期、不收敛、不相关的，并对初始值非常敏感。图 7-4 的实验说明了 Logistic 混沌映射对初始值的高度敏感性。取初值分别为 0.10001 和 0.10002，μ=4，均迭代 500 次，可以看出，即使初始值相差 0.00001，点的分布也有比较大的变化。

水印技术中应用 Logistic 混沌系统对水印图像进行置乱的具体步骤如下：应用式（7-5）产生一个长度为 M 的序列 l，M 为水印图像的比特长度，将该序列进行升序排序，产生一个 l' 的有序序列及 l' 中每个数据在 l 中位置的序列 index，图像置乱时，给定原始水印图像 W，按照下面公式置乱：

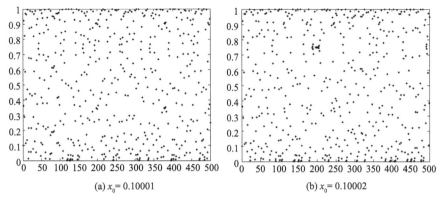

(a) $x_0 = 0.10001$　　　　　　　　　　　　(b) $x_0 = 0.10002$

图 7-4　$\mu=4$，迭代次数为 500 的 Logistic 映射轨迹

$$w'(i) = w(\text{index}(i)), \ 1 \leqslant i \leqslant M \tag{7-6}$$

式中，w' 为置乱后水印图像，嵌入水印时，将 w' 图像嵌入地理空间矢量数据中。

提取水印信息时，提取到的是置乱图像 w'，再次应用 Logistic 混沌系统解密，解密公式为

$$w''(\text{index}(i)) = w''(i), \ 1 \leqslant i \leqslant M \tag{7-7}$$

式中，w'' 为解密后的水印图像。

图 7-5(a) 是原始水印图像，图 7-5(b) 是应用 Logistic 混沌系统置乱后的图像，图 7-5(c) 是解密后的水印图像。

水数
印字　　　　　　**水数**
　　　　　　　　　　　　　　　　　　　　　　　印字

(a) 原始水印图像　　　　　(b) 置乱后水印图像　　　　(c) 解密后水印图像

图 7-5　Logistic 水印置乱处理

Logistic 置乱算法 Matlab 程序代码如下。

```matlab
% Logistic置乱函数，o表示原始图像，init表示Logistic置乱初始值，ozl返回值表示置
乱后图像。
function ozl=logisticE(o,init)
[m n]=size(o);
l=linspace(0,0,m*n);
l(1)=init;
for i=2:m*n
    l(i)=1-2*l(i-1)*l(i-1);
end
[lsort,lindex]=sort(l);
ozl= zeros(m,n);
for i=1:m*n
    ozl(i)=o(lindex(i));
end
```

```
% Logistic反置乱函数，ozl表示置乱图像，init表示Logistic置乱初始值，ofy返回值表示
反置乱后图像。
    function ofy=logisticD(ozl,init)
    [m n]=size(ozl);
    l=linspace(0,0,m*n);
    l(1)=init;
    for i=2:m*n
        l(i)=1-2*l(i-1)*l(i-1);
    end
    [lsort,lindex]=sort(l);
    ofy=ozl;
    for i=1:m*n
        ofy(lindex(i))=ozl(i);
    end
```

2）Arnold 变换

Arnold 变换又称"猫脸变换"，可以把图像中各像素点的位置进行置乱，使其达到加密的目的。Arnold 变换可以表达为

$$\begin{bmatrix} x' \\ y' \end{bmatrix} = \begin{bmatrix} 1 & 1 \\ 1 & 2 \end{bmatrix} \begin{bmatrix} x \\ y \end{bmatrix} \mod N, x, y \in \{0,1,2,\cdots,N-1\} \tag{7-8}$$

式中，(x,y) 为像素在原图像的坐标；(x',y') 为变换后该像素在新图像的坐标；N 为图像的阶数，即图像的大小。Arnold 变换具有周期性，即对图像进行一定次数的变换后，能够重新得到原始图像。如图 7-6 所示，(a)是原始水印图像，(b)～(e)给出了变换 1 次、10 次、24 次、48 次的置乱结果。当变换 48 次后，水印图像将恢复成原始图像，即该图像的置乱周期为 48 次。

(a)原始水印　　(b)置乱 1 次　　(c)置乱 10 次　　(d)置乱 24 次　　(e)置乱 48 次

图 7-6　Arnold 置乱示意图

Arnold 置乱算法 Matlab 程序代码如下。

```
    function M=arnold(Image,Frequency,crypt)
    %图像数值矩阵Arnold转换函数
    %输入参数
    %    Image:      待加密(待解密)图像文件名(注意写格式后缀)，只能为二维
    %    Frequency:  图像需要变换迭的次数
    %    crypt       0～加密；1～解密
```

```
%输出参数
%    M:      转换后图像数据矩阵
if nargin<3
    disp('请按程序的输入参数格式输入参数！！！');
    return;
end


if crypt~=0 && crypt~=1
    disp(' encrypt 必须为0或1！');
end


%将Q赋值给M，计算Q的大小
Q=Image;
M = Q ;
Size_Q  =  size(Q);


%如果不是二维或三维数组，则不处理，返回
if (length(Size_Q) == 2)
    if Size_Q(1)  ~= Size_Q(2)
        disp('不是方阵，不能进行Arnold转换');
        return
    end
else
    disp('不是二维数组，不能进行Arnold变换');
    return
end


    %-------------------------------------
    %Arnold变换
    n = 0;
    K = Size_Q(1);

    M1_t = Q;
    M2_t = Q;

    if crypt==1      %解密
        Frequency=ArnoldPeriod( Size_Q(1) )-Frequency;
    end
```

```
    for s = 1:Frequency
        n = n + 1;
        if mod (n,2) == 0
            for i = 1:K
                for j = 1:K
                    c = M2_t(i,j);
                    M1_t(mod(i+j-2,K)+1,mod(i+2*j-3,K)+1) = c;
                end
            end
        else
            for i = 1:K
                for j = 1:K
                    c = M1_t(i,j);
                    M2_t(mod(i+j-2,K)+1,mod(i+2*j-3,K)+1) = c;
                end
            end
        end
    end

    if mod (Frequency,2) == 0
        M = M1_t;
    else
        M = M2_t;
    end
```

```
function Period=ArnoldPeriod(N)
%求Arnold变换的周期
if nargin<1
    disp('请按程序的输入参数格式输入参数！！！');
    return;
end
if ( N<2 )
    Period=0;
    return;
end
n=1;
x=1;
y=1;
```

```
while n~=0
    xn=x+y;
    yn=x+2*y;
    if（mod(xn,N)==1 && mod(yn,N)==1）
        Period=n;
        return;
    end
    x=mod(xn,N);
    y=mod(yn,N);
    n=n+1;
end
```

7.2.2　遥感影像数据数字水印算法

遥感影像(remote sensing image)是指记录各种地物电磁波大小的胶片(或像片)，在遥感中主要是指航空像片和卫星像片。用计算机处理的遥感图像必须是数字图像，它的基本单位是像素。每个像素值都具有空间位置特征和属性特征。

遥感影像和普通图像表现形式大致相同，但是遥感影像作为一种重要的地理空间数据具有明显的空间特征，其往往数据量大，达到 GB 级。遥感影像除作为应用的底图使用外，还常用于空间定位、目标识别、地物提取等方面，因此与普通图像水印算法相比，其对算法的快速性、稳定性、误差控制、抗攻击性等方面都提出了更高的要求，其水印嵌入后不仅要求满足人眼视觉质量的要求，还需要具有可用性，即不影响数据的后期使用。

本节介绍一种基于 LSB 的遥感影像空域水印算法，该算法中运用最低有效位(least significant bits，LSB)方法嵌入水印，实现水印的盲提取，算法实用性强。

1）算法思路

LSB 最低有效位算法是数字水印算法中经典的空域算法，该算法利用数字图像处理中位平面的基本原理，将水印信息嵌入数据的最低有效位中，改变数据的这一位置，对数据的影响最小。由于 LSB 算法嵌入与提取方法实现简单，隐藏信息量大，因此本节选用该方法来实现水印算法。

整个算法的思路是将水印信息嵌入遥感影像的最低有效位，为了抵抗裁剪攻击，算法需将水印利用扩频技术进行扩展，扩展方式为整体重复增加，形成多个原始单个水印的重复，扩展后的水印大小与原始遥感影像大小相同。本水印算法包括如下三部分。

（1）水印生成：读入原始二值水印图像，并将其利用扩频技术扩展到与原始遥感影像的大小相同。

（2）水印嵌入：读取原始遥感影像，将二值水印比特嵌入遥感影像的最低有效位，嵌入方法是用水印比特按位替换遥感影像最低有效位所对应的比特值。

（3）水印的提取：水印提取是水印信息嵌入过程的逆过程，将待检测的遥感影像读入，然后读取该影像的最低有效位的比特值，得到扩频后水印图像，从而提取出水印信息，以验证该影像的版权归属。

水印生成与嵌入的原理如图 7-7 所示。

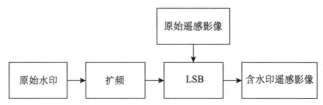

图 7-7　水印生成与嵌入的原理

2) 水印的生成

确定需要加入的水印信息，运用图像处理软件生成二值水印图像 w。图 7-8(a) 是二值水

(a) 原始水印　　(b) 扩频后水印图像

图 7-8　水印生成

印图像，水印大小为 64 像素×64 像素。将该水印图像扩频为 512 像素×512 像素，与原始遥感影像大小相同，扩频后水印图像如图 7-8(b) 所示。

3) 水印的嵌入

水印的嵌入算法流程如下。

Step 1：读入原始遥感影像。

Step 2：读入扩频后的水印图像。

Step 3：用二值水印图像按位替换原始遥感影像最低有效位，从而将水印嵌入遥感影像中。

4) 水印的提取

在提取水印时既不需要原始遥感影像也不需要原始水印。水印的提取算法流程如下。

Step 1：读入待检测遥感影像，读取该影像的最低有效位。

Step 2：按位提取该影像的最低有效位，构成扩频后水印图像，从而得到版权标识水印信息。

5) 试验及分析

运用 Matlab 编程语言编程实现以上算法，用一幅 512×512 的遥感影像作为水印嵌入载体，水印图像如图 7-8(a) 所示。

图 7-9(a) 是原始遥感影像图，为 TIF 格式。图 7-9(b) 是嵌入水印后的遥感影像，图 7-9(c) 是从含水印遥感影像图中提取出的水印。从该实验结果可以看出：①嵌入水印前、后的遥感影像吻合度很高，水印对原始遥感影像的精度影响很小，说明含水印数据可用。②在对含水印空间数据不进行任何攻击操作下，提取出的水印图像和原始扩频后水印图像的相似度为 1。

(a) 原始遥感影像　　　　　　(b) 含水印遥感影像　　　　　　(c) 提取的水印图

图 7-9　实验结果图

LSB 水印嵌入算法的 Matlab 程序代码如下。

```
clear;
clc;
%key控制LSB嵌入最低有效位，1为最低有效位，8为最高有效位
key=1;
[fileName pathName]=uigetfile('*.bmp;*.tiff;*.tif;*.png;', '读入原始遥感影像','
MultiSelect','on');
x=size(fileName);
fNum=x(2);
[wFileName wPathName]=uigetfile('*.bmp', '读入二值水印图像');
w=imread([wPathName wFileName]);
[wm wn]=size(w);
%进度条
h= waitbar(0,'程序处理中，请耐心等待…');
for i=1:fNum
    filePath=[pathName fileName{i}];
    o=imread(filePath);
    [om on oz]=size(o);
    ww=repmat(w,ceil(om/wm),ceil(on/wn));
    winfo=imfinfo(filePath);%判断是彩色图像还是灰度图像
if winfo.BitDepth==24
        x=o(:,:,1);
        x=bitset(x,key,ww);
        o(:,:,1)=x;
        ow=o;
    else
        ow=bitset(o,key,ww);
    end
    imwrite(ow,[pathName,'watered-',fileName{i}]);
    waitbar(i/fNum);
end
close(h);
msgbox('完成');
```

LSB 水印提取 Matlab 程序代码如下。

```
clear;
clc;
%key控制LSB嵌入最低有效位，1为最低有效位，8为最高有效位
key=1;
```

```
    [fileName pathName]=uigetfile('*.bmp;*.tiff;*.tif;*.png;', '读入含水印遥感影像',' MultiSelect',
'on');
    x=size(fileName);
    fNum=x(2);

    %进度条
    h= waitbar(0,'程序处理中，请耐心等待…');
    for i=1:fNum
        filePath=[pathName fileName{i}];
        o=imread(filePath);
        winfo=imfinfo(filePath);%判断是彩色图像还是灰度图像
        if winfo.BitDepth==24
            x=o(:,:,1);
            w=bitget(x,key);
        else
            w=bitget(o,key);
        end
        imwrite(logical(w),[pathName,'water-',fileName{i} '.bmp']);
        waitbar(i/fNum);
    end
    close(h);
    msgbox('完成');
```

7.2.3　瓦片地图数据可见水印算法

网络环境下，地图数据通常需要切片存放，便于地图数据的快速加载与显示。瓦片地图是指将固定范围的某一比例尺下的地图按照指定的尺寸(通常为 128 像元×128 像元或 256 像元×256 像元)切成若干行与列的正方形栅格图片，每个栅格就是一张瓦片(任娜，2011)。根据瓦片地图金字塔存储的概念，将地图数据按比例尺进行分割，形成比例尺由小到大、数据量由小到大的金字塔，从而便于管理、存储和显示。

瓦片地图一般数据量较大，不同级数据瓦片地图的数据量不同。级数越大，地图的比例尺越大，从而所要存储的数据量就越大。瓦片地图数据的金字塔存储方式一方面加速了地图数据的传输与加载，另一方面使得地图数据的非法下载及使用变得日益频繁，对瓦片地图版权保护的需求也日益迫切。

本节介绍一种基于小波变换的瓦片地图可见水印算法，该算法通过小波变换将水印图像可见的加入瓦片地图数据中，水印信息不可擦除、实用性强。

1)算法思路

小波变换作为一种变换域信号处理方法在图像处理中被广泛应用。二维小波变换可对图像进行多分辨率分解，小波变换的这一特性与人眼对图像视觉认知过程一致。小波变换将图像分解为小波逼近子图和小波细节子图两部分，小波逼近子图集中了图像的绝大部分信息，能够很好地表示图像的信息，是水印信息嵌入的理想嵌入域。

整个算法的思路是按文件路径对瓦片地图数据进行水印信息的嵌入，嵌入方法是对每个瓦片做二维离散小波变换，并将水印图像嵌入小波变换的低频系数中，以实现水印图像的可见嵌入。算法主要分为两部分：水印生成，对加入瓦片地图的水印信息生成二值水印图像；水印嵌入，按路径依次处理每个文件夹下的瓦片地图。首先，依次读入文件夹中的原始瓦片地图。然后，对每个瓦片地图做二维离散小波变换，通过加性嵌入规则将水印信息嵌入瓦片地图的低频系数中。最后，进行逆小波变换，以完成水印信息的可见嵌入。

水印生成与嵌入的原理如图 7-10 所示。

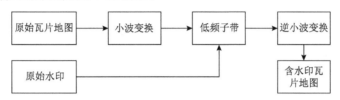

图 7-10　水印生成与嵌入的原理

2) 水印的生成

确定需要加入的水印信息，运用图像处理软件生成二值水印图像 w，图 7-11 是二值水印图像，水印大小为 16 像素×64 像素。

MapWorld

图 7-11　原始水印

3) 水印的嵌入

水印的嵌入算法流程如下。

Step 1：从初始路径开始，递归的方法读入每个文件夹下的原始瓦片地图。

Step 2：对每个瓦片地图做二维离散小波变换，得到小波低频系数矩阵。

Step 3：通过加性规则将水印信息嵌入每个瓦片地图的小波低频系数。

Step 4：对 Step 3 处理的结果做逆小波变换，以实现水印的可见嵌入。

4) 实验及分析

运用 Matlab 编程语言实现以上算法，水印图像如图 7-12 所示。实验对某区域多级瓦片地图进行可见水印的嵌入，嵌入效果如图 7-12(b) 所示，图 7-12(a) 是该区域原始瓦片地图。从该实验可以看出：①嵌入水印后的地图的细节部分仍能很好显示，可见水印对地图的影响小，不会干扰地图的阅览和重要信息的判读。②水印信息难以擦除，如果强行擦除会造成地图数据的损坏。

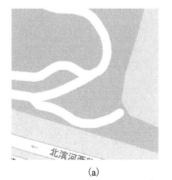 

(a)　　　　　　　　　　　　(b)

图 7-12　嵌入水印前后效果图

瓦片地图可见水印嵌入 Matlab 程序代码如下。

```
function MapTileFile(path,dest_path,WMfileNamePath,key)
%path瓦片地图起始路径；dest_path水印嵌入后地图保存路径；WMfileNamePath
%水印图像路径，key水印嵌入强度。
% MapTileFile为递归的方法遍历瓦片地图文件，MapTileFile为水印嵌入函数
list=dir(path);
num=length(list);
for m=1:num
    if strcmp(list(m,1).name,'.')||strcmp(list(m,1).name,'..')
        continue;
    else if list(m,1).isdir

MapTileFile(fullfile(path,list(m,1).name),fullfile(dest_path,list(m,1).name),WMfileNamePath,key);
        else
            if ~isdir(dest_path) %判断路径是否存在
                mkdir(dest_path);
            end

MaptileWM(fullfile(path,list(m,1).name),fullfile(dest_path,list(m,1).name),WMfileNamePath,key);
        end
    end
end
```

```
function MaptileWM(path,dest_path,WMfileNamePath,key)
%水印嵌入函数
w=imread(WMfileNamePath);
w=double(w);
[wm wn]=size(w);

[o,cmap]=imread(path);        %原始图像
o=ind2rgb(o,cmap);
ohsv=rgb2hsv(o);              %rgb转hsv
o=ohsv(:,:,3)*255;
[cA1,cH1,cV1,cD1] = dwt2(o,'db1');
cA1w=cA1;
[m n]=size(cA1);
%开始嵌入水印
beginX=randi(m-wm,1,1);
beginY=randi(n-wn,1,1);
```

```
for i=1:wm
    for j=1:wn
        cA1w(beginX+i,beginY+j)=cA1(beginX+i,beginY+j)-key*w(i,j);
    end
end
%ow含水印图像
ow=idwt2(cA1w,cH1,cV1,cD1,'db1');
ohsv(:,:,3)=ow/255;
ow=hsv2rgb(ohsv);
[ow,cmap]=rgb2ind(ow,256);
imwrite(ow,cmap,dest_path);
```

7.3　矢量地图数据数字水印算法

7.3.1　矢量地图数据空间域数字水印算法

鲁棒水印技术主要用于地理空间矢量数据的版权保护，是目前地理空间矢量数据水印技术研究的主要方向。目前，地理空间矢量数据水印算法主要分为空间域算法和变换域算法。空间域水印算法通常简单、易操作，水印嵌入量较大，能够抵抗增加点、删除点、裁剪及噪声等攻击，但抵抗几何攻击方面鲁棒性较差。

本节介绍一种基于单项映射函数建立水印与空间数据坐标之间具有稳定同步关系的空间域水印算法，该算法中运用量化索引调制(quantization index modulation，QIM)方法嵌入水印，实现了水印的盲提取，算法实用性强。

1. 算法思路

整个方案的思路是生成二值水印图像，并应用 Logistic 混沌系统置乱该图像后，作为水印加入载体数据中。地理空间矢量数据具有空间定位的特性，在坐标系不变的情况下，地理空间矢量数据坐标值轻易不会改变。因此，水印信息可以嵌入地理空间矢量数据的坐标上。坐标点的顺序发生变化、增删点操作都不会引起原有坐标值的变化，根据这一特性，建立数据坐标点与水印位之间的映射函数，来确定该坐标嵌入哪一位水印。通过量化的方法嵌入水印，可以实现水印的盲提取，因此，该算法采用量化法嵌入水印。典型的空间域水印算法主要有 LSB 算法，此类算法主要针对整数类型数据设计，缺点是鲁棒性较差，数据的轻微操作或应用低位覆盖攻击，都可以使得水印遭到破坏。本算法运用 QIM 技术，水印信息通过量化方法嵌入坐标数值的有效数据位中，不但水印嵌入的位置可以控制，而且水印嵌入引起的误差也完全可以控制。本水印算法包括如下三部分。

(1)水印生成：对加入空间数据的水印信息生成二值水印图像；对该水印图像应用 Logistic 混沌算法进行置乱并变换成一维。

(2)水印嵌入：读取原始地理空间数据，通过映射函数建立坐标数值和水印位的对应关系，计算出应嵌入的水印。映射函数的建立原理：由于坐标数值的整数部分在嵌入水印前后都不会发生变化，因此，可以把坐标数值的整数部分均匀地映射到水印位。提取空间数据坐标数值较低有效位中的三位(如小数点后的 4～6 位)构成整数，对该整数通过量化嵌入水印位。该量化值的大小影响水印的抗干扰能力，三位数的整数最大值小于 1000，取其一半左右作为量化值。最后，用该含水印数据替换原始坐标数值中的三位，保存地理空间数据。

(3)水印的提取：水印提取是水印信息嵌入过程的逆过程，用水印嵌入方法中的映射函数计算出水印位置，对含水印地理空间数据提取坐标数值中的三位构成整数，通过量化提取水印位；水印位可能被多次嵌入，采用投票原则确定最终水印位；对提取的水印图像反置乱操作后，恢复出水印图像。

水印生成与嵌入的原理如图 7-13 所示。

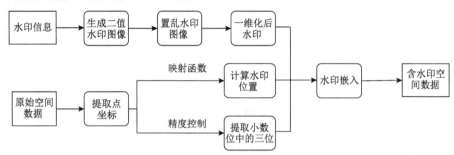

图 7-13　水印生成与嵌入原理

2. 水印的生成

确定需要加入的水印信息，运用图像处理软件生成二值水印图像 Sw，图 7-14(a)是二值水印图像，水印大小为 64 像素×64 像素。应用 Logistic 混沌置乱原理，将图 7-14(a)置乱后所得图像 Swl [图 7-14(b)]转换为一维序列 $\{W_i\}$ ($i=1,\cdots,M$)，M 为水印长度。

(a) 原始水印　　(b) 置乱后水印

图 7-14　原始水印及置乱后水印

3. 水印的嵌入

水印的嵌入算法流程如下。

Step 1：读取矢量地理空间数据，提取坐标点的 X，Y 值，提取空间数据坐标值中有效位较低的三位，记为 f_x,f_y，坐标数值的整数部分记为 i_x，i_y。

Step 2：建立映射函数 $f(i_x,i_y)$ 计算嵌入的水印位 $w[i]$ ($1\le i\le M$)。

Step 3：通过量化方法嵌入 f_x 和 f_y 中，取量化值为 $R=400$，以 X 坐标为例，此时分两种情况进行讨论：

(1)如果 $W(i)=0$ 并且 $\mathrm{MOD}(f_x,R)>R/2$，$f_x=f_x-R/2$；

(2)如果 $W(i)=1$ 并且 $\mathrm{MOD}(f_x,R)\le R/2$，$f_x=f_x+R/2$。

Step 4：经过如上操作，得到新的 f_{x_n}，f_{y_n} 值，用新的 f_{x_n}、f_{y_n} 替换坐标数值中的原来三位数值。

Step 5：依次对所有点坐标 X、Y 加入水印。

Step 6：保存得到含水印的地理空间数据。

4. 水印的提取

采用量化方法嵌入水印，而在提取水印时既不需要原始数据，也不需要原始水印。水印的提取算法流程如下。

Step 1：生成一个长度为 M（M 为水印长度）的一维矩阵。

Step 2：读取含水印矢量地理空间数据，提取空间数据数值的最低有效位中的三位，记为 f_x, f_y，坐标数值的整数部分记为 i_x, i_y。

Step 3：通过映射函数 $i=f(i_x, i_y)$，计算出 i（i 是水印的位置）。

Step 4：通过量化方法提取水印位 $W(i)$ 的值，量化值 R 与嵌入量化值 R 相同，以 X 坐标为例，如果 $\text{MOD}(f_x, R)>R/2$，$W(i)=W(i)+1$；否则 $W(i)=W(i)-1$。

Step 5：依次对所有点坐标提取水印。

Step 6：采用投票原则计算水印信息位。

Step 7：变换该一维水印矩阵为二维图像。

Step 8：应用 Logistic 算法反置乱水印图像。

5. 实验及分析

以 Matlab7.14 作为实验环境，用一幅 1：5000 的境界线图，数据格式为 ArcGIS 的 SHP，该要素层数据量为 349kB，共有 20292 个坐标点。

图 7-15（a）是原始矢量地图数据可视化效果图，图 7-15（c）是待嵌入的水印图像，图 7-15（b）是嵌入水印后的地图，图 7-15（d）是从含水印地图中提取出的水印，图 7-15（e）是原始地图和嵌入水印后的地图的叠置图，图 7-15（f）是叠置图局部放大效果。从该实验可以看出：①嵌入水印前、后的地图吻合度很高，不管是从视觉上观察，还是对数据误差的分析都可以看出，水印对原始数据的空间精度影响很小，说明水印数据可用。②在对含水印空间数据不进行任何攻击操作下，提取出的水印和原始水印的像点有 99.99% 是相同的，证明了本算法的正确性。

(a) 原始数据可视化　　　　　　　(b) 含水印数据可视化

(c) 原始水印图像　　　　　　　(d) 提取到的水印图像

(e) 原始数据与含水印数据叠置对比　　　　　　(f) 叠置图局部放大对比

图 7-15　矢量数据加水印前后效果图

1）对数据精度的影响

数据精度是地理空间矢量数据的基本特征，精度较低的数据的应用价值也将降低。此处采用均方误差和最大误差来评价水印嵌入后对数据精度的影响大小。

从表 7-1 可以看出，嵌入水印所引起的均方误差很小，最大误差为 0.002 个单位，误差为 0 的数据点占到了总点数的 25%，加入水印引起的误差均匀地分布在所有空间数据上，因此该算法对数据精度影响较小。水印嵌入所产生的最大误差及均方误差都在可接受范围之内，因此该算法具有较好的可用性。

表 7-1　数据精度影响统计表

数据点数	均方误差	最大误差	误差为 0 的点数
20292	0.000002	0.002	5076

2）算法抗攻击能力测试

主要测试了算法在增加数据点、删除数据点、裁剪局部数据等情况下的鲁棒性。实验结果如图 7-16 所示。

(a) 左上部分含水印数据　　　　　　　　(b) 中间部分含水印数据

(c) 图(a)提取到的水印　　　　　　　　(d) 图(b)提取到的水印

(e) 增加冗余点后数据　　　　　　　　(f) D-P 压缩后数据

(g) 图(e)提取到的水印　　　　　　　　(h) 图(f)提取到的水印

图 7-16　水印攻击实验

图 7-16(c) 是从含水印数据中右上部分提取到的水印图像；图 7-16(d) 是从含水印数据中间部分提取到的水印图像；图 7-16(g) 是增加点到原来 2.4 倍、总点数为 69106 个提取到的水

印图像；图 7-16(h)是采用 D-P 压缩点删除方法后，剩余 6696 个点(原来点数的 33%)后提取到的水印图像。

对要素排序攻击进行了实验验证，水印的提取完全不受影响。这是由于本算法建立了坐标数值整数与水印位之间的映射关系，水印的嵌入位置与点坐标的顺序无关。同时，由于点坐标的数量远远多于水印位的个数，因此，水印被多次嵌入，而且，水印被独立地同时嵌入坐标点的 X，Y 数值中，因此可抵抗裁剪、压缩、增密等编辑操作。对于以上几种攻击，本算法均可正确提取水印信息。

当含水印的地理空间矢量数据从一种格式转换成另一种格式后，由于数据结构及存储方式的差异，无法直接提取水印信息，需要转换到原来的矢量数据格式后，才可以提取水印信息。实验验证了本算法对经数据格式转换后的数据同样能够很好地提取水印信息。两种不同数据格式的地理空间矢量数据在进行格式转换时，由于两者数据结构、存储方式、单位、精度等的差异，转换后的数据会产生微小的差异，但是这个差异对水印信息的影响很小。

矢量地图数据空间域水印嵌入 Matlab 程序代码如下。

```
% function result=SpaceEmbed(pathname,filename,s,watername)
[filename pathname]=uigetfile('*.shp','选择shape文件');
[fe pe]=uigetfile('*.bmp','选择水印文件');

watername=[pe fe];
s=shaperead([pathname filename]);
w=imread(watername);
w=logisticE(w,0.98);
r=400;
[wm wn]=size(w);
w=reshape(w,1,wm*wn);
t=size(w);
M=t(2);
num1=size(s);
myRoot = [pathname '\QRSpacedWatered\'];
if ～isdir(myRoot) %判断路径是否存在
    mkdir(myRoot);
end
pathname=myRoot;
h= waitbar(0,'程序处理中，请耐心等待…');
for i=1:num1(1)
    px=s(i).X;
    py=s(i).Y;
    num2=size(px);
    flag=-1;
    if strcmp(s(i).Geometry,'Point')
```

```matlab
            flag=0;
        end
    for j=1:num2(2)+flag
        if  isnan(px(j))
            continue;
        end
        x1=px(j);
        y1=py(j);
        dx=floor(px(j));
        dy=floor(py(j));
        indexX=mod(dx,M)+1;
        indexY=mod(dy,M)+1;
        fx=floor((px(j)-dx)*100000);
        fy=floor((py(j)-dy)*100000);
        if w(indexX)==0
            if mod(fx,2*r)>=r
                fxnew=fx+r;
                px(j)=px(j)-fx/100000+fxnew/100000;
            end
        else
            if mod(fx,2*r)<r
                fxnew=fx+r;
                px(j)=px(j)-fx/100000+fxnew/100000;
            end
        end

        if w(indexY)==0
            if mod(fy,2*r)>=r
                fynew=fy+r;
                py(j)=py(j)-fy/100000+fynew/100000;
            end
        else
            if mod(fy,2*r)<r
                fynew=fy+r;
                py(j)=py(j)-fy/100000+fynew/100000;
            end
        end
    end
    s(i).X=px;
```

```
        s(i).Y=py;
        waitbar(i/num1(1));
    end

    shapewrite(s,[pathname filename]);
    close(h);
    msgbox('完成');
```

矢量地图数据空间域水印提取 Matlab 程序代码如下。

```
% function result=SpaceExtract(pathname,filename,s,watername)
[filename pathname]=uigetfile('*.shp','选择含水印shape文件');
[fe pe]=uigetfile('*.bmp','选择水印文件');
watername=[pe fe];
s=shaperead([pathname filename ]);
r=400;
w=imread(watername);
[wm wn]=size(w);
M=wm*wn;
w=zeros(1,M);

num1=size(s);
ix=zeros(1,M);
iy=zeros(1,M);
pointCount=0;
h= waitbar(0,'程序处理中，请耐心等待...');
for i=1:num1(1)
    px=s(i).X;
    py=s(i).Y;
    num2=size(px);
    flag=-1;
    if strcmp(s(i).Geometry,'Point')
        flag=0;
    end
    for j=1:num2(2)+flag
        if   isnan(px(j))
            continue;
        end
        pointCount=pointCount+1;
        dx=floor(px(j));
```

```
                dy=floor(py(j));
                indexX=mod(dx,M)+1;
                indexY=mod(dy,M)+1;
                fx=floor((px(j)-dx)*100000);
                fy=floor((py(j)-dy)*100000);
                if mod(fx,2*r)<r
                        w(indexX)=w(indexX)-1;
                else
                        w(indexX)=w(indexX)+1;
                end
                if mod(fy,2*r)<r
                        w(indexY)=w(indexY)-1;
                else
                        w(indexY)=w(indexY)+1;
                end
        end
        waitbar(i/num1(1));
    end
    for i=1:M
        if w(i)>=0
                w(i)=1;
        else
                w(i)=0;
        end
    end
    w=logical(w);
    w=reshape(w,wm,wn);
    w=logisticD(w,0.98);
    imwrite(w,[pathname filename 'wm.bmp']);
    close(h);
    msgbox('完成');
```

7.3.2　矢量地图数据变换域数字水印算法

　　一般来说，变换域算法比空间域算法鲁棒性高，这也是目前鲁棒水印算法研究的主要方向(Niu et al.，2006)。最常用的变换域有 DCT、DWT、DFT 等，地理空间矢量数据在使用中通常会进行几何变换，而 DFT 对几何图形平移、旋转、缩放等具有不变性特点，所以基于DFT 的水印算法在抗几何攻击上具有天然的优势(王奇胜等，2011)，DFT 域地理空间矢量数据水印算法是变换域算法研究的一个重要方向。

1. DFT 变换域水印算法的原理

　　文献(Lee and Kwon，2013；Solachidis et al.，2000，2004；Kitamura et al.，2001；王奇

胜等，2011；许德合等，2010；王奇胜，2011；许德合等，2008；赵林，2009)都是基于 DFT 的数字水印算法，这类算法的原理是：选择图形的坐标点 v_k，得到顶点序列$\{v_k\}$($v_k=(x_k,y_k)$)。根据表达式(7-9)，将 x_k 和 y_k 组合起来表示成一个复数序列$\{a_k\}$：

$$a_k = x_k + iy_k \qquad (k=0,1,\cdots,N-1) \tag{7-9}$$

式中，N 为图形顶点数目。

对$\{a_k\}$做 DFT 变换，根据下式得到离散傅里叶系数$\{A_l\}$：

$$A_l = \sum_{k=0}^{N-1} a_k \left(e^{-i2\pi/N}\right)^{kl}, \ l \in [0, N-1] \tag{7-10}$$

$\{A_l\}$包含了幅度系数$\{|A_l|\}$和相位系数$\{\angle A_l\}$。通过使用不同的水印嵌入方法，水印可以嵌入 DFT 变换后的幅度系数上，也可以嵌入相位系数中。

DFT 变换域算法中，由于傅里叶变换是一种全局变换，局部很小的修改就可以引起几乎全部傅里叶系数的变化，这就导致了这种水印算法对于局部的修改没有鲁棒性(闵连权等，2009)。地理空间矢量数据的增加点、删除点、压缩、裁剪等操作都会引起数据的局部修改，可能会导致这类算法失效。但是，地理空间矢量数据的这些操作往往不会影响空间数据的特征点，可以说，这些特征点是地理空间矢量数据最重要的部分，删除了特征点，空间数据也就失去了使用价值。因此，可以在特征点中加入水印，以增强水印的安全性。

本节将利用 D-P 方法，提取矢量数据特征点，设计一种基于 DFT 变换域的水印算法，水印嵌入特征点中。该算法既具有利用 DFT 变换域水印算法抵抗几何攻击的优势，又避免了 DFT 变换域算法局部性的缺点，对增加点、删除点、压缩、裁剪等攻击具有较高的鲁棒性，并且实现了盲检测。

2. 基于特征点的水印算法分析

鲁棒性对水印能否起到版权保护有着至关重要的意义，在某一方面鲁棒性不高的水印，就会导致水印被破坏或删除，数据将失去保护。地理空间矢量数据水印的有效攻击方式是指在不影响数据可用性的前提下，通过某种方式移除或破坏水印。一般来说，针对矢量数据的水印攻击方式有四类：几何攻击，顶点攻击(增删点、简化、裁剪、压缩)，对象重排序攻击，噪声攻击(Niu et al.，2006)，这几种攻击方式包括了对数据正常操作引起的对水印的破坏，也包括人为恶意攻击破坏或移除水印。因此，针对地理空间矢量数据鲁棒性的水印算法，要考虑以上各种攻击才能真正起到版权保护的作用。

王奇胜等(2011)应用 DFT 变换方法，选取部分空间数据作为水印载体数据，并记录下水印嵌入位置，水印通过加性法则嵌入，是一种非盲水印算法。该算法能够抵抗数据的几何变换，但是对数据增删点操作的鲁棒性不高。由于 DFT 具有全局性的特点，对数据的压缩会导致水印全部丢失。许德合等(2010)采用 DFT 变换域算法，水印嵌入全部坐标点上，通过量化嵌入水印，实现了水印的盲提取。该算法同样对数据的局部修改，如增删点等操作不具有鲁棒性。

如果在水印嵌入时，提取出地图数据的特征点，只针对特征点嵌入水印，这样即使非特征点被压缩或删除掉，也不影响水印的提取。部分学者研究了基于特征点方式添加水印(Yan et al.，2011；朱长青等，2006；李强等，2011；张弛等，2013)。Yan 等(2011)根据地理空间矢量数据特点，分别选取点、线、面矢量图层，针对每一图层分别选取特征点，运用 LSB 空间域算法加入水印。朱长青等(2006)实现了一种抗压缩的矢量地图数据水印算法，该算法中，水印直接嵌入坐标点。李强等(2011)应用 D-P 方法，提取数据特征点，根据特征点坐标数值的奇偶性，嵌入水印。这几种算法都属于空间域算法，能够抵抗增删点、裁剪等类型的攻击，但是对几何攻击，几乎没有任何鲁棒性。张弛等(2013)把数据分为特征点和非特征点，水印嵌入非特征点上，是一种可逆水印算法。如果对数据进行压缩处理，首先被压缩掉的就是非特征点，非特征点的失去意味着水印信息的丢失，因此该算法对数据压缩鲁棒性不高。

　　针对地理空间矢量数据水印攻击的特点，在水印嵌入前，应用 D-P 方法提取矢量数据特征点，以特征点为载体，运用 DFT 变换域水印算法，水印通过量化方法嵌入 DFT 变换后的幅度系数和相位系数中，可以实现水印的盲提取。基于特征点的 DFT 域地理空间矢量数据盲水印算法，既可以利用 DFT 变换域水印算法对旋转、平移、缩放等几何变换具有鲁棒性的优点，又可以抵抗对数据 D-P 压缩、增删点等的攻击。

3. 水印嵌入与提取算法

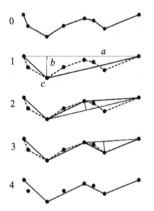

图 7-17　道格拉斯-普克法示意图

1）特征点的提取

D-P 算法用来对大量冗余的图形数据点进行压缩以提取必要的特征点(Douglas and Peucker，1973)。特征点的提取流程如图 7-17 所示，算法的基本思路是：对每一条曲线的首末点连一条直线，求出所有点与直线的距离，并找出最大距离值 $d_{\max}$，用 $d_{\max}$ 与限差 D 相比：若 $d_{\max}<D$，这条曲线上的中间点全部舍去；若 $d_{\max} \geqslant D$，保留 $d_{\max}$ 对应的坐标点，并以该点为界，把曲线分为两部分，对这两部分重复使用该方法。

算法的特点是给定曲线与阈值后，抽样结果是一定的。通过 D-P 算法压缩以后，剩下的点即为特征点。

2）水印的嵌入算法

水印的嵌入流程如图 7-18 所示。

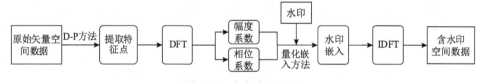

图 7-18　水印嵌入过程

　　为了减小水印信息在空间域上的相关性，增强水印信息在提取时的安全性，水印嵌入之前，首先需要对水印信息进行置乱处理。本算法应用 Logistic 混沌变换来置乱水印图像(Pareek et al.，2006)。混沌变换的初始值可以作为水印信息提取的密钥。变换置乱后的水印图像为一维序列 $\{w_i=0,1|i=0,1,\cdots,M-1\}$，$M$ 为水印长度。

　　水印的嵌入算法流程如下。

　　Step 1：读取矢量地理空间数据，以几何对象(线对象或面对象)为单位进行水印信息的嵌入，应用 D-P 方法提取几何对象的特征点。为了最大限度上抵抗 D-P 压缩攻击，在数据可用性允许的前提下，尽可能使用最大阈值提取特征点。读取特征点坐标，根据式(7-11)产生复数序列 $\{a_k\}$；

$$a_k = x_k + iy_k \qquad (k=0,1,\cdots,N-1) \tag{7-11}$$

式中，x_k, y_k 为特征点坐标值；N 为特征点数目。

Step 2：对序列 $\{a_k\}$ 进行 DFT 变换，变换后的 DFT 系数为 $\{a_l\}$。该序列包括幅度系数 $\{|A_l|\}$ 和相位系数 $\{\angle A_l\}$。

Step 3：为了减小水印嵌入对空间数据精度的影响，水印一般嵌入变换后系数的小数位部分，最好是嵌入小数点 10 位以后。因此，对幅度系数 $\{|A_l|\}$ 和相位系数 $\{\angle A_l\}$ 分别放大 10^{12} 倍。

Step 4：应用量化嵌入方法对放大后的幅度系数 $\{|A_l|\}$ 和相位系数 $\{\angle A_l\}$ 嵌入水印。通过式 (7-12) 计算得出嵌入水印后的系数 A_l'，其中，R 为量化值；

$$A_l' = \begin{cases} A_l - R/2, & \text{if } w(i)=0 \text{ and } \mathrm{Mod}(A_l,R) > R/2 \\ A_l, & \text{if } w(i)=0 \text{ and } \mathrm{Mod}(A_l,R) \leqslant R/2 \\ A_l + R/2, & \text{if } w(i)=1 \text{ and } \mathrm{Mod}(A_l,R) \leqslant R/2 \\ A_l, & \text{if } w(i)=1 \text{ and } \mathrm{Mod}(A_l,R) > R/2 \end{cases} \tag{7-12}$$

水印位与变换系数之间的映射 i 通过函数 $\mathrm{MOD}(HA_l, M)$ 计算，其中，HA_l 表示系数 A_l 的最高有效位部分构成的整数，M 表示一维化后水印的长度。

Step 5：将嵌入水印后的傅里叶系数再缩小到原来的大小。

Step 6：对 $\{A_l'\}$ 进行离散傅里叶逆变换，得到嵌入水印后的复数序列 $\{a_k'\}$。

Step 7：根据序列 $\{a_k'\}$ 修改相应特征点坐标，得到嵌入水印后的矢量数据。

3）水印的提取算法

水印提取是水印嵌入的逆过程。具体如下。

Step 1：读取待测数据，应用 D-P 方法提取特征点。

Step 2：根据式 (7-11) 产生复数序列 $\{a'k\}$。

Step 3：对序列 $\{a'k\}$ 进行 DFT 变换，得到离散傅里叶系数 $\{A_l'\}$。

Step 4：对 $\{A_l'\}$ 幅度系数和相位系数分别放大 10^{12} 倍。

Step 5：采用嵌入水印时的量化值 R，计算出系数所在的量化区间，各自提取出幅度系数水印和相位系数水印。

Step 6：对提取到的两个一维水印序列，变换为二维图像并反置乱，得到最终水印图像。

4. 试验及分析

为了评价水印算法的性能，选用一幅 1：400 万的中国地图进行实验。数据格式为 ArcGIS 的 SHP，WGS84 地理坐标系，单位为度。该图具有 1785 个要素，数据量约为 1.33MB，共有 80965 个坐标点。实验中，水印嵌入傅里叶系数小数点后 10 位以后。应用 D-P 方法特征点提取中，阈值取 0.02。量化方法水印嵌入时，量化值 $R=40$。对嵌入水印后的数据进行了误差统计，并从水印的不可见性及鲁棒性进行了分析。实验中的水印是 32 像素×64 像素的二值水印图像，如图 7-19(a) 所示。图 7-19(b) 是运用 Logistic 混沌置乱后的水印图像。

1）误差及不可见性分析

算法中采用 RMSE 和最大误差等指标评价水印嵌入对矢量数据精度的影响大小。统计结果如表 7-2 所示。

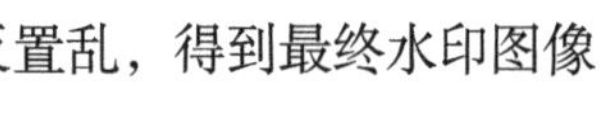

(a) 原始水印 　　(b) 置乱后水印

图 7-19　水印信息

表 7-2 均方根误差和最大误差统计表

数据点数	特征点数	均方根误差	最大误差
80965	10961	4.867×10^{-12}	2.704×10^{-11}

$$\text{RMSE}=\sqrt{\frac{\sum d_i^2}{N}}$$ （$i=1,2,\cdots,N$），N 为含水印坐标点的个数；d_i 为原始数据坐标点与含水印数据坐标点之间的绝对误差，$d_i=\sqrt{\Delta x^2+\Delta y^2}$，$\Delta x,\Delta y$ 分别为 x 方向、y 方向的误差。

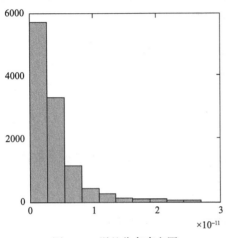

图 7-20 误差分布直方图

从表 7-2 可以看出，嵌入水印所引起的均方根误差为 4.867×10^{-12}，最大误差为 2.704×10^{-11} 个单位。从图 7-20 可以看出，98%的数据误差小于 1×10^{-11}，这是因为该算法中，通过放大傅里叶变换系数，水印量化嵌入放大后系数的末尾。因此，嵌入水印后引起的数据误差很小，可见该算法对数据精度影响较小。

通过对水印嵌入前后数据可视化叠加对比，并局部放大显示（图 7-21）发现，水印嵌入前后视觉上没有明显的差别。从表 7-2 及图 7-20 的误差分析数据来看，水印嵌入引起的最大误差及 RMSE 都很小，因此，水印具有很好的不可见性。

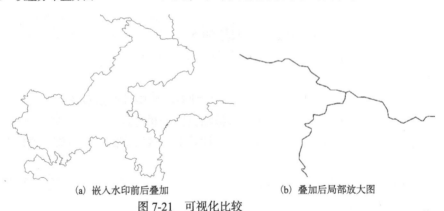

(a) 嵌入水印前后叠加   (b) 叠加后局部放大图

图 7-21 可视化比较

2) 鲁棒性分析

提取到的水印图像与原始水印图像通常是用相关系数来评价其相似性的，计算公式如下：

$$\text{NC}=\frac{\sum_{i=1}^{i=M}\sum_{j=1}^{j=N}\text{XNOR}\big(W(i,j),W'(i,j)\big)}{M\times N} \tag{7-13}$$

式中，$M\times N$ 为水印图像的大小；$W(i,j)$ 为原始水印信息；$W'(i,j)$ 为提取的水印信息；XNOR 为异或非运算。

（1）几何攻击。由表 7-3 可以看出，在经过旋转、平移攻击后，水印的提取基本不受影响。这是由于水印信息是嵌入傅里叶变换后的系数中，傅里叶变换的幅度系数不受旋转操作影响，而傅里叶变换的幅度系数和相位系数均不受平移操作的影响。因此，水印对这两种攻击具有很好的鲁棒性。而对于缩放攻击，在经过缩放操作以后，要想提取原来的特征点，则应对 D-P 算法的阈值进行相应的缩放。如果能在矢量地图缩放操作以后获取其缩放因子，在水印提取时对特征点提取阈值乘以该缩放因子，则能有效解决该问题。

表 7-3　几何攻击的鲁棒性

攻击类型	X,Y 平移 5	旋转 5°	平移 5 旋转 5°
水印	水印	水印	水印
NC	1	1	1

(2)增、删点及裁剪攻击。从表 7-4 中可知，对含水印数据增加顶点 2 倍多后，依然能够很好地提取水印信息。因为增加顶点后，并不影响原来数据的特征点。但是随机删除少量顶点的操作，可以提取 90%以上的水印信息，然而随着删除顶点数目的增多，提取到的水印质量迅速下降。这是由于 DFT 算法依赖于原坐标点及坐标点的个数，删除点后，要素中坐标点的个数发生了变化，DFT 变换的系数必然发生变化，因此删除较多坐标点后，不能正确提取到水印信息。对矢量数据的裁剪实验结果表明，裁剪后从剩余要素中依然能够较好地提取水印信息。

表 7-4　增、删点及裁剪攻击的鲁棒性

攻击类型	增加点到 164258	随机删除 1%点	随机删除 5%点	随机删除 10%点	裁剪剩余 952 要素	裁剪剩余 141 要素
水印	水印	水印	水印	水印	水印	水印
NC	1	0.93	0.68	0.59	0.92	0.78

(3)D-P 压缩及要素删除攻击。对含水印数据进行 D-P 压缩试验，在不超过特征点提取时阈值 0.02 的前提下，均能很好地提取水印；而当压缩阈值超过了特征点阈值后，无法提取到水印信息。这是因为在特征点提取阈值范围内，压缩前后特征点保持不变，而超过了这一阈值，特征点就会变化，因此无法提取水印信息。每一个要素的特征点中均含有水印信息，水印也被多次嵌入数据。因此，部分要素的删除，不会对水印信息造成太大的破坏，见表 7-5。

表 7-5　D-P 压缩、要素删除攻击的鲁棒性

攻击类型	压缩阈值 0.001	压缩阈值 0.01	压缩阈值 0.02	压缩阈值 0.03	删除 10%要素	删除 20%要素	删除 50%要素
水印	水印	水印	水印	水印	水印	水印	水印
NC	1	1	1	0.51	1	0.99	0.92

(4)组合攻击。对含水印数据进行了多种组合攻击实验，结果表明，在上述三种类型的攻击中具有鲁棒性的任何多种组合攻击，该算法均能够提取水印。

另外，对坐标排序、要素排序攻击进行了实验，水印的嵌入不依赖于坐标点顺序及要素顺序，因此，水印的提取不受影响。当含水印的地理空间矢量数据从一种格式转换成另一种

格式后，无法直接提取水印信息，需要转换到原来的矢量数据格式才可以提取水印信息。对图 7-20 含水印数据进行实验，从 SHP 格式转换为 ArcGIS Coverage 或 CAD 格式后，再次从 Coverage 或 CAD 格式转为 SHP 格式，完全可以提取到水印信息。两种数据格式的地理空间矢量数据在进行格式转换时，由于两者数据结构、存储方式、单位、精度等的差异，转换后的数据会产生微小的差异，这个差异对水印信息的提取影响很小。

本书算法与朱长青等（2006）、李强等（2011）的算法比较结果见表 7-6，"×"表示对该类型攻击没有鲁棒性，"√"表示具有鲁棒性。实验得出本书算法在鲁棒性方面明显优于朱长青等（2006）、李强等（2011）的算法，并且能够实现水印的盲提取，具有较好的实用性。由于本书算法用到了变换域 DFT 算法，因此在抗几何变换攻击中具有明显的优势。

表 7-6　本书算法与朱长青等（2006）、李强等（2011）算法鲁棒性比较

文献	盲提取	压缩	修改顶点	旋转	缩放	平移
朱长青等(2006)	×	√	×	×	×	×
李强等(2011)	×	√	√	×	×	×
本书算法	√	√	√	√	√	√

5. 算法说明

针对地理空间矢量数据水印攻击的特点，提出了基于特征点的地理空间矢量数据盲水印算法。该算法利用了 DFT 域算法在几何攻击方面的鲁棒性优势，通过在特征点中加入水印，克服了增、删点攻击对 DFT 域算法的影响。在水印嵌入时，通过放大 DFT 变换系数，大大减小了水印嵌入引起的误差。通过水印量化嵌入，实现了盲提取。实验分析表明，该算法具有很好的不可见性，水印嵌入误差小，能够抵抗多种组合攻击等优点，对地理空间矢量数据水印算法的研究和应用具有一定的指导作用。

D-P 算法提取特征点 Matlab 程序代码如下。

```
function
[xstore,ystore,index]=dpalg(xin,yin,i,j,epstol,xstore,ystore,index)
if nargin==5
    xstore = xin(i);
    ystore = yin(i);
    index=i;
end

% calculate maximum distance
if (j-i)>1
    dist2=0;
    f=i;
    A=1/(xin(j)-xin(i));
    B= -1/(yin(j)-yin(i));
```

```
            C=yin(i)/(yin(j)-yin(i))-xin(i)/(xin(j)-xin(i));
        for m=i+1:j-1
                d=abs(A*xin(m)+B*yin(m)+C)/sqrt(A^2+B^2);
            if d>dist2;
                    dist2=d;
                    f=m;
                end
            end
    else
        dist2 = epstol;
    end


    % recursive algorithm
    if dist2>epstol
        if (j-i)==2
                xstore = [xstore; xin(j-1); xin(j)];
                ystore = [ystore; yin(j-1); yin(j)];
                index=[index;j-1;j];

        else
                [xstore,ystore,index] = dpalg(xin,yin,i,f,epstol,xstore,ystore,index);
                [xstore,ystore,index] = dpalg(xin,yin,f,j,epstol,xstore,ystore,index);

        end
    else
        xstore = [xstore; xin(j)];
        ystore = [ystore; yin(j)];
        index=[index;j];

    end
```

矢量地图数据 DFT 变换域水印嵌入 Matlab 程序代码如下。

```
% 矢量数据DFT变换域水印算法
[filename pathname]=uigetfile('*.shp','选择原始shape文件Line');
watername='D:\watermark\w.bmp';
s=shaperead([pathname filename]);
R=20;% 量化参数
epstol=0.02; %D-P 压缩阈值
```

```matlab
        mul=1e12;
        ss=s;
        w=imread(watername);
        w=logisticE(w,0.98);
        [wm wn]=size(w);
        w=reshape(w,1,wm*wn);
        t=size(w);
        M=t(2);
        num=size(s);
        % num1几何对象个数
        num1=num(1);
        h= waitbar(0,'程序处理中，请耐心等待...');
        myRoot = [pathname '\watered\'];
        if ～isdir(myRoot) %判断路径是否存在
            mkdir(myRoot);
        end
        pathname=myRoot;
        for k=1:num1
            px=s(k).X;
            py=s(k).Y;
            n1=size(px);
            n2=n1(2)-1;% n2对象坐标点的个数
            pxx=px(1:n2);
            pyy=py(1:n2);
            [pxx pyy index]=dpalg(pxx,pyy,1,n2,epstol);
            n3=size(pxx);
            npoint=n3(1);%npoint为特征点数，小于3，不再嵌入水印
            if npoint < 3
                continue;
            end

            %       FFT
            z=pxx+pyy*1i;
            y=fft(z);
            fd=abs(y);
            xw=angle(y);
            fd=fd*mul;
            xw=xw*mul;
```

```
p=mod(floor(fd(2)/100),M)+1;
pxw=mod(floor(xw(2)/100),M)+1;
for    n=2:npoint
    if w(p)==0
        if mod(fd(n),R)>=R/2
            fd(n)=fd(n)-R/2;
        end
    else
        if mod(fd(n),R)<R/2
            fd(n)=fd(n)+R/2;
        end
    end
    if w(pxw)==0
        if mod(xw(n),R)>=R/2
            xw(n)=xw(n)-R/2;
        end

    else
        if mod(xw(n),R)<R/2
            xw(n)=xw(n)+R/2;
        end
    end
    p=p+1;
    pxw=pxw+1;
    if p==M+1
        p=1;
    end;
    if pxw==M+1
        pxw=1;
    end;
end
fd=fd/mul;
xw=xw/mul;
xy=fd.*cos(xw)+fd.*sin(xw)*1i;
zz=ifft(xy);
sb=real(zz);
xb=imag(zz);
for i=1:npoint
    px(index(i))=sb(i);
```

```
                py(index(i))=xb(i);
        end

        x1=px(1:n2);
        y1=py(1:n2);
        s(k).X=px;
        s(k).Y=py;
        waitbar(k/num1);
    end

    shapewrite(s,[pathname filename]);
    close(h);
    msgbox('完成');
```

矢量地图数据变换域水印提取 Matlab 程序代码如下。

```
% 矢量地图数据变换域水印提取算法
[fileName pathname]=uigetfile('*.shp','选择含水印shape文件Line','MultiSelect','on');
if iscell(fileName)
    imNum=size(fileName);
    imNum=imNum(2);
else
    imNum=1;
end
for no=1:imNum
    if imNum==1
        fileNameame=fileName;
    else
        fileNameame=fileName{no};
    end
    watername='D:\shpdata\wm6432.bmp';
    R=20;
    epstol=0.02;
    mul=1e12;
    s=shaperead([pathname fileNameame]);
    [w cmap]=imread(watername);
    [wm wn]=size(w);
    M=wm*wn;
    wfd=zeros(1,M);
    wxw=zeros(1,M);
```

```
num=size(s);
num1=num(1);
h= waitbar(0,'程序处理中，请耐心等待…');


for i=1:num1
    px=s(i).X;
    py=s(i).Y;
    n1=size(px);
    n2=n1(2)-1;
    pxx=px(1:n2);
    pyy=py(1:n2);
    [pxx pyy index]=dpalg(pxx,pyy,1,n2,epstol);
    n3=size(pxx);
    npoint=n3(1);
    if npoint < 3
            continue;
    end


    z=pxx+pyy*1i;
    y=fft(z);
    fd=abs(y);
    xw=angle(y);
    fd=fd*mul;
    xw=xw*mul;
    p=mod(floor(fd(2)/100),M)+1;
    pxw=mod(floor(xw(2)/100),M)+1;
    for    n=2:npoint
        if mod(fd(n),R)>=R/2
            wfd(p)=wfd(p)+1;
        else
            wfd(p)=wfd(p)-1;
        end
        if mod(xw(n),R)>=R/2
            wxw(pxw)=wxw(pxw)+1;
        else
            wxw(pxw)=wxw(pxw)-1;
        end
        p=p+1;
        if p==M+1
```

```
                    p=1;
                end;
                pxw=pxw+1;
                if pxw==M+1
                    pxw=1;
                end;
            end
            waitbar(i/num1);
        end
        wfd1=zeros(1,M);
        wfd1(wfd>=0)=1;
        wxw1=zeros(1,M);
        wxw1(wxw>=0)=1;
        wfd=logical(wfd1);
        wfd=logisticD(wfd,0.98);
        wfd=reshape(wfd,wm,wn);
        imwrite(wfd,cmap,[pathname fileNameame 'wfd.bmp']);

        wxw=logical(wxw1);
        wxw=logisticD(wxw,0.98);
        wxw=reshape(wxw,wm,wn);
        imwrite(wxw,cmap,[pathname fileNameame 'wxw.bmp']);
        close(h);
    end
    msgbox('完成');
```

7.4　DEM 数据数字水印算法

数字高程模型(DEM)是地理空间数据的重要组成部分，已被广泛应用于测绘、地质、矿山工程、战场仿真等领域。然而，DEM 的数字化形式为地形模拟分析带来便利的同时，其易于存储、修改、传播的特性，使其篡改、侵权更加容易，由此产生的 DEM 版权纠纷问题日益严重。因此，使 DEM 数据得到合理共享的同时，又能有效保护所有者的版权利益，已成为一个迫在眉睫的现实问题。

目前，数字水印技术已成为地理空间数据版权保护的重要手段。但研究主要集中在 GIS 矢量数据、栅格地图数据和遥感影像数据的版权保护领域，针对 DEM 的数字水印的研究较少。现有针对 DEM 数据的数字水印算法，大部分在同时抵抗高程平移和裁剪攻击方面鲁棒性较差。因此，本算法利用相邻格网高程差值在高程平移攻击中的不变特性，结合水印扩频处理，提出一种抗高程平移和裁剪攻击的格网 DEM 盲水印算法。

7.4.1 算法思路

在 DEM 中嵌入数字水印信息，首先需要寻找嵌入位置。规则格网 DEM 中平面格网坐标严格按照某种间隔进行取值，一般不能进行变动，无法进行水印的嵌入。但高程值信息在误差允许范围内可进行小幅调整，作为水印嵌入的载体。

DEM 数据应用精度要求较高，数据使用者在进行水印攻击时常采用不影响数据精度或精度可控的攻击方式，如高程平移、几何裁剪、局部删除等。如果直接将水印嵌入高程数据中，算法对于常见攻击的鲁棒性较差。针对这些攻击的特点，提取高程值矩阵 $\{z(i,j)$，$0<i\leqslant M$，$0<j\leqslant N\}$，$M\times N$ 为 DEM 的总格网数。对原始水印信息按照高程差值矩阵大小进行扩频处理，使其与高程差值矩阵形成对应关系，利用相邻格网的高程差值在高程平移中的不变特性，将扩频后的水印信息以量化的方式嵌入高程差值中，并将扩张的差值分摊到相邻高程的后一位，保证高程值只改变一次。在水印嵌入时，必须逐个对相邻高程差值进行提取、判断和修改，前一个点判断修改完成后，才能处理下一个点。提取水印时同理。

1. 水印信息的扩频

采用有意义的水印信息进行嵌入。图 7-22 为一幅二值图像，读取图像矩阵值，得到 $w(i,j)=\{0,1\}$，$i=(1,2,\cdots,K)$，$j=(1,2,\cdots,L)$，$K\times N$ 为水印信息值的矩阵大小。为了抵抗裁剪攻击，算法需将水印信息进行扩展，扩展方式为整体重复增加，形成多个原始单个水印的重复，如图 7-23 所示。扩展后大小比原始 DEM 高程值矩阵($M\times N$)少一列，得到新的水印信息 $w'(i,j)=\{0,1\}$，$i=(1,2,\cdots,a\times K)$，$j=(1,2,\cdots,b\times L)$，其中，$a=M/K$，$b=(N-1)/L$。扩展后的水印信息与高程差值矩阵一一对应，即 $w'(i,j)$ 对应 $d=z(i,j+1)-z(i,j)$。

图 7-22　原始水印　　　　　图 7-23　扩展后的水印

2. 水印嵌入方法

（1）读取原始数据。读取原始 DEM 数据，得到高程值矩阵 $z(i,j)$，$0<i\leqslant M$，$0<j\leqslant N$，$M\times N$ 为 DEM 的总格网数。如果原始高程值是浮点数，为了便于处理，将其扩大至整数值，水印嵌入完成后可恢复为浮点数。

（2）读取并处理水印信息。读取原始水印信息得 $w(i,j)$，按照前文中的方法对其进行扩频处理，得到 $w'(i,j)=\{0,1\}$，$i=(1,2,\cdots,M)$，$j=(1,2,\cdots,N-1)$。

（3）嵌入水印信息。扩频后的水印信息与相邻高程差值矩阵一一对应，按照矩阵行列顺序提取水印信息位 $w'(i,j)$，逐个提取、判断和修改与之对应的相邻高程差值 $d=z(i,j+1)-z(i,j)$，以量化的方式修改相邻高程的后一位，实现水印的嵌入，分如下两种情况处理：

① if　$w'(i,j)=0$　and　$\mod(z(i,j+1)-z(i,j),2)=1$

　　$z(i,j+1)=z(i,j+1)-1$

② if　$w'(i,j)=1$　and　$\mod(z(i,j+1)-z(i,j),2)=0$

　　$z(i,j+1)=z(i,j+1)+1$

由于相邻格网高程差值通常较小，同时为了最大限度降低对原始数据的误差影响，取量化幅度 $R=2$。需要特别指出的是：不考虑跨行相邻的高程差值。对高程差值的提取、判断、修改，必须逐个进行，前一个修改保存完成后，在此基础上才能进行下一个差值的提取、判断、修改。

(4)根据修改后的高程值生成嵌入水印后的 DEM。如果第(1)步将原始数据扩大至整数值，需将高程值还原为浮点数。算法结束。

逐个对相邻高程差值进行提取、判断、修改，并将差值变化分摊到相邻高程的后一位的方法，保证了第一列高程值不变，其他高程值只改变一次。对原始水印进行扩频处理，将水印值与高程差值进行匹配，提高了算法抗裁剪攻击的能力。

3. 水印提取方法

水印提取其实是水印嵌入的逆过程。

(1)读取待检测数据。读取待检测 DEM 的高程数据，得到高程值矩阵$\{z'(i,j)$，$0 \leqslant i \leqslant M$，$0 \leqslant j \leqslant N\}$。如是浮点数，扩大至整数值。

(2)提取扩频水印信息。定义一个比待检测 DEM 数据高程值矩阵少一列的空值矩阵$w''(i,j)$，$0 \leqslant i \leqslant M$，$0 \leqslant j \leqslant N-1$，其中，$M \times N$ 为待检测 DEM 高程值矩阵的大小。逐个对相邻高程差值进行判断和提取(不考虑跨行相邻的高程差值)，量化幅度取嵌入时的值 $R=2$，如式(7-14)所示。

$$w''(i,j) = \begin{cases} 0, & \text{if } \mathrm{mod}(z'(i,j+1)-z'(i,j),2)=0 \\ 1, & \text{if } \mathrm{mod}(z'(i,j+1)-z'(i,j),2)=1 \end{cases} \tag{7-14}$$

(3)将提取到的二值化扩频水印信息转化成可视化水印图像,从中提取质量最优的单个水印图像。

7.4.2　实验与分析

为了验证算法的有效性和鲁棒性，选择 512×512 大小的格网 DEM 数据，高程精度为 1m，空间分辨率为 30m，原始水印信息为 64×32 的二值图像。同时，选择同一区域大小空间分辨率为 90m 的 DEM 数据实验对比数据，限于篇幅，以 30m 分辨率数据为例。实验结果如图 7-24 所示，可以看出，嵌入水印前后 DEM 数据从主观视觉上看没有差别，说明算法具有良好的不可见性。

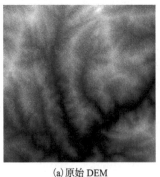
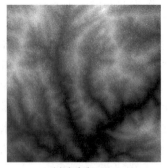

(a)原始 DEM　　　　　　　　(b)含水印 DEM

(c)原始水印　　　　　　　　(d)提取的水印

图 7-24　实验结果

1. 嵌入水印后 DEM 精度分析

为了分析本书算法对 DEM 数据精度的影响,对同一区域两种空间分辨率的 DEM 数据嵌入水印前后进行统计比较,如表 7-7 所示。图 7-25 为 30m 分辨率原始 DEM 与含水印 DEM 分别提取等高线叠加对比图。

表 7-7 嵌入水印前后 DEM 数据统计对比

数据类型	坡度最小值/(°)	坡度最大值/(°)	平均坡度值/(°)	最小高程值/m	最大高程值/m	高程平均值/m
30m 原始 DEM	0	70.78	24.50	646	2431	1365.00
30m 含水印 DEM	0	70.81	24.50	645	2430	1364.73
90m 原始 DEM	0	54.75	23.35	650	2392	1358.06
90m 含水印 DEM	0	54.79	23.36	649	2393	1358.27

注:实验用 DEM 数据高程精度为 1m。

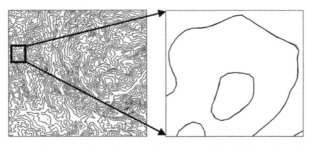

图 7-25 原始 DEM(浅色线)与含水印 DEM(深色线)提取等高线叠加

从表 7-7 可以看出,嵌入水印前后 DEM 高程和坡度的变化不大。本算法在空间域对数据直接进行水印嵌入,采用了量化的手段,由于相邻格网的高程非常接近,差值比较小,所以采用量化幅度 $R=2$,从而达到分摊到后一位的高程修改量保持在 0 或者 1。加之算法第一步对是浮点型的高程值进行了扩大至整型处理,即算法对高程值的修改量保持在最低位(即精度最低位)增加 0 或者 1,因此产生的高程误差保持在一个最低精度单位。由于任何数据的误差要求都建立在最低精度的基础上,不会低于最低精度单位,因此本算法在控制嵌入水印而产生的误差方面表现较好。

从图 7-25 可以看出,嵌入水印前后提取等高线的重合程度比较高,表明该算法能较好地控制嵌入水印前后的等高线变形,能够满足等高线提取需求。

2. 鲁棒性分析

为验证算法的鲁棒性,分别对本书算法和其他文献算法进行了水印攻击测试与对比。本书算法水印提取结果如表 7-8 所示。

表 7-8 本算法的水印攻击测试结果

攻击类型	攻击程度	提取到了水印	相关系数
高程平移	增加 60m	水印	1
	增加 180m	水印	1
	减少 50m	水印	1
	减少 150m	水印	1

续表

攻击类型	攻击程度	提取到了水印	相关系数
裁剪攻击	裁剪掉任意 25%	水印	1
	裁剪掉任意 40%	水印	1
	裁剪掉任意 60%	水印	1
高程平移和裁剪	高程增加 90m、裁剪掉任意 1/3	水印	1
旋转	旋转 10°	水印	0.8210
	旋转 30°		0.2163
	旋转 45°		0.1359

　　从表 7-8 可以看出，本书算法测试结果中含水印 DEM 在遭受高程平移、裁剪攻击后，对水印提取基本没有影响。这是由于相邻高程差值在高程平移中保持不变，加之对原始水印进行了扩频处理，将水印信息位与相邻高程差值进行了对应匹配。从实验结果可以看出，本算法在同时抵抗高程平移和裁剪方面具有较强的鲁棒性。

　　同时也可以看出，本算法遭受小幅度旋转攻击后，对提取到的水印质量影响不大，但随着旋转角度的加大，提取到的水印信息相关系数明显下降，甚至无法识别。说明本算法只能抵抗小角度的旋转攻击，对抵抗大角度旋转攻击的鲁棒性较差。

7.4.3　算法说明

　　通过研究 DEM 数据的特点，分析 DEM 最常遭受的攻击类型，利用相邻格网的高程差值在高程平移中的不变特性，结合水印扩频处理，提出了一种可同时抵抗高程平移和裁剪攻击的格网 DEM 盲水印算法。实验表明，算法能较好地保持 DEM 数据精度，具有良好的不可见性，对抵抗高程平移和裁剪攻击具有较强的鲁棒性，同时，发现本算法抵抗大角度旋转攻击的鲁棒性较差。

　　DEM 数据水印嵌入 Matlab 程序代码如下：

```
t1 = Tiff ('D:\YS90.tif','r+');
x = t1.read ();
[m n]=size (x);
[w cmap]=imread ('D:\watermark\w.bmp');
[wm wn]=size (w);
w=repmat (w,floor (m/wm)+1,floor (n/wn)+1);
for i=1:m
    for j=1:n
        else
            if w (i,j)==0
```

```
                    if mod ( x (i,j) -x (i,j-1) , 2) ==1
                         x (i,j) =x (i,j) -1;
                    end
                else
                    if mod ( x (i,j) -x (i,j-1) , 2) ==0
                         x (i,j) =x (i,j) +1;
                    end
                end
            end
        end
    end
    t1.write (x) ;
    t1.close () ;
```

DEM 数据水印提取 Matlab 程序代码如下。

```
    t1 = Tiff ('D:\Data\x60.tif','r+') ;
    x1 = t1.read () ;
    [m n]=size (x1) ;
    [w cmap]=imread ('D:\watermark\w.bmp') ;
    ww=zeros (m,n) ;
    for i=1:m
        for j=2:n

            if mod ( x1 (i,j) -x1 (i,j-1) , 2) ==0
                ww (i,j) =0;
            else
                ww (i,j) =1;
            end
        end
    end
    ww=logical (ww) ;
    imwrite (ww,cmap,'d:\\data\\ww.bmp') ;
```

思　考　题

1. 为什么要对地理空间数据版权进行保护?

2. 结合实际应用,谈谈你对数字水印脆弱性和鲁棒性关系的认识。

3. 图像置乱后再进行隐藏的优点是什么?

4. 数字水印应用于哪些领域?

5. 简要论述数字水印算法的常用分类方法有哪些。

6. 影响数字水印性能的因素有哪些？

7. 简要论述数字水印系统中的空域算法和频域算法的概念与关系。

8. 简要论述矢量地理空间数据的嵌入（嵌入空间）有哪些。

9. 应用中针对水印算法的典型攻击有哪些？

第 8 章　计算机地图制图的软件及发展趋势

8.1　计算机地图制图的软件系统

随着计算机地图制图技术的发展，用于计算机地图制图的软件系统层出不穷。特别是随着地理信息系统的发展，计算机地图制图作为地理信息系统的一个基本功能嵌入 GIS 系统中，许多 GIS 系统软件都具备计算机地图制图的功能。下面简单介绍目前主要的可用于计算机地图制图的软件系统。

8.1.1　商业软件

商业软件，特别是行业顶级企业的商业软件，往往代表着行业的最高水平，甚至会引领行业的发展方向，推动行业向前发展。计算机地图制图的软件同样如此。下面介绍计算机地图制图领域较为著名的软件系统。需要说明的是，其一，许多软件并不是专门用于计算机地图制图，而是通用的图形图像软件，但是在计算机地图制图领域表现出色；其二，因为 GIS 的发展，许多 GIS 软件也具备优良的计算机地图制图功能，所以软件的介绍中有许多和 GIS 软件重复的部分。制图软件分为 GIS 领域专业软件和通用图形设计软件两类，可用于计算机地图制图的商业软件如表 8-1 所示。

表 8-1　主要的计算机地图制图软件一览

软件类别	软件名称	国家	所属公司
GIS 领域专业软件	ArcGIS	美国	美国环境系统研究所公司
	MapInfo	美国	MapInfo 公司
	GeoMedia	美国	Hexagon AB 公司
	ENVI	美国	Exelis VIS 公司
	SuperMap	中国	北京超图软件股份有限公司
	MapGIS	中国	武汉中地数码集团有限公司
	Geostar	中国	武大吉奥信息技术有限公司
通用图形设计软件	CorelDRAW	加拿大	Corel 公司
	Illustrator	美国	Adobe 公司
	PhotoShop	美国	Adobe 公司
	AutoCAD	美国	AutoDesk 公司

1. ArcGIS 软件

ArcGIS 软件是美国环境系统研究所(Environmental Systems Research Institute，ESRI)公司的产品。美国 ESRI 成立于 1969 年，是世界最大的地理信息系统技术提供商。作为 ESRI 公司的主要产品之一，ArcGIS DeskTop 是一个集成了众多高级 GIS 应用的软件套件，其中就集成了全面的计算机地图制图功能，包括地理数据的输入、处理、管理查询、分析和输出等，如图 8-1 所示。

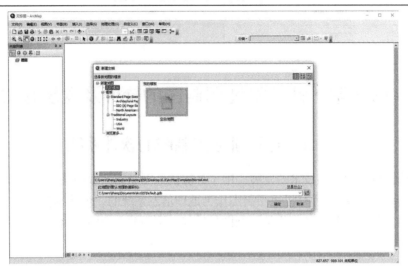

图 8-1　ArcMap 主界面

2. MapInfo 软件

MapInfo 是美国 MapInfo 公司的一款功能强大、操作简便的桌面地理信息系统，是一种数据可视化、信息地图化的桌面解决方案。它具有图形的输入与编辑、图形的查询与显示、数据库操作、空间分析和图形的输出等基本操作，融合了计算机地图方法，使用了地理数据库技术，并加入了地理信息系统分析功能，能够为各行各业提供大众化小型地图信息系统，如图 8-2 所示。

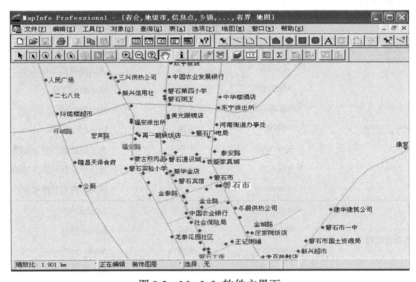

图 8-2　MapInfo 软件主界面

3. GeoMedia 软件

GeoMedia 软件是由美国 Hexagon AB 公司推出的应用空间数据仓库技术的地理信息系统桌面软件，具有强大的地理分析功能及制图功能。GeoMedia 可以用来创建地理数据、管理地理数据库，能与业务数据、定位信息和地理数据联合；能够创建地图，执行实时分析，为多重应用、地理数据验证、地理空间数据的发布和地图信息的分析等提供基础平台，如图 8-3 所示。

图 8-3　GeoMedia 主界面

4. ENVI 软件

ENVI 是美国 Exelis VIS 公司的旗舰产品,是采用 IDL 开发的一套功能强大的、完整的遥感图像处理软件。IDL 是进行二维或多维数据可视化、分析和应用开发的软件工具(图 8-4)。ENVI 架构非常灵活,提供了一个全面的函数库,并提供了丰富的数据预处理工具,综合的数据分析工具和专业的高光谱分析工具,灵活的可扩展能力,覆盖了图像数据的输入/输出、图像定标、图像增强、纠正、正射校正、镶嵌、数据融合,以及各种变换、信息提取、图像分类、基于知识的决策树分类、与 GIS 的整合、DEM 及地形信息提取、雷达数据处理、三维立体显示分析等。

图 8-4　ENVI 软件主界面

5. CorelDRAW 软件

CorelDRAW 由加拿大的 Corel 公司于 1989 年推出,广泛应用于平面设计、包装装潢、彩色出版与多媒体制作等领域,是目前最流行的矢量图形设计软件之一。作为一种通用绘图软件,CorelDRAW 并非为地图制图所研发,但是其便捷的软件操作、强大的图形编辑功能、完善的图文混排系统、丰富的视觉效果,使广大地图制作者将其应用于计算机地图制图中,制作出效果精良的地图。

　　与 ArcGIS 等专业软件不同，作为通用绘图软件的 CorelDRAW 并没有精确的空间定位信息、空间数据管理等功能，难以刻画和表达丰富复杂的地物信息，绘图功能特别是图幅整饰功能较弱。但是，相对于地理信息领域专业软件的制图效果，CorelDRAW 应用于地图制图有如下突出优势：①面向对象的编辑环境，友好的图形界面，软件操作简单；②具有强大的图形绘制、处理、编辑功能；③制作的图形色彩精确美观，增强了地图的艺术性；④图形、图像和文字的混合排列，表现形式生动；⑤用户可以根据需求创建自己的符号、花纹和色盘模板；⑥具有丰富的数据接口，可以方便地进行数据交换；⑦"所见即所得"的图文编辑制作系统，看到与印刷很接近的图文效果；⑧缩短了地图制作的周期，降低了成本(图 8-5)。

图 8-5　CorelDRAW 软件主界面

8.1.2　开源软件

　　软件开源已经成为 IT 界的一种发展趋势，越来越多的软件加入开源系统中。目前，许多开源软件不论在功能还是扩展性方面都不落后于商业软件，而且其源代码的公开性，更加容易吸引广大爱好者参与到软件的开发中，不断完善现有功能的同时进一步扩展新的特性。表8-2 为几种主要的开源软件的对比，本小节就其中比较流行的几款开源制图软件做简单介绍。

表 8-2　主要开源软件

软件名称	格式支持			编辑			可视化			开发语言		
	矢量	影像	数据库	矢量点、线、面	属性计算	检查	符号化	专题图	三维	打印	开发语言	跨平台
GRASS(1982) grass.osgeo.org	√	√	PostGIS/ODBC/ Oracle/my SQL	√ (含 3D)	√	√	√ (点线面 文件)	√ (图表 和分类)	√	√	C	×
QGIS(2002) qgis.org	√	×	PostGIS	√	×	×	√ (颜色)	√	GRASS 插件	√	C++	×
uDig(2004.5) udig.refractions.net	√	√	PostGIS/DB2/ Oracle/ArcSDE	√	×	√	Full SLD	×	×	√	Java	√

续表

软件名称	格式支持			编辑			可视化			开发语言		
	矢量	影像	数据库	矢量点、线、面	属性计算	检查	符号化	专题图	三维	打印	开发语言	跨平台
SAGA (2001.2) saga-gis.org	√	√	ODBC/PostGIS	√	√	×	√	√	√	√	C++	√
ILWIS (1985) 52north.org	√	√	×	√	×	×	×	√	√	√	VC++	×
Sharpmap (2005.7) sharpmap.iter.dk	√	√	PostGIS	√	√	×	√	√	×	×	.net	×

1. GRASS GIS 软件

GRASS GIS 是一款比较著名的开源地理信息系统(GIS)桌面软件，用于地理空间数据管理和分析、图像处理、图形和地图制作、空间建模和可视化。目前，GRASS 已经覆盖了大多数 GIS 功能。GRASS GIS 由一组分工明确、相互独立、功能强大的模块组成，具有良好的扩展性和伸缩性。GRASS 使用 GDAL/OGR 实现二维空间数据的 Import/Export。该模块可以支持常见的空间数据文件格式与空间数据库访问。GRASS 使用 PROJ4 实现地图投影，可以支持 120 余种投影和地理坐标系统。GRASS 可以广泛利用 DBF、ODBC 等嵌入式数据库，还能利用 PostgreSQL、MySQL、Sqlite 等关系型数据库。特别是 PostgreSQL 已经成为 GRASS 处理海量数据的主要空间数据库环境。GRASS 的地学统计部分利用了著名的 GNUR，能进行各种统计模型的构建。GRASS 引入了 Voxel 的概念，提供了 3D 体元的内插方法。例如，IDW、RST 和三位可视化 NVIZ 模块，实现了二维与三维、矢量与栅格数据的融合显示环境(图 8-6)。

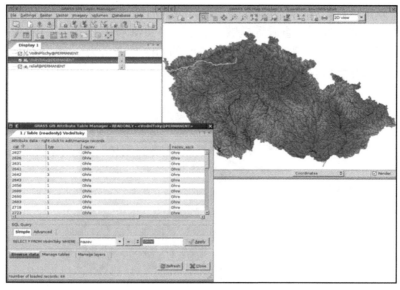

图 8-6　GRASS GIS 软件主界面

2. QGIS 软件

QGIS 是 Quantum GIS 的简称，是一个使用 C++开发的、界面友好的开源地理信息系统(GIS)桌面软件，根据 GNU 通用公共许可证获得许可。QGIS 能运行在 Linux、Unix、Mac OSX、Windows 和 Android 上，并支持许多矢量、栅格和数据库格式及功能。QGIS 可以对地理数据进行可视化、管理、编辑、分析，并生成可打印输出的地图。QGIS 软件的主要特点有：支持多种 GIS 数据文件格式。通过 GDAL/OGR 扩展可以支持多达几十种数据格式；支持 PostGIS 数据库；支持从 WMS、WFS 服务器中获取数据；集成了 GRASS 的部分功能；支持对 GIS 数据的基本操作，如属性的编辑修改等；支持创建地图；通过插件的形式支持功能的扩展等(图 8-7)。

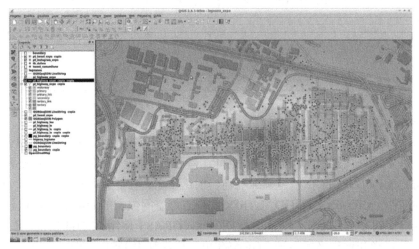

图 8-7　QGIS 软件主界面

3. uDig 软件

uDig(User Friendly Desktop Internet GIS)是一个使用 Eclipse 胖客户端技术(rich client program, RCP)构建的开源桌面应用程序框架。uDig 可以用作独立应用程序，也可以利用 RCP 的"plug-ins"技术进行扩展，还可以在一个 RCP 应用中作为插件使用。UDIG 的目标是为桌面端 GIS 数据的获取、编辑、查看等提供一个完整的 Java 解决方案。在 GRASS GIS、QGIS 和 uDig 三款开源产品中，一般认为 GRASS GIS 的 GIS 功能最为全面，QGIS 的用户界面比较友好，而 uDig 的优势则在于地图编辑(图 8-8)。

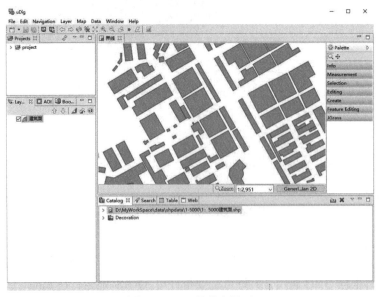

图 8-8　uDig 软件主界面

8.1.3　在线制图

随着互联网技术的发展，在线制图网站和工具也越来越多。原本属于专业的地图制图，随着互联网的浪潮，门槛得到了极大的降低，使用范围也得到了极大的推广。国外的网站平台主要有 Mapbox、CARTO 等，国内的则主要有地图慧、GeoHey 等。本节简单介绍国外的 Mapbox 和国内的地图慧。

1. Mapbox

Mapbox 是一个开源的平台，用户在这里可以设计纹理、插图等不同风格的地图，自定义标记样式，同时具备矢量瓦片、静态地图、地理编码等功能。Mapbox 提供了一系列电子地图工具，可以将自定义的地图快速便捷地添加到应用中。

目前，Mapbox 针对不同的用户群体准备了五种解决方案，从免费的入门级方案到大规模的企业级方案一应俱全。此外，Mapbox 面向教育领域还特别推出了解决方案。

对于开发者而言，Mapbox 有 API、SDK 和其他开发工具可以选择；开发者能将动态地图和 Mapbox 的技术与自己的应用结合。这个平台的特色功能是一种在线地图编辑工具，允许用户使用自己的数据快速建立自定义地图，支持导入的数据类型包括电子表格文件（CSV）、GeoJSON、KML、GPX（图 8-9）。

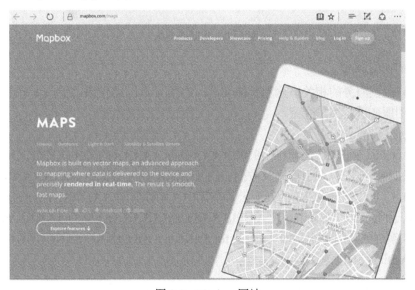

图 8-9　Mapbox 网站

2. 地图慧

地图慧隶属于北京超图软件股份有限公司，面向企业机构和个人用户提供在线地图与地理信息系统服务。地图慧旨在一键式制作专业地图应用，无需专家知识与编程经验。让数据内容在地理空间上展示，从而辅助业务决策，打造企业或个人专属地图应用。通过地图慧提供大众化的在线地图绘制和地理分析服务，通过地图慧商业服务为企业客户及合作伙伴提供在线地图数据与 API 服务，为行业用户提供在线 GIS 应用服务。

地图慧的大众制图模块分为统计地图、业务地图和高级地图三类。其中，统计地图中设置了"分段设色地图""等级符号地图""饼状统计地图""柱状统计地图""分段设色""等级设色""分段设色＋等级符号""脚印地图"几个模板；业务地图中设置了"点标记模板""线路标会模板""业务区划管理""点标记区划管理""众包地图"几个模板；高级地图中则设置了"物流分单""路线规划""车辆监控""巡店管理""选址分析"几个模板。同样，地图慧允许用户使用自己的数据快速建立自定义地图，目前支持导入的数据类型只有两种：CSV 和 Excel 格式（图 8-10）。

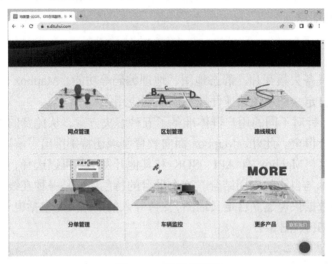

图 8-10　地图慧网站

8.1.4　网络地图服务

关于网络地图服务的相关概念和具体实现，在第 6 章已经介绍过了。本节主要对一些主要的在线地图服务进行简单介绍。

1. ArcGIS Online

ArcGIS Online 是 ESRI 公司推出的在线地图服务，基于云的协作式平台，允许组织成员使用、创建和共享地图、应用程序及数据，以及访问权威性底图和 ArcGIS 应用程序。通过ArcGIS Online，可以访问 ESRI 的安全云，在其中可将数据作为发布的 Web 图层进行管理、创建和存储。因为 ArcGIS Online 是 ArcGIS 系统的组成部分，所以也可以利用 ArcGIS Online扩展 ArcGIS 系列产品的功能，如 ArcGIS for Desktop、ArcGIS for Server、ArcGIS Web API和 ArcGIS Runtime SDK 等（图 8-11）。

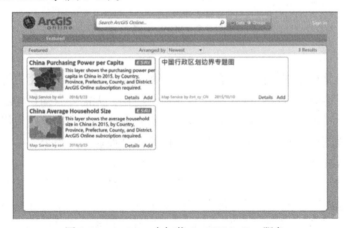

图 8-11　ArcMap 中加载 ArcGIS Online 服务

ESRI通过 ArcGIS.com 向用户提供了大量底图和专题图数据,包括全球各种精度的 DEM、地图和影像,美国的人口密度图、地质图等。ESRI 在全球的合作伙伴,如微软、美国地质调查局等,也在此提供了很多高精度、优质的数据。国内的"天地图"也提供了很多优质的数据。在线服务主要包括:地图服务和影像服务。

使用 ArcGIS Online 的在线服务可以实现以下功能:在 ArcGIS Online 中创建 Web 地图;构建自定义的 Web 应用或移动应用;在 ArcGIS for Desktop 中添加底图。

2. 其他网络地图服务

随着网络服务的发展,各种网络地图服务层出不穷。如何在繁杂的网络世界中找到与计算机制图有关的网络地图服务(WMS)、网络要素服务(WFS)、网络覆盖服务(web coverage service,WCS)?下面简单介绍利用 Geoportal Server 快速实现该目的的方法。

Geoportal Server 是一个开源的产品,可以通过该产品发现和使用包括地理空间数据和服务等资源。通过 Geoportal Server 可以将用户的地理空间资源的位置和描述信息发布在"中央资源库"的目录中并发布到因特网或者内部网。Geoportal 的访问者可以搜寻并得到这些资源并用在自己的项目中。如果有相应授权,访问者也可以通过 Geoportal 注册地理空间资源。不论其类型和位置,Geoportal 都可以为用户提供一个地理空间资源的企业级视图。地理空间资源利用元数据在 Geoportal 注册,这些元数据信息描述了地理空间资源的位置、时间、质量,以及资源的其他描述信息。通过获取这些资源的信息,用户可以基于能获取的最好的资源来做出决策。2010 年开始 Geoportal Server 部署在 SourceForge 上(SourceForge.net 又称 SF.net,是开源软件开发者进行开发管理的集中式场所。SourceForge 由 VA Software 提供主机,并运行 SourceForge 软件。大量开源项目在此落户)。

关于 Geoportal Server 的开源工程、代码和介绍可以在著名开源社区 GITHUB 下载得到(https://github.com/Esri/geoportal-server),如图 8-12 所示。

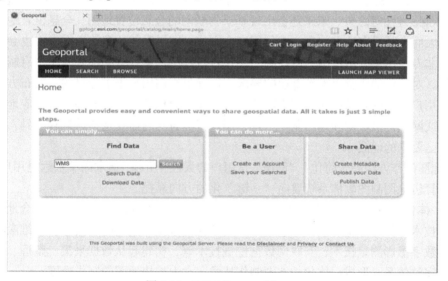

图 8-12　ESRI Geoportal Server

通过 Geoportal Server,用户可以:提高企业或组织的地理空间活动的效率和效益。无视 GIS 平台差别的地理空间资源共享,使得不同部门和组织之间能够进行协同和合作,及时获得不同的地理空间数据、网络服务和活动;利用现有的地理空间资源,为组织或部门节省成本;

确保使用经过验证的、高质量的数据集；节省用户搜寻相关的可用的地理空间资源的时间。

本节推荐 http://gptogc.esri.com/geoportal/catalog/main/home.page 网站，该网站是 ESRI 的一个 Geoportal Server。通过该网站，用户可以搜索各种网络地图服务(WMS)、网络地图切片服务(web map tile service，WMTS)、网络要素服务(WFS)、网络覆盖服务(WCS)和网络目录服务(catalog service web，CSW)。目前，该网站有上千个 WMS 服务，包括广为使用的 ArcGIS Online、Data.GOV、GEOSS 等。

Data.gov 是美国政府的公开数据网站，用户可以在此网站搜索到相应的数据、工具、资源来进行研究、开发网络和移动应用、数据可视化设计等。通过 Data.gov 上网络目录服务(CSW)可以找到 3000 多个 WMS 服务及服务器，每个 WMS 服务器包含多个图层。

全球综合地球观测系统(global earth observing system of system，GEOSS)包括 GEOSS 入口、代理、数据交换中心和注册来提供地球观测资源的搜索和发现。通过 GEOSS Portal 搜索可以得到 1600 多个 WMS 服务。

8.2　计算机地图制图的发展趋势

计算机地图制图技术的发展根植于地图学、地理信息科学、遥感科学和测量技术，也需要计算机科学与技术的养分，同时离不开社会人群对地图需求的不断变化。概括起来，该门学科大致在如下几方面有可能演进和拓展。

(1)电子地图的全面兴起：印刷在纸张、布帛等上的实体媒介地图，其制作繁琐，传播困难，在电子媒介地图的冲击下已是日渐式微。网络地图以其制作与更新快速、信息全面、传播灵活、使用方便等优点，已经基本取代了以实体媒介为载体的地图。其全面兴起和取代传统纸张地图已无疑问。

(2)计算机地图的种类极大丰富：除了现在广泛使用的各种网络地图，如百度地图、高德地图、Google 地图等之外，未来还会出现基于物联网的全息位置地图。全息位置地图可以为用户提供大而全的泛在地理信息，满足用户全方位、多层系的位置信息需求。也会出现面向草根或者非专业用户的微地图。微地图的制作者就是用户本身，它不要求用户有制作地图的专业训练，对地图的质量也没有专业的要求，以满足当前用户需求为目的；发布方式与微信类似，以用户之间的互播或朋友圈内广播为主。还会出现各种类型的用户自适应地图，即由专业部门或网站提供数据和地图制作工具，用户根据自身的需要选择数据和工具，实时制作出满足自己要求的地图。

(3)地图制作方法趋于简化："懒惰"是用户的天性，所以，追求简单永远是用户的目标。因此，计算机地图制图软件系统要向"一键"化的方向靠拢。

(4)一体化的地图制作技术趋于成熟：计算机地图制图的软、硬件环境将融合地理空间数据采集的技术，如卫星定位技术、基于无人机的地面数据采集与处理技术、三维激光扫描技术、野外数字摄影测量技术、互联网数据挖掘技术等，构建起从数据采集、整理、处理和地图制作的完整体系，形成一体化的地图制作技术，大大加快地图的制作速度。

(5)计算机地图制图技术和地理信息系统全面融合：两者在未来将逐渐合二为一，不做严格区分。计算机地图制图系统将吸收地理信息系统强大的空间分析功能，地理信息系统也将拥有完美的地图制作功能。

思　考　题

1. 通用图形设计软件和地理信息领域专业软件在计算机地图制图上各有何优缺点?

2. 开源软件相比于商业软件进行计算机地图制图有何优缺点?

3. 请用本节所介绍的商业软件制作一幅地图。

4. 请用本节所介绍的开源软件制作一幅地图。

5. 请用本节所介绍的在线制图网站制作一幅地图。

6. 请用本节所介绍的网络地图服务进行地图制图。

7. 论述计算机地图制图未来的一至两个发展方向。

参 考 文 献

艾廷华, 刘耀林. 2002. 保持空间分布特征的群点化简方法[J]. 测绘学报, 31(2): 175-181.

边馥苓. 1996. 地理信息系统原理和方法[M]. 北京: 测绘出版社.

蔡孟裔, 毛赞猷, 田德森, 等. 2000. 新编地图学教程[M]. 北京: 高等教育出版社.

陈述彭, 鲁学军, 周成虎. 1999. 地理信息系统导论[M]. 北京: 科学出版社.

陈晓飞, 王润生. 2003. 基于非脊点下降算子的多尺度骨架化算法[J]. 软件学报, 14(05): 925-929.

戴琦. 2013. CorelDRAW 和 Adobe Illustrator 在地图编制中的应用比较[D]. 上海: 华东师范大学硕士学位论文.

邓国强, 孙景鳌. 2001. 一种基于曲线积分的区域填充算法[J]. 北京邮电大学学报, 24(2): 87-91.

地图慧[EB/OL]. http://c.dituhui.com/[2016-11-03].

杜世宏, 杜道生. 2000. 基于栅格数据提取主骨架线的新算法[J]. 武汉测绘科技大学学报, 25(5): 432-436.

樊红, 杜道生, 张祖勋. 1999. 地图注记自动配置规则及其实现策略[J]. 武汉测绘科技大学学报, 24(2): 154-157.

符浩军. 2013. 栅格地理数据数字水印模型与算法研究[D]. 郑州: 解放军信息工程大学博士学位论文.

付品德, 孙九林. 2012. WebGIS——原理与应用[M]. 秦耀辰, 王卷乐, 译. 北京: 高等教育出版社.

龚健雅. 1993. 整体 SIS 数据组织与处理方法[M]. 武汉: 武汉测绘科技大学出版社.

龚健雅. 2001. 地理信息系统基础[M]. 北京: 科学出版社.

龚健雅, 杜道生, 李清泉, 等. 2004. 当代地理信息技术[M]. 北京: 科学出版社.

管梅谷. 1960. 奇偶点图上作业法[J]. 数学学报, 10(3): 263-266.

郭际元, 周顺平, 刘修国. 2004. 空间数据库[M]. 武汉: 中国地质大学出版社.

郭庆胜. 1999. 以直角方式转折的面状要素图形简化方法[J]. 武汉大学学报(信息科学版), 24(3): 255-258.

郭仁忠. 1997. 空间分析[M]. 2 版. 武汉: 武汉测绘科技大学出版社.

郭仁忠. 2001. 空间分析. 2 版. [M]. 北京: 高等教育出版社.

郭仁忠, 艾廷华. 2000. 制图综合中建筑物多边形的合并与化简[J]. 武汉大学学报(信息科学版), 25(1): 25-30.

韩雪涛, 吴瑛. 2003. 图解打印机/扫描仪原理与维修[M]. 北京: 人民邮电出版社.

何陈棋, 陆国栋, 谭建荣. 2003. 基于编码与分类技术的任意多边形裁剪新算法[J]. 计算机工程与应用, 39(21): 56-58.

胡鹏. 2002. 地理信息系统教程[M]. 武汉: 武汉大学出版社.

胡鹏, 黄杏元, 华一新. 2002. 地理信息系统教程[M]. 武汉: 武汉大学出版社.

胡鹏, 游涟, 杨传勇, 等. 2002. 地图代数[M]. 武汉: 武汉大学出版社.

胡庆武, 陈亚男, 周洋, 等. 2009. 开源 GIS 进展及其典型应用研究[J]. 地理信息世界, 02(1): 46-55.

胡友元, 黄杏元. 1987. 计算机地图制图[M]. 北京: 测绘出版社.

黄向, 张毅冲, 房玉甲. 2007. 基于 WMS 服务规范的 WebGIS 实现方法[J]. 山东农业大学学报(自然科学版), 38(1): 131-136.

黄杏元, 马劲松, 汤勤. 2001. 地理信息系统概论[M]. 北京: 高等教育出版社.

柯正谊, 何建邦, 池天河. 1993. 数字地面模型[M]. 北京: 中国科学技术出版社.

李安波, 闾国年, 周卫. 2012. GIS 矢量数字产品版权认证技术[M]. 北京: 科学出版社.

李成名, 陈军. 1998. Voronoi 图生成的栅格算法[J]. 武汉测绘科技大学学报, 23(3): 208-210.

李成名, 陈军. 2001. 面条目标 Voronoi 图生成的动态距离变换策略[J]. 遥感信息(理论研究), (1): 6-11.

李德仁, 钱新林. 2010. 浅论自发地理信息的数据管理[J]. 武汉大学学报(信息科学版), 35(4): 379-383.

李霖, 徐庆荣. 1992. 计算机制图中线状符号配置的代数运算[J]. 武汉大学学报(信息科学版), 17(1): 66-73.

李强, 闵连权, 王峰, 等. 2011. 抗道格拉斯压缩的矢量地图数据数字水印算法[J]. 测绘科学, (03): 130-131.

李永全. 2005. 基于 MATLAB 的 DCT 域数字水印技术实现[J]. 信息技术, 29(4): 66-68.

李媛媛, 许录平. 2004. 矢量图形中基于小波变换的盲水印算法[J]. 光子学报, 33(1): 97-100.

梁发宏, 杨帆. 2015. 自发地理信息研究进展综述[J]. 测绘通报, (S1): 74-78.

梁启章. 1995. GIS 和计算机制图[M]. 北京: 科学出版社.

廖克. 1982. 全国地图编制与地图复制学术会议[J]. 地理学报, 1(013): 7.

廖克. 2003. 现代地图学[M]. 北京: 科学出版社.

刘光, 贺小飞. 2003. 地理信息系统实习教程[M]. 北京: 清华大学出版社.

刘国祥, 张献洲. 1996. 基于 GIS 拓扑数据库的快速开窗与裁剪的研究[J]. 西南交通大学学报, 31(4): 393-398.

刘小勇. 2010. 数字水印发展的历史与发展前景[J]. 计算机光盘软件与应用, (7): 101-102.

阎国年, 张书亮. 2003. 地理信息系统集成原理与方法[M]. 北京: 科学出版社.

闵连权, 李强, 杨玉彬, 等. 2009. 矢量地图数据的水印技术综述[J]. 测绘科学技术学报, 26(2): 96-102.

倪玉山, 林德生. 2000. 扩充堆栈结构的种子点区域填充算法[J]. 复旦学报(自然科学版), 39(1): 99-103.

潘云鹤. 2001. 计算机图形学——原理、方法及应用[M]. 北京: 高等教育出版社.

潘正风, 杨正尧, 程效军. 2004. 数字测图原理与方法[M]. 武汉: 武汉大学出版社.

彭杰. 2011. 基于切片地图 Web 服务的地理信息发布技术研究[D]. 杭州: 浙江大学.

齐华. 1997. 自动建立多边形拓扑关系算法步骤的优化与改进[J]. 测绘学报, (3): 254-260.

齐华, 刘文熙. 1996. 建立结点上弧-弧拓扑关系的 Qi 算法[J]. 测绘学报, (3): 233-235.

任娜. 2011. 遥感影像数字水印算法研究[D]. 南京: 南京师范大学博士学位论文.

孙建国. 2012. 矢量地图数字水印技术研究[M]. 北京: 人民邮电出版社.

孙圣和, 陆哲明, 牛夏牧, 等. 2004. 数字水印技术及其应用[M]. 北京: 科学出版社: 487-488.

孙燮华. 2000. 扫描线种子填充算法的改进[J]. 计算机工程, 26(12): 142-143.

孙以义, 杜鹃, 许世远. 2015. 计算机地图制图[M]. 2 版. 北京: 科学出版社.

汤国安, 赵牡丹. 2001. 地理信息系统[M]. 北京: 科学出版社.

汤国安, 张友顺, 刘咏梅, 等. 2004. 遥感数字图像处理[M]. 北京: 科学出版社.

王家耀. 2001. 空间信息系统原理[M]. 北京: 科学出版社.

王家耀. 2010. 地图制图学与地理信息工程学科发展趋势[J]. 测绘学报, 39(2): 115-119.

王家耀. 2013. 关于信息时代地图学的再思考[J]. 测绘科学技术学报, 30(4): 329-333.

王家耀, 徐国华, 华一新. 1998. 数字制图技术与数字地图生产[M]. 北京: 地图出版社.

王明, 李清泉, 胡庆武, 等. 2013. 面向众源开放街道地图空间数据的质量评价方法[J]. 武汉大学学报(信息科学版), 38(12): 1490-1494.

王奇胜, 朱长青, 许德合. 2011. 利用DFT 相位的矢量地理空间数据水印方法[J]. 武汉大学学报(信息科学版), (05): 523-526.

王晏民. 2002. 矢量曲线的特征点提取[J]. 测绘工程, 11(2): 8-10.

王志伟. 2011. DEM 数字水印模型与算法研究[D]. 郑州: 解放军信息工程大学博士学位论文.

邬伦, 刘瑜, 张晶, 等. 2001. 地理信息系统——原理、方法和应用[M]. 北京: 科学出版社.

毋河海, 龚健雅. 1997. 地理信息系统(GIS)空间数据结构与处理技术[M]. 北京: 测绘出版社.

吴柏燕. 2010. 空间数据水印技术的研究与开发[D]. 武汉: 武汉大学博士学位论文.

吴兵, 尹伟强, 凌海滨. 2000. 具有拓扑关系的任意多边形裁剪算法[J]. 小型微型计算机系统, 21(11): 1166-1168.

吴立新, 史文中. 2003. 地理信息系统原理与算法[M]. 北京: 科学出版社.

吴丽春, 胡鹏. 2003. 基于信息块法的矢量符号库的建立和符号化实现[J]. 武汉大学学报(信息科学版), 28(5): 600-603.

吴信才. 2002. 地理信息系统原理与方法[M]. 北京: 电子工业出版社.

徐庆荣, 杜道生, 黄伟, 等. 1993. 计算机地图制图原理[M]. 武汉: 武汉测绘科技大学出版社.

许德合, 朱长青, 王奇胜. 2008. 矢量地理空间数据数字水印技术综述[C]. 北京地区高校研究生学术交流会.

许德合, 朱长青, 王奇胜. 2010. 利用 QIM 的 DFT 地理空间矢量数据盲水印模型[J]. 武汉大学学报(信息科学版), (09): 1100-1103.

许文丽, 王命宇, 马君. 2013. 数字水印技术及应用[M]. 北京: 电子工业出版社, 2013.

闫浩文. 1997. 运用 OO 方法设计统计符号库的理论探讨[J]. 武汉大学学报(信息科学版), 22(1): 69-71.

闫浩文. 2002. 空间方向关系的概念、计算和形式化描述模型研究[D]. 武汉: 武汉大学博士学位论文.

闫浩文, 陈全功. 2000. 基于方位角计算的拓扑多边形自动构建快速算法[J]. 中国图象图形学报, 5(7): 563-567.

闫浩文, 王家耀. 2005. 基于 Voronoi 图的点群目标普适综合算法[J]. 中国图象图形学报, 10(5): 633-636.

杨得志, 王结臣, 闾国年. 2002. 矢量数据压缩的 Douglas-Peucker 算法的实现与改进[J]. 测绘通报, (7): 18-22.

杨振山. 2004. 大学计算机基础[M]. 北京: 高等教育出版社.

杨志高, 易衡. 2013. 基于 Web 地图瓦片服务(WMTS)的林区三维场景构建[J]. 中南林业科技大学学报, 33(6): 33-37.

尹健, 李光强, 职露, 等. 2016. 自发地理信息研究综述[J]. 计算机应用研究, 33(5): 1281-1284.

于冬梅, 董罗海, 张力果. 2003. 数字地图制图理论方法与应用[J]. 地球信息科学学报, 5(2): 5-7.

余腊生, 沈德耀. 2003. 扫描线种子填充算法的改进[J]. 计算机工程, 29(10): 70-72.

张安定, 仲少云. 2004. 网络地图的现状与发展趋势[J]. 烟台师范学院学报(自然科学版), 20(2): 137-139.

张超, 陈丙咸, 邬伦. 1995. 地理信息系统[M]. 北京: 高等教育出版社.

张驰, 李安波, 闾国年, 等. 2013. 以夹角调制的矢量地图可逆水印算法[J]. 地球信息科学学报, (02): 180-186.

张克权, 黄仁涛. 1991. 专题地图编制[M]. 2 版. 北京: 测绘出版社.

张力果, 赵淑梅, 周占鳌. 1990. 地图学[M]. 北京: 高等教育出版社.

张新长, 马林兵, 张青年, 等. 2005. 地理信息系统数据库[M]. 北京: 科学出版社.

赵林. 2009. 基于 DFT 自适应矢量地图水印算法的研究[D]. 哈尔滨: 哈尔滨工程大学硕士学位论文.

周成虎, 朱欣焰, 王蒙, 等. 2011. 全息位置地图研究[J]. 地理科学进展, 30(11): 1331-1335.

周培德. 1993. 求凸壳顶点的一种算法[J]. 北京理工大学学报, 13(1): 69-72.

周培德. 1995. 确定任意多边形凸凹顶点的算法[J]. 软件学报, 6(5): 276-279.

周培德. 2000. 计算几何——算法分析与设计[M]. 北京: 清华大学出版社.

周培德, 周忠平. 2000. 确定任意多边形中轴的算法[J]. 北京理工大学学报, 20(6): 708-711.

周旭. 2011. OpenGIS 网络地图分块服务实现标准(WMTS)分析[J]. 地理信息世界, 8(4): 10-14.

周怡聪. 2002. 多媒体计算机外部设备[M]. 北京: 清华大学出版社.

朱长青. 2009. 数字水印: 保障地理空间数据安全的前沿技术[N]. 中国测绘报, 2009-05-15.

朱长青, 杨成松, 李中原. 2006. 一种抗数据压缩的矢量地图数据数字水印算法[J]. 测绘科学技术学报, (04): 281-283.

朱长青, 许德合, 任娜, 等. 2014. 地理空间数据数字水印理论与方法[M]. 北京: 科学出版社.

总参谋部测绘局. 2000. 数字地图制图与地理信息工程[M]. 北京: 解放军出版社.

Kang-tsung Chang. 2003. 地理信息系统导论[M]. 陈健飞等, 译. 北京: 科学出版社.

Adams T, Bassett E M, Whitten R. 1929. The Radburn project: the planning and subdivision of land[C]//Adams T, Bassett E M, Whitten R. Problems of planning unbuilt areas part 1 Monograph 3 in Committee on Regional plan of New York and its environs. Neighborhood and community planning. Regional survey volume VII. New York: 264-269.

Agafonkin V, Firebaugh J, Fischer E, et al. 2016. Mapbox Vector Tile Specification [EB/OL]. https: //github. com/mapbox/vector-tile-spec/blob/master/2. 1/README. md[2017-01-23].

Albert H J, Christensen. 1999. Cartographic line generalization with waterlines and medial-axes[J]. Cartography and Geographic Information Science, 26(1): 19-32.

Anders K H, Sester M. 2000. Parameter-free cluster detection in spatial databases and its application to typification[C]. ISPRS, Vol. XXXIII. Amsterdam.

Arcelli C. 1999. Topological changes in grey-tone digital picture [J]. Pattern Recognition, 32(6): 1019-1023.

Bader M, Weibel R. 1997. Detecting and Resolving size and proximity conflicts in the generalization of polygon maps[C]. Proceedings of the 18th International Cartographic Conference. Stockholm: 1525-1532.

Barrault M, Regnauld N, Duchêne C, et al. 2001. Integrating multi-agent, object-oriented and algorithmic techniques for improved automated map generalization[C]. Proceedings of the 20th international cartographic conference. Beijing: 2110-2116.

Beines M. 1993. Treating of area features concerning the derivation of digital cartographic models[C]. Proceedings of ICA: 372-382.

Boffet A, Serra R. 2001. Identification of spatial structures within urban blocks for town characterization[C]. Proceedings of the 20th international cartographic conference. Beijing.

Chand D R, KaPur S S. 1970. An algorithm for convex PolytoPes[J]. JACM, 17(1): 78-86.

Chen J. 1999. A raster-based method for computing Voronoi diagrams of spatial objects using dynamic distance transformation[J]. International Journal of Geographical Information Science, 13(3): 209-225.

Christophe S, Ruas A. 2002. Detecting building Alignment for generalization purpose, proceedings of symposium on spatial data handling[C]. Ottawa.

De Berg M, Van Kreveld M, Schirra S. 1995. A new approach to subdivision simplification [J]. Proceedings of Auto-Carto 12: 79-88.

Dhesiaseelan A, Ragunathan V. 2004. V Web services container reference architecture (WSCRA)[C]. Web Service, 2004. Proceedings IEEE International Conference.

Douglas D H, Peucker T K. 1973. Algorithms for the reduction of the number of points required to represent a digitized line or its caricature [J]. The Canadian cartographer, 10(2): 112-122.

Edelsbrunner H. 1982. An algorithm in combinatorial geometry [D]. PhD thesis, Technische universitat, Austria.

Edelsbrunner H. 1987. Algorithms in combinatorial geometry[J]. American Mathematical Monthly, 96(5): 457.

Egenhofer M, Franzosa R. 1991. Point-set topological spatial relations [J]. International Journal of Geographical Information Systems, 5 (2): 161-174.

Fournier J, Regnauld H, Gouéry P. 1997. Submarine geomorphology and submarine landscapes of rocky platforms preceding cliffs in Brittany (France)[J]. Bollettino- Societa Geologica Italiana, (52): 154-176.

Freeman H. 1961. On the encoding of arbitrary geometric configurations. IRE Trans. Electronics and Computers, 10: 260-268.

Galanda M, Weibel R. 2002. An agent-based framework for polygonal subdivision generalization[C]. Proceedings of Spatial Data Handling. Ottawa.

George A, Gilbert J R, Liu W H. 1993. Graph theory and sparse matrix computation [M]. New York: Springer-Verlag.

GITHUB. ESRI/geoportal-server [EB/OL]. https: //github. com/esri/geoportal-server[2016-11-20].

Gold C M. 1991. Problem with handling spatial data—the Voronoi approach [J]. CISM Journal, 45(1): 65-80.

GoodChild M F. 2007. Citizens as sensors: the world of volunteered geography [J]. GeoJournal, 69(4): 211-221.

Goodchild M F, Glennon J A. 2010. Crowdsourcing geographic information for disaster response: a research frontier[J]. International Journal of Digital Earth, 3(3): 231-241.

Graham R L. 1972. An efficient algorith for determining the convex hull of a finite planar set [J]. Information Processing Letters, 1: 132-133.

Grass GIS Home. https: //grass. osgeo. org/.

Harrie L. 2002. A case study of simultaneous generalization[C]. Proceedings of Symposium on Spatial Data Handling. Ottawa.

Herbert E, Tan T. 1993. An upper bound for conforming Delaunay triangulations [J]. Discrete and Computational Geometry, 10(2): 197-213.

Hong S J. 1977. Convex hull of finite sets of Points in two and three dimensions [J]. Communications of the ACM, 2(20): 87-93.

Kitamura I, Kanai S, Kishinami T. 2001. Copyright protection of vector map using digital watermarking method based on discrete Fourier transform[C]//Geoscience and Remote Sensing Symposium. IGARSS'01 IEEE 2001 International, IEEE: 1191-1193.

Klein R M, Meiser S. 1993. Randomized incremental construction of abstract Voronoi Diagrams [J]. Computational Geometry: Theory and Applications, 3(3): 157-184.

Lee S H, Kwon K R. 2013. Vector watermarking scheme for GIS vector map management[J]. Multimedia Tools and Applications, 63(3): 757-790.

Li Z. 1995. An examination of algorithms for the detection of critical points on digital cartographic lines [J]. The Cartographic Journal, 32(2): 121-125.

Li Z, Openshaw S. 1992. Algorithms for automated line generalization based on a natural principle of objective generalization [J]. International Journal of Geographical Information Systems, 6(5): 373-389.

Li Z, Openshaw S. 1993. A natural principle for objective generalization of digital map data [J]. Cartography and Geographic Information Systems, 20(1): 19-29.

Li Z, Su B. 1995. From phenomena to essence: envisioning the nature of digital map generalization [J]. The Cartographic Journal, 32(1): 45-47.

Li Z, Su B. 1996. Algebraic models for feature displacement in the generalization of digital map data using morphological techniques [J]. Cartographica, 32(3): 39-56.

Li Z, Yan H, Ai T, et al. 2004. Automated map generalization based on urban morphology and gestalt psychology[J]. International Journal of Geographic Information Science, 18(5): 513-534.

Li Z, Zhao R, Chen J. 2002. A Voronoi-based spatial algebra for spatial relations. Progress in Natural Science, 12(7): 528-536.

Liu J Y, Wang R S. 2000. Sketching a gray scale pattern based on non-ridge points lowering operation [J]. Journal of Image and Graphics, 5(supp.): 544-547.

MapBox[EB/OL]. https://www.mapbox.com/[2016-11-27].

McMaster R, Shea K S. 1992. Generalization in digital cartography resource publications in geography[C]. Washington DC: Association of America Geographers.

Mitra N. 2003. SOAP Version 1. 2 Part 0: Primer [M].

Monmonier M. 1983. Raster-mode area generalization for land use and land cover maps [J]. Cartographica, 20(4): 65-91.

Müller J C, Wang Z S. 1992. Area-patch generalization: a competitive approach [J]. The Cartographic Journal, 29(2): 137-144.

Nicholas N P. 2002. Urban design principles of the original neighborhood concepts [J]. Urban Morphology, 6(1): 21-32.

Niu X, Shao C, Wang X. 2006. A survey of digital vector map watermarking. International Journal of Innovative Computing[J]. Information and Control, 2(6): 1301-1316.

OASIS Web Services Security (WSS) Technical Committee, SOAP Message Security 1.0, April 6, 2004.

Palmer S E. 1992. Common region: a new principle of perceptual grouping [J]. Cognitive Psychology, 24: 436-447.

Palmer S E, Rock I. 1994. Rethinking perceptual organization: the role of uniform connectedness [J]. Psychonomic Bulletin and Review, 1: 515-519.

Papadias D, Theodoridis Y. 1997. Spatial relations, minimum bounding rectangles, and spatial data structures[J]. International Journal of Geographical Information Science, 11(2): 111-138.

Papazoglou Mike P, Bemd J, et al. 2003. Leveraging web-services and peer-to-peer networks [J]. Proc Caise, 2681: 485-501.

Pareek N K, Patidar V, Sud K K. 2006. Image encryption using chaotic logistic map[J]. Image and Vision Computing, 24 (9) : 926-934.

Peng W. 1997. Automated Generalization in GIS[D]. ITC.

Perry C A. 1929. The neighborhood unit[C]. Monograph 1 in committee on regional plan of New York and its environs (ed.) Neighborhood and community planning. Regional survey Volume VII, New York: 20-141.

Plazanet C. 1995. Measurements, characterization, and classification for automated line feature generalization[C]. ACSM/ASPRS Annual convention and exposition, Charlottesville, North Carolina, 4: 59-68.

Preparata F P. 1979. An optimal real time algorithm for Planar convex hulls [J]. Communication of ACM, 22: 402-405.

Preparata F P, Hong S J. 1977. Convex hulls of finite sets of points in two and three dimensions[J]. Communications of the ACM, 20 (2) : 87-93.

Preparata F P, Shamos M I. 1988. Computational geometry: an introduction [M]. New York: Springer-verlag.

QGIS Project[EB/OL]. http: //www. qgis. org/en/site/[2016-12-05].

Regnauld N. 1996. Recognition of building clusters for generalization[C]. Proceedings of 7th spatial data handling symposium. Delft, Netherlands: 185-198.

Regnauld N. 2001. Contextual building typification in automated map generalization [J]. Algorithmica, 30: 312-333.

Robinson G, Lee F. 1994. An automated generalization system for large-scale topographic maps[C].//Worboys M. Innovations in GIS 1, Taylor and Francis. London: 53-64.

Rock I. 1996. Indirect Perception. London: The MIT Press.

Ruas A. 2001. Automating the generalization of geographical data[C]. Proceedings of the 20th international cartographic conference. Beijing: 1943-1953.

Ruas A, Plazanet C. 1996. Strategies for automated generalization[C]. Proceedings of spatial data handling.

Schylberg L. 1992a. Cartographic amalgation of area objects[C]. Proceedings ISPRS: 135-138.

Schylberg L. 1992b. Rule based area generalization of digital topographic map area[R]. Technical Report, Lantmateriet-Sweden.

Schylberg L. 1993. Computational Methods for Generalization of Cartographic Data in a Raster Environment[D]. Stockholm: Doctoral Thesis, Royal Institute of Technology.

Sester M. 2000. Generalization based on Least Squares Adjustment[C]. International Archives of Photo-grammetry and Remote Sensing, Vol. XXXIII, Part B4. Amsterdam.

Shea K S, Mcmaster R B. 1989. Cartographic generalization in a digital environment: when and how to generalize[C]. Proceedings Auto-Carto 9: 5667.

Solachidis V, Nikolaidis N, Pitas I. 2000. Fourier descriptors watermarking of vector graphics images[C]. International Conference on Image Processing. Proceedings IEEE: 9-12.

Solachidis V, Pitas I. 2004. Watermarking polygonal lines using fourier descriptors[J]. Computer Graphics and Applications IEEE, 24 (3) : 44-51.

Stephens M. 2013. Gender and the geo web: divisions in the production of user-generated cartographic information [J]. GeoJournal, 78 (6) : 981-996.

Su B, Li Z. 1995. An algebraic basis for digital generalization of area-patches based on morphological techniques [J]. The Cartographic Journal, 32 (2) : 148-153.

Su B, Li Z. 1997. Morphological transformation for detecting spatial conflicts in digital generalization[C]. Proceedings of ICC, 1: 460-468.

Su B, Li Z, Lodwick G. 1997a. Morphological transformation for the elimination of area features in digital map generalization [J]. Cartography, 26 (2) : 23-30.

Su B, Li Z, Lodwick G, et al. 1997b. Algebraic models for the aggregation of area features based on morphological operators [J]. International Journal of Geographical Information Systems, 11 (3) : 233-246.

Tirkel A Z, Rankin G, Van schyndel R, et al. 1993. Electronic watermark[J]. Digital Image Computing, Technology and Applications（DICTA'93）: 666-673.

Tsai V. 1993. Fast topological construction of delaunay triangulations and voronoi diagrams [J]. Computers and Geosciences, 19（10）: 1463-1474.

Turner A. 2006. Introduction to neogeography[M]. Sebastopol, CA: O'Reilly Media.

UDIG Home[EB/OL]. http: //udig. refractions. net/[2016-12-09].

Van Kreveld M. 1995. Efficient settlement selection for interactive display[C]. Proceedings of AutoCarto 12. Bethesda, Md: 287-296.

Van Schyndel R G, Tirkel A Z, Osborne C F. 1994. A digital watermark[C]//Image Processing. Proceedings ICIP-94, IEEE: 86-90.

Wang Z S, Müller J C. 1992. Complex coastline generalization [J]. Cartography and Geographic Information Systems, 20（2）: 96-106.

Weibel R. 1996. A typology of constraints to line simplification[C] // Kraak M J, Molenaar M. Proceedings of 7th International Symposium on Spatial Data Handling, Delft, the Netherlands. Taylor and Francis.

Wertheimer M. 1923. Laws of Organization in Perceptual Forms [J]. Psychologische Forschung, 4: 71-88.

Yan H, Li J, Wen H. 2011. A key points-based blind watermarking approach for vector geo-spatial data[J]. Computers Environment and Urban Systems, 35（6）: 485-492.

Yukio S. 1997. Cluster perception in the distribution of point objects [J]. Cartographica, 34（1）: 49-61.

Zhang G, Tulip J. 1990. An algorithm for the avoidance of sliver polygons and clusters of points in spatial overlay[C]. Proceedings spatial data handling: 141-150.

Zhao R, Chen J, Li Z. 1999. Define and describe Spatial Adjacency with Voronoi Distance[C]//The International Archives of Photogrammetry and Remote Sensing. Volume XXXII Part 4W12 "Dynamic and Multi-dimensional GIS": 77-82.

Zook M, Graham M, Shelton T, et al. 2010. Volunteered geographic information and crowdsourcing disaster relief: a case study of the Haitian Earthquake[J]. World Medical and Health Policy, 2（2）: 7-33.